구조감리 체크리스트 및 해설

건축구조기술사
장광윤 저

도서출판
구미서관

머리말

건축공사의 감리업무는 주택건설공사 감리업무 세부기준(국토교통부고시 제2020-438호)에 따라 수행해야 한다. 공사전단계, 공사단계, 공사완료단계별 감리 체크리스트 대장(2020. 12. 24. 신설)은 비상주, 상주, 책임상주에 따라 각각 별도로 제시되어 있다. 그러나 감리 체크리스트 대장에는 구조도면에서 틀린 것은 무엇인지, 구조도면에서 빠진 것은 무엇인지, 구조도면에서 필요 없는 것은 무엇인지에 관한 검토항목은 없다. 그런 도면으로 공사를 하고 있다. 일부는 공사중에 무너졌고, 일부는 준공후 문제가 나타났지만 쉬쉬했고, 대부분은 문제가 있는지도 모르고 살고 있다.

1995년 6월 발생한 삼풍참사를 수사했던 이경재검사는 후일 인터뷰에서, "가장 전문적이어야 할 업종이 극히 비전문가들에 의해 좌지우지되면서 사람의 생명과 재산을 지켜야 할 공간이 오히려 사람을 해치게 됐다"고 말했다. 이와 같은 언급은 2014년 2월 경주 마우나오션 리조트 강당붕괴 사고 후에도, 2023년 광주화정 아파트 붕괴사고 후에도, 2024년 인천검단 지하주차장 붕괴 사고 후에도 반복됐다.

건축물의 설계는 건축, 구조, 토목, 조경, 기계, 전기, 통신, 소방 8개 분야가 협력하여 설계한다. 분야별로 작성한 도면으로 공사를 하고 분야별로 감리를 하는데, 구조분야는 구조도면으로 시공할 수 없고, 구조분야는 감리도 없다. 감리를 할 구조기술자가 없기 때문이다. 구조기술자가 없는 이유는, 구조기술자의 배치를 제도적으로 강제하지 않았기 때문이다. 수요가 없는 업종에 종사할 청년은 없기 때문이다. 그래서 발생한 시공결함을 때로는 몰라서, 때로는 알아도 묻어버리고 공사를 한다. 감리의 잘못도 아니고 감리를 폄훼하고자 함도 아니다.

이 책은 골조공사에 있어서 구조관련 사항에 대한 체크리스트를 제시한다. 건축공사에 있어서 '구조감리'라는 용어는 없으나, 이 책을 읽는 건설기술인은 '구조감리'가 '골조공사에 있어서 구조관련 사항의 감리'임을 이해할 것이다. 업무에 바쁜 감리원은 체크리스트와 제시된 답을 따르면 되고, 그 이유는 해설을 참고하면 된다. 모든 감리원이 쉽게 이해할 수 있도록 저술하고자 노력했지만, 구조기술자가 아니므로 이해하기 어려운 부분도 있을 것이다.

이 책은, 구조기준을 잘 모르지만 골조공사 감리 업무를 수행해야 하는 건축감리원의 어려움을 해소할 수 있을 것이다. 구조기술자의 도움을 받지 못하고 공사를 수행해야 하는 건설회사 관계자에게 도움이 될 것이다. 건설공사 현장을 점검하는 관계자는 보다 중요한 사항을 점검할 수 있을 것이다. 현장경험이 부족한 구조기술자에게는 경험을 제공하여 설계에 반영할 수 있게 할 것이다. 구조도면을 작성하는 기술자는 도면의 작성에 더욱 유의하게 할 것이다. 건설현장에서 일하고자 하는 학생에게도 많은 도움이 될 것이다. 구조기술자가 부족하여 골조공사에 결함이 발생하는 문제는 상당히 해소될 것이다. 정책을 입안하는 관계자에게는 부실시공을 예방할 수 있는 대안이 될 것이다. 그렇게 되기를 바란다.

건축구조기술사를 현장에 배치하여, 이 책의 모든 항목을 확인하고 추가로 발생하는 사항에 대해 적절히 조처하도록 한다면, 골조는 더욱 안전할 것이고 골조의 수명은 백년을 넘을 수 있을 것이다. 그렇게 되어야 한다.

필자는 골조공사의 시공결함이 대부분 구조도면 미비와 부실한 시공상세도에 원인이 있음을 알게 됐다. 이 책의 상당 부분은 구조일반사항과 구조도면에 대한 것이며, 공사 전에 확인하여 보완해야 한다는 내용이다. 공사 착수 전에 보완하지 않으면 반드시 문제가 발생할 것이며 그때는 이미 늦은 것이다. 공사 착수 전에 도면을 보완하는 것은 매우 어려운 일이다. 구조도면을 작성한 관계자는 이런저런 이유를 들어 보완하지 않으려 할 것이기 때문이다.

이 책으로 인하여 불편을 호소하는 관계자도 많을 것이다. 철근작업자는 더 까다로워 진 작업에 불만을 토로할 것이고, 시공자는 더 까다로운 공사에 공사비의 증액과 공사기간 연장을 요구할 것이며, 감리원은 도면수정과 공사 지도에 어려움을 호소할 것이다. 건축공사는 주어진 예산과, 정해진 기한에, 적정한 품질로 시공해야 하는데 이 책은 적정한 골조공사에 관한 것이므로 공사비와 공기에는 영향을 미칠 수 있다. 그렇다고 잘못된 시공과 잘못된 관행이 계속되어서는 안 될 것이다.

반면, 이 책은 건축공사 현장에서 발생하는 시공자와 감리원의 불필요한 다툼을 예방하는데 도움이 될 것이며, 필요한 경우 발주처를 설득할 수 있는 자료가 될 것이다. 그렇다고 이 책이 현장에 있어야 할 구조기술자를 대신하는 것은 아니다. 현장은 이 책에서 다루지 않은 많은 일이 발생하고, 구조기술자가 판단해야 할 일이 많기 때문이다.

이 책은 필자의 경험과 판단에 따른 것으로 필자의 판단이 틀릴 수 있고, 다른 기술자의 의견과 다를 수 있다. 이 책에 관한 토론은 네이버 카페에서 할 수 있다.(https://cafe.naver.com/supervisionlist) 카페에 접속하여 실명으로 가입신청을 하면, 관리자의 승인에 따라 카페에 참여하여 의견을 나눌 수 있다. 이 책에서 잘못된 사항과 보완할 사항은 카페 게시판에 공지하고 추후 개정판에 반영될 것이며, 이 책과 관련한 자료도 제공될 것이다.

먼 길보다 모르는 길 가는 것이 더 힘들다. 가고 있는 길이 맞는지 알 수 없고, 언제 도착할지 모르기 때문이다. 이 책을 쓰는 여정이 그러했다. 모쪼록 이 책이, 모르는 길을 안내하는 길잡이가 되기를 바란다.

건축구조기술사 장 광 윤

2025. 1.

차 례

Chapter 1 구조일반사항

Chapter 2 구조도면

Chapter 3 시공

Chapter 1

구조일반사항

Chapter 1 구조일반사항

구조계산서와 동일하게 작성한 구조도면으로는 공사를 할 수 없다. 공사에 필요한 철근가공상세, 철근의 배치, 간격, 수량, 피복두께, 이음위치, 시공이음(C.J), 철근의 조립등 공사에 필요한 사항이 도시되지 않았기 때문이다. 공사를 하려면 시공자는 공사에 필요한 사항을 도시한 시공상세도를 작성하여 감리의 승인을 받아야 한다. 시공상세도 작성에 필요한 공통사항을 도시한 도면을 구조일반사항 또는 구조공통도라고 하고 해외공사에서는 표준상세도(Standard drawing)라고 한다.

구조설계를 하는 구조기술자도 구조일반사항의 모든 내용을 이해하기는 쉽지 않다. 배근상세에 대한 기준 검토에 시간이 많이 소요되고 경험을 통해 이를 보완해야 하는데, 지금까지 구조도면 작성의 권한이 없어 기술이 축적되지 않았기 때문이다. 이렇게 쉽지 않은 일을 건축설계가 하고 있다. 대부분의 구조도면은 건축설계가 작성한 구조일반사항 또는 기술사사무소가 보유하고 있는 구조일반사항을 사용하고 있으며, 모든 공사에 동일한 도면을 사용한다.

시공상세도 작성에 기준이 되는 구조일반사항을 검토해 보면 적정하지 않은 도면이 상당히 많다. 구조일반사항이 적정하지 않은 도면은 1) 잘못 작성된 사항이 있거나, 2) 누락된 사항이 있거나, 3) 불필요한 사항이 있는 경우다. 특히 잘못 작성된 사항과 누락된 사항이 있는 도면은 구조안전에 매우 심대한 영향을 미칠 수 있다. 필자가 ○○ 현장에서 배근상세에 대한 교육을 하면서 구조일반사항에 잘못된 부분이 있다고 했더니, 어느 참가자는 '○○이 전국에 얼마나 많이 공사하고 있는데 도면이 잘못될 리 있느냐'고 말했다. 모든 건설사가 새겨야 할 책임의 크기다.

○○ 현장의 구조일반사항이 적절하지 않은 사례는 다음과 같다.

1) 구조안전에 기초가 되는 정착 및 이음길이가 적정하지 않다. 정착길이는 철근의 강도에 비례하는데 비례하지 않는 경우가 있다. 또한 철근의 규격이 D19 이하면 0.8을 적용하는데 D22 이상도 0.8을 적용하여 정착 및 이음길이를 짧게 도시한 경우가 있다. 보, 기둥 철근의 이음길이를 정착길이와 동일한 A급이음으로 작성한 경우도 있다. 모든 이음은 B급이음으로 표시하고 예외적으로 A급이음을 적용해야 한다. 최근에는 A급이음과 B급이음을 함께 도시한 도면이 있으나 B급이음만 도시해야 한다.

2) 대부분의 구조일반사항에는 기둥철근의 겹침이음 상세가 없다. ○○ 현장의 구조일반사항에도 기둥철근의 겹침이음 상세가 없어 작업자가 임의로 기둥철근을 조립하고 있다. 또한 중간모멘트 골조는 기둥의 상하부 구간(소성힌지 구간)에서 철근의 겹침이음을 할 수 없으나 도면에 누락되어 있고, ○○ 현장은 지금도 철근작업자가 알아서 기둥철근을 조립하고 있다.

구조일반사항은 반드시 '철근콘크리트 배근상세-제4판(한국건축구조기술사회/한국콘크리트학회, 2022)'(이하 '배근상세-제4판')을 참고하여 작성해야 한다. '배근상세-제4판'에는 이 책에 수록한 부록3의 17장짜리 구조일반사항과, 7장짜리 구조일반사항이 도시되어 있다. '배근상세-제4판'은 17장짜리 도면을 "구조일반사항에 대한 예"로, 7장짜리는 "비교적 규모가 작은 건물에서 주로 사용하는 일반사항을 간략하게 작성한 예시"로 설명하고 있는데 그렇지 않다.

17장짜리 구조일반사항은 "모든 공사의 구조일반사항을 모두 도시"한 것이고, 7장짜리 구조일반사항(간략)은 "당해 공사에 필요한 사항만 도시"한 것으로 이해해야 한다. 17장짜리 구조일반사항을 구조도면에 그대로 도시하는 것은 공사에 필요 없는 사항이 상당히 포함되어 있으므로 공사에 혼선을 줄 수 있어 적절하지 않다. 따라서 7장짜리 구조일반사항과 같이 당해 공사에 필요한 사항만 도시해야 한다. 다만, 정착 및 이음길이는 잘못 작성되어 있으므로 유의해야 한다.

'배근상세-제4판'은 한국건축구조기술사회와 한국콘크리트학회의 다수 회원이 집필하여 신뢰도가 높다. 따라서 모든 현장에는 반드시 '배근상세-제4판'을 비치하고 공사에 활용할 것을 권장한다. '배근상세-제4판'에서 감리원이 숙지해야 할 사항은 제4부 구조도면 작성 예제에서 제1장 구조일반사항, 제2장 구조일반사항(간략), 제3장 부재별 구조도면의 배근시공도(시공상세도)다. 그 다음 제2부 54쪽부터 132쪽까지의 부재별 배근상세를 살펴볼 것을 권장한다. 구조에 대한 이해가 충분하지 않고 업무에 바쁜 건축감리원이 제1부 부터 읽는 것은 자칫 흥미를 잃을 수 있으므로 권장하지 않는다.

이 책에서는 부록3의 17장짜리 구조일반사항을 중심으로, 구조일반사항 도면을 검토할 때 확인해야 할 항목과 해설을 제시한다. 구조일반사항 도면에서 잘못된 사항을 찾아 고쳐야 하고, 누락된 사항을 찾아 보완해야 하고, 불필요한 사항을 찾아 삭제해야 한다. 이것이 감리원이 해야 할 일이다. 이 책은 감리원이 검토해야 할 일이 무엇인지 제시한다.

우리나라의 감리원은 자격제가 아니라 경력제다. 그러니 구조를 잘 몰라도 골조공사 감리를 할 수 있다. 그러나 구조를 잘 모르면 골조공사에 문제가 없는지 확신하기 어렵다. 이 책이, 최선을 다하고 있는 건축감리원의 부족한 부분을 채워줄 수 있을 것으로 믿는다.

1장에서는 구조일반사항에서 잘못 작성된 사항을 점검하고 무엇이 잘못인지 살펴본다.

※ 이 책에 수록한 '철근콘크리트 배근상세-제4판(한국건축구조기술사회/한국콘크리트학회, 2022)'의 도면은 한국건축구조기술사회와 한국콘크리트학회의 저작권사용 승인을 받았음

1.1 fck=24MPa, fy=500MPa, D22 보, 기둥철근의 이음길이는 1,760mm, 보 상부철근은 2,280mm인가?

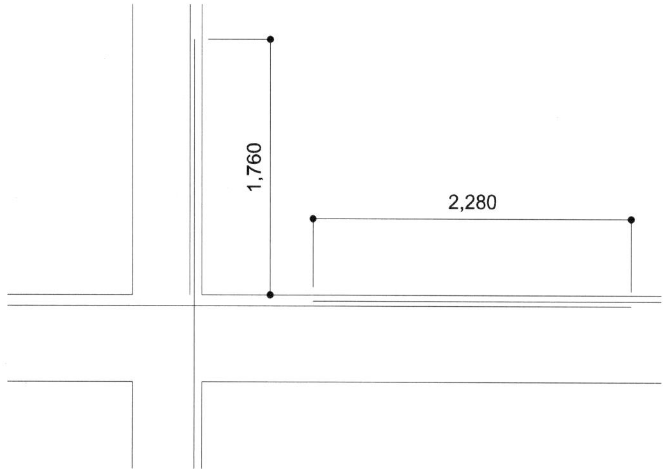

<그림 1.1> fck=24MPa, fy=500MPa, D22, 보, 기둥 철근의 이음길이

철근의 정착 및 이음길이는, '배근상세-제4판'의 정착 및 이음길이를 찾아서 확인하면 된다. 부록3 S-005를 보면 fck=24MPa, fy=500MPa, D22, 기둥 철근의 이음길이는 1,760mm, 보 상부 철근의 이음길이는 2,280mm다.

산정식을 이해하면, 이음길이(l_s)는 다음과 같이 간략하게 산정할 수 있다.

$$\text{보, 기둥}: l_{s(D22)} = 61.2d_b \times 1.3(\text{이음}) = 1,760mm$$

$$\text{보 상부근}: l_{s(D22,\ \text{상부근})} = 61.2d_b \times 1.3(\text{상부근}) \times 1.3(\text{이음}) = 2,280mm$$

단, 부록3 S-007(fy=600MPa)의 정착 및 이음길이는 잘못 산정한 것으로 적정하지 않고, 7장짜리 구조일반사항(간략)의 정착 및 이음길이는 모두 적정하지 않으므로 참고하면 안 된다.

해설 1.1

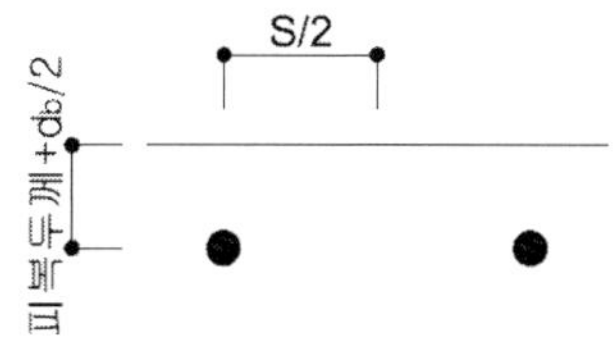

c=min(s/2, 피복두께+d_b/2)

인장철근의 정착길이(l_d, development length)를 산정하는 기준식은 다음과 같다.

$$l_d = \frac{0.90\, d_b\, f_y}{\lambda \sqrt{f_{ck}}} \frac{\alpha \beta \gamma}{\left(\dfrac{c + K_{tr}}{d_b}\right)} \qquad -\langle 식\ 1.1a \rangle$$

여기서, λ는 경량콘크리트 지수로 보통콘크리트는 1.0

β는 철근도막계수로 에폭시코팅을 하지 않은 철근은 1.0

K_{tr}는 직각방향 철근에 관한 횡방향철근지수며 0으로 할 수 있다.

λ, β, K_{tr}을 제외하면, 슬래브 및 벽체의 인장철근 정착길이(l_d) 산정식은 다음과 같다.

$$l_d = \frac{0.6\, d_b\, f_y}{\sqrt{f_{ck}}} \alpha \gamma \left(\frac{1.5 d_b}{c}\right) \geq 300mm \qquad -\langle 식\ 1.1b \rangle$$

여기서, α=1.0, 위치계수($d \geq 300$이면 1.3, 콘크리트 높이가 300mm 이상이면 재료분리와 혼화재 상승으로 부착력이 감소하여 정착길이가 증가함)

γ =1.0, 크기계수(D19 이하 0.8, 철근의 직경이 작으면 상대적으로 부착력이 증가하므로 정착길이가 감소함)

$1.5d_b/c$는 0.6이상 1.0 이하

c=min(철근간격/2, 피복두께+db/2), 피복두께 관련지수

기준식에서 $1.5d_b/c$를 적용하면 정착길이가 최대 60%로 감소한다. 그러나 c는 철근의 간격에 따라 결정되므로 철근수에 따라 간격이 일정하지 않은 보, 기둥 철근의 정착길이 산정에는 적용할 수 없다. 따라서 $1.5d_b/c$는 철근의 최소간격이 100mm 이상인 슬래브, 벽체, 기초에 적용하고 보, 기둥 철근은 정착 및 이음길이의 적정성을 확인할 때 사용한다.

보, 기둥 철근의 정착길이(l_d)는 다음과 같이 $1.5d_b/c$를 제외한 식을 적용한다.

$$l_d = \frac{0.6\,d_b\,f_y}{\sqrt{f_{ck}}}\alpha\gamma \geq 300mm \qquad -\ \langle \text{식 } 1.1c \rangle$$

fck=24MPa, fy=500MPa면 $\frac{0.6f_y}{\sqrt{f_{ck}}} = \frac{0.6\times 500}{\sqrt{24}} = 61.2$이므로 보, 기둥 철근의 정착길이($l_d$)는 다음과 같이 정리할 수 있다.

$$l_d = 61.2d_b\frac{f_y}{500}(\alpha\gamma) \geq 300mm \qquad -\ \langle \text{식 } 1.1d \rangle$$

fck=24MPa, fy=500MPa, D22, 보, 기둥 철근의 이음길이는 다음과 같이 산정하고 결과는 〈그림 1.1〉과 같다.

보, 기둥 : $l_{s(D22)} = 61.2d_b \times 1.3(\text{이음}) = 1{,}760mm$

보 상부근 : $l_{s(D22,\ \text{상부근})} = 61.2d_b \times 1.3(\text{상부근}) \times 1.3(\text{이음})$

$= 2{,}280mm$

fck=24MPa면 61.2db, fck=27MPa면 57.7db, fck=30MPa면 54.8db다. 현장에서는 각각 61db, 58db, 55db를 적용해도 무방하다. 콘크리트 강도가 증가하면 정착길이에 여유가 있으나, 콘크리트 강도가 부족하면 정착길이가 부족하게 된다.

fy=400MPa면 $\frac{f_y}{500} = 0.8$, fy=600MPa면 $\frac{f_y}{500} = 1.2$를 곱한다.

상기 식의 유도과정을 이해하면 현장에서 기둥철근의 이음길이가 적정한지 쉽게 확인할 수 있고, 도면의 정착 및 이음길이도 검토할 수 있다.

부록3 S-007의 정착 및 이음길이는 잘못 작성되어 있다. fck=24MPa, fy=600MPa, D22 기둥철근의 이음길이는 2,110mm인데 1,930mm로 작성되어 있다. fy=550MPa로 작성한 도표이므로 사용하면 안 된다.

fy=600MPa면 $l_s = 1.3 \times 61.2 \times 22 \times \frac{600}{500} = 2{,}110mm$

fy=550MPa면 $l_s = 1.3 \times 61.2 \times 22 \times \frac{550}{500} = 1{,}930mm$

※ 철근의 정착 및 이음길이는 10mm 단위로 올림 표시한다.

기둥철근의 이음은 콘크리트구조 정착 및 이음 설계기준 – KDS 14 20 52 4.7의 기둥철근 이음에 관한 특별규정에 따라야 한다.

– 기둥철근 이음에 관한 특별 규정

1) 철근이 0.5fy보다 큰 인장응력을 받는 경우 B급이음으로 하여야 하며 엇갈린 이음을 할 필요는 없다.

0.5fy보다 큰 인장응력이라 함은, 일반적으로 인장응력을 받는 철근을 말하며 별도의 표기가 없는 한 B급이음으로 하여야 한다.

fck=24MPa, fy=500MPa, D22면,
$l_s = 1.3(B\text{급이음}) \times 61.2d_b(\alpha\gamma) = 1.3 \times 61.2 \times 22 = 1{,}760mm$

2) 철근이 0.5fy 이하의 인장응력을 받고 엇갈린 이음이면 A급이음으로 할 수 있다.

fck=24MPa, fy=500MPa, D22면,
$l_s = 61.2d_b(\alpha\gamma) = 61.2 \times 22 = 1{,}347mm$

3) 철근이 압축응력을 받는 경우 이음길이는 다음과 같이 산정하고 엇갈린 이음을 할 필요는 없다. 압축응력을 받는 기둥은 별도로 도면에 표시해야 한다.

$$l_s = \min\left(\frac{1.4 \times f_y}{\lambda\sqrt{f_{ck}}} - 52,\ 0.13 \times f_y - 24\right)d_b$$

fck=24MPa, fy=500MPa, D22면,

$$l_s = \min\left(\frac{1.4 \times 500}{\lambda\sqrt{24}} - 52,\ 0.13 \times 500 - 24\right) \times 22 = 910mm$$

기둥철근의 이음길이를 상기와 같이 복잡하게 규정한 이유는, 압축만 받는 기둥 철근의 이음길이는 910mm인데 인장을 받는 철근의 이음길이 1,760mm를 적용하면 불필요한 낭비가 되고, 거꾸로 인장을 받는 기둥 철근의 이음길이는 1,760mm인데 압축을 받는 철근의 이음길이 910mm를 적용하면 이음길이가 부족해 구조내력을 확보할 수 없다.

도면에 별도로 표기가 없다면 기둥철근이 압축만 받는지, 0.5fy 이하의 인장을 받는지, 0.5fy보다 큰 인장응력을 받는지 아무도 알 수 없다. 따라서 별도의 표기가 없는 한, 기둥철근의 이음길이는 0.5fy보다 큰 인장응력을 받는 것으로 하여 모두 B급이음을 적용해야 한다.

콘크리트구조 정착 및 이음 설계기준 – KDS 14 20 52 4.7의 기둥철근 이음에 관한 특별규정은 다음과 같다.

4.7 기둥 철근이음에 관한 특별 규정

(2) 계수하중에 의해 철근이 압축응력을 받는 경우 겹침이음은 4.5.3(1)과 (2)에 따라야 하며, 해당되는 경우에는 다음 ①과 ②에도 따라야 한다.

(3) 계수하중이 작용할 때 철근이 $0.5\,f_y$ 이하의 인장응력을 받고 어느 한 단면에서 전체 철근의 1/2을 초과하는 철근이 겹침이음되면 B급 이음으로, 전체 철근의 1/2 이하가 겹침이음되고 그 겹침이음이 교대로 l_d 이상 서로 엇갈려 있으면 A급 이음으로 하여야 한다.

(4) 계수하중이 작용할 때 철근이 $0.5\,f_y$보다 큰 인장응력을 받는 경우 겹침이음은 B급 이음으로 하여야 한다.

1.2 **fck=24MPa, fy=500MPa, D10, 슬래브 하부철근과 벽체 수직철근(피복두께 20mm)의 이음길이는 390mm인가?**

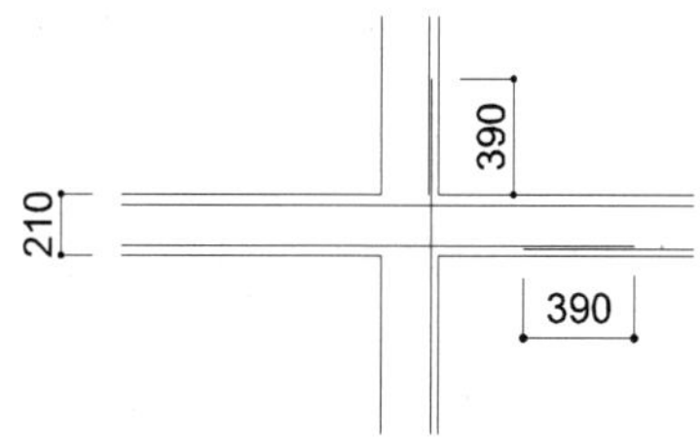

<그림 1.2a> fck=24MPa, fy=500MPa, D10, 슬래브와 벽체 철근의 이음길이

부록3 S-005를 보면, fck=24MPa, fy=500MPa, D10, 슬래브 및 벽체 철근의 이음길이(l_s)는 390mm다.

이음길이는 다음과 같이 산정할 수 있다.

$$\frac{1.5d_b}{c} = \frac{1.5 \times 10}{\min(100/2,\ 20+10/2)} = 0.6 \text{이므로}$$

정착길이, $l_d = 61.2 \times 10 \times 0.8 \times 0.6 = 294mm$ ⇨ 300mm

이음길이, $l_s = 1.3 l_{d(D10)} = 1.3 \times 294 = 390mm$

※ 철근의 직경과 단면적

철근의 직경은 호칭 직경을 사용한다. 그러나 호칭 직경은, 철근 직경과 단면적이 실제와 맞지 않다. 정확한 직경은 인치 단위로 환산해야 한다. KS 철근 규격은 ASTM 규격에서 유래되었으며 D25는 #8(8/8)″로 지름은 (8/8)“=25.4mm다. D22는 #7(7/8)″=22.2mm, D19는 #6(6/8)″=19.1mm, D16는 #5(5/8)″=15.9mm, D13는 #4(4/8)″=12.7mm등이다.

정착 및 이음길이를 산정할 때는 편의상 호칭 직경을 적용하고, 철근간격을 검토할 때는 실제 치수를 적용해야 한다.

D25 철근의 단면적은 $\pi d_b{}^2/4 = \pi \times 25.4^2/4$ = 507mm^{2}다. 호칭 직경 25mm로 계산하면 491mm^{2}가 되므로 실제와 차이가 있다. 철근의 m당 단위중량은 단면적(cm^2)에 0.785를 곱하고, D25 단위중량은 5.07×0.785=3.98kg/m다.

해설 1.2

슬래브, 벽체, 기초철근의 정착길이(l_d)는 $\frac{1.5d_b}{c}$가 포함된 식을 적용한다.

$$l_d = \frac{0.6\, d_b\, f_y}{\sqrt{f_{ck}}}\,\alpha\gamma(\frac{1.5d_b}{c}) \geq 300mm \qquad \text{– 〈식 1.2a〉}$$

fck=24MPa, fy=500MPa 일 때 $\frac{0.6 f_y}{\sqrt{f_{ck}}} = \frac{0.6\times 500}{\sqrt{24}} = 61.2$이므로 슬래브, 벽체, 기초철근의 정착길이는 다음 식으로 산정한다.

$$l_d = 61.2 d_b \frac{f_y}{500}(\alpha\gamma)(\frac{1.5d_b}{c}) \geq 300mm \qquad \text{– 〈식 1.2b〉}$$

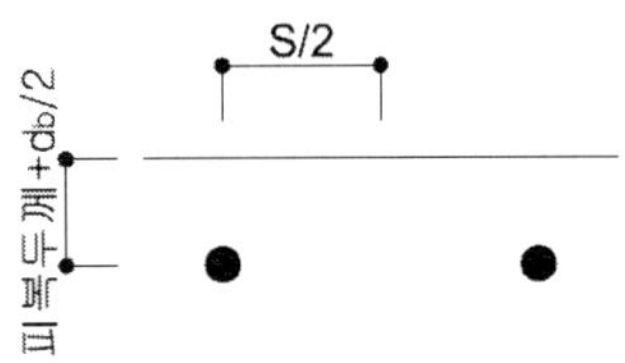

c=min(s/2, 피복두께+d_b/2)

여기서 c는 그림과 같이 철근 간격과 피복두께 관련 지수다.

$1.5d_b/c$는 0.6 이상, 1.0 이하로 다음과 같다.(철근간격 100mm)

<표 1-2b> 피복두께와 철근 직경별 c

피복두께	D10	D13	D16	D19	D22	D25
20	0.60	0.74	0.86	0.97	1.00	1.00
30	0.60	0.60	0.63	0.72	0.80	0.88
40	0.60	0.60	0.60	0.60	0.66	0.75
50	0.60	0.60	0.60	0.60	0.66	0.75

fck=24MPa, fy=500MPa, D10 슬래브 하부철근(피복두께 20mm)의 이음길이는,

$$\frac{1.5d_b}{c} = \frac{1.5\times 10}{\min(100/2, 20+10/2)} = 0.60 \text{ (상기 표와 같음)}$$

정착길이, $l_d = 61.2\times 10\times 0.8\times 0.6 = 294mm$ ⇨ 300mm

이음길이, $l_s = 1.3 l_{d(D10)} = 1.3\times 294 = 390mm$로 〈그림 1.2a〉와 같다.

※ 이음길이는 최소정착길이(300mm)를 적용하지 않는다.

슬래브, 벽체, 기초 철근의 정착 및 이음길이는 철근 간격과 피복두께 관련 지수 $1.5d_b/c$에 따라 달라진다. 피복두께에 따른 이음길이는 다음과 같다.

- fck=24MPa, fy=500MPa, D13 슬래브 하부철근(피복두께 20mm)의 이음길이는,

  $$\frac{1.5d_b}{c} = \frac{1.5d_b}{\min(100/2, 20+13/2)} = 0.74(\text{표 1.2b 참조})$$

  $$\text{정착길이, } l_d = 61.2d_b(\alpha\gamma)(\frac{1.5d_b}{c})$$

  $$= 61.2\times 13\times 0.8\times 0.74 = 470mm$$

  $$\text{이음길이, } l_s = 1.3l_d = 1.3\times 470 = 610mm(\text{부록3 S-005 참조})$$

- fck=24MPa, fy=500MPa, D13 슬래브 하부철근(피복두께 30mm)의 이음길이는,

  $$\frac{1.5d_b}{c} = \frac{1.5d_b}{\min(100/2, 30+13/2)} = 0.53 \Rightarrow 0.6$$

  $$l_d = 61.2d_b(\alpha\gamma)(\frac{1.5d_b}{c}) = 61.2\times 13\times 0.8\times 0.6 = 382mm \Rightarrow 390\text{mm}$$

  $$l_s = 1.3l_d = 1.3\times 382 = 500mm$$

상기와 같이, 피복두께가 증가하면 정착 및 이음길이가 감소하지만 피복두께가 감소하면 정착 및 이음길이가 증가한다. 따라서 피복두께 30mm로 정착 및 이음길이를 산정하고 이에 따라 시공했는데 피복두께가 부족하면 보강을 해야 한다. 정착길이가 부족하다고 매립된 철근의 길이를 늘일 방법은 없다. 인장력을 분산할 수 있는 강판 또는 CFS(탄소섬유) 보강을 해야 한다.

구조도면의 정착 및 이음길이가 부록3과 다른 경우는, 대부분 정착 및 이음길이 산정에 적용한 피복두께가 다르기 때문이다. 따라서 슬래브, 벽체, 기초는 반드시 정착길이 산정에 적용한 피복두께를 표시해야 한다.

1.3 fck=24MPa, fy=500MPa, D25 기초 하부철근(피복두께 50mm)의 이음길이는 1,500mm, 상부철근(피복두께 50mm)의 이음길이는 1,950mm인가?

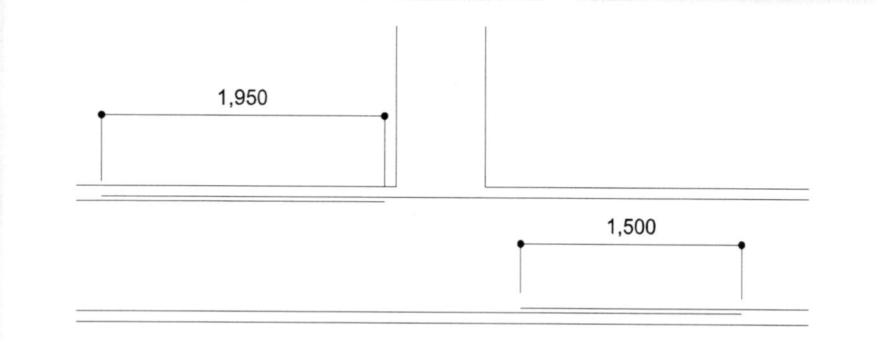

<그림 1.3> fck=24MPa, fy=500MPa, D25, 기초 철근의 이음길이

부록3 S-005를 보면 fck=24MPa, fy=500MPa, D25 기초 하부철근(피복두께 50mm)의 이음길이는 1,500mm, 상부철근(피복두께 50mm)의 이음길이는 1,950mm다.

기초 하부철근의 이음길이는 다음과 같이 산정할 수 있다.

$$\frac{1.5d_b}{c} = \frac{1.5d_b}{\min(100/2, 50+25/2)} = 0.75(\text{피복두께 } 50mm)$$

$$l_d = 61.2d_b(\alpha\gamma)(\frac{1.5d_b}{c}) = 61.2\times 25\times 1.0(D22\text{ 이상})\times 0.75 = 1,148mm$$

$$l_s = 1.3l_d = 1.3\times 1,148 = 1,500mm$$

기초 상부철근의 이음길이는 다음과 같다.

$$l_d = 61.2d_b(\alpha\gamma)(\frac{1.5d_b}{c}) = 61.2\times 25\times 1.3(\text{상부근})\times 1.0\times 0.75 = 1,493mm$$

$$l_s = 1.3\times l_d = 1.3\times 1,493 = 1,950mm$$

해설 1.3

기초 철근의 이음길이 산정은 1.2항과 동일하다. 단, 60mm 두께의 버림 콘크리트 위에 타설하는 기초 철근은 옥외에 해당하므로 철근 규격에 따라 D19이상의 피복두께 50mm를 적용한다.

fck=24MPa, fy=500MPa, D19 기초 하부철근(피복두께 50mm)의 이음길이는 다음과 같다.

$$\frac{1.5d_b}{c} = \frac{1.5d_b}{\min(100/2, 50+25/2)} = 0.75(\text{피복두께 } 50mm)$$

$$l_d = 61.2d_b(\alpha\gamma)(\frac{1.5d_b}{c})$$

$$= 61.2 \times 25 \times 1.0(D22\text{이상}) \times 0.75$$

$$= 1,148mm$$

$$l_s = 1.3l_d = 1.3 \times 1,148 = 1,500mm$$

기초 상부철근(피복두께 50mm)의 이음길이는,

$$\frac{1.5d_b}{c} = \frac{1.5d_b}{\min(100/2, 50+25/2)} = 0.75$$

$$l_d = 61.2d_b(\alpha\gamma)(\frac{1.5d_b}{c})$$

$$= 61.2 \times 25 \times 1.3(\text{상부근}) \times 1.0 \times 0.75$$

$$= 1,493mm$$

$$l_s = 1.3 \times l_d = 1.3 \times 1,493 = 1,950mm$$

1.4 fck=24MPa, fy=500MPa, D22의 갈고리가 있는 보철근의 정착길이는 540mm인가?

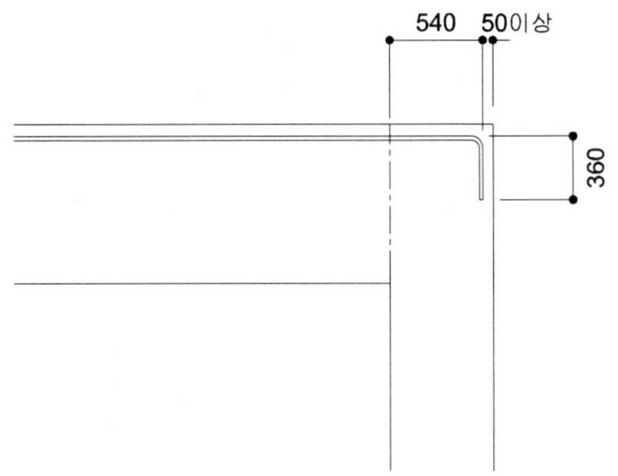

<그림 1.4> fck=24MPa, fy=500MPa, D22, 갈고리 정착

부록3 S-005를 보면 fck=24MPa, fy=500MPa, D22의 갈고리가 있는 보, 기둥철근의 '피복두께 미확보시' 정착길이는 540mm다.

갈고리가 있는 보철근의 정착길이(l_{dh})는 다음과 같이 산정할 수 있다.

$$l_{dh} = 0.4 \times 61.2 \times 22 = 540mm$$

해설 1.4

갈고리가 있는 인장철근의 정착길이(l_{dh}, hooked development length) 산정식은 다음과 같다.

$$l_{dh} = \frac{0.24 d_b f_y}{\sqrt{f_{ck}}} \times 보정계수 \geq 150mm, 8d_b$$

인장철근 정착길이 산정식의 상수는 0.6이고, 갈고리가 있는 인장철근 정착길이 산정식의 상수는 0.24이므로, 갈고리가 있는 철근의 정착길이는 갈고리가 없는 철근의 40%, 즉 $l_{dh} = 0.4 \times 61.2d_b$가 된다. 평면상 철근의 측면피복두께가 70mm 이상이고, 갈고리의 피복이 50mm 이상이면 여기서 보정계수 0.7을 추가로 적용하여 더 짧아진다.

부록3과 대다수 구조도면은 갈고리가 있는 인장철근의 정착길이를 아래와 같이 "피복두께 미확보시"와 "피복두께 확보시"로 구분하여 도시하거나, 보정계수를 적용하지 않은 정착길이만 표시하고 피복두께 확보시 보정계수를 적용하라고 도시하고 있다.

표준갈고리를 갖는 인장정착	
피복두께 미확보시	**피복두께 확보시
210	150

⇨

표준갈고리를 갖는 인장정착	
보, 기둥	슬래브 벽체
210	150

이와 같은 도시는 다음 이유로 적정하지 않다. 첫째는 '피복두께 확보'에 대해 건설관계자가 모두 정확하게 이해해야 한다는 것이다. 둘째는 피복두께가 확보되는 것으로 판단하여 70% 길이로 가공하고 조립했는데 피복두께가 확보되지 않는 경우가 많다는 것이다.

슬래브, 벽체는 측면피복두께가 항상 70mm 이상이나 외부에 면하는 보, 기둥은 측면피복두께 70mm가 확보되지 않는다. 따라서 '피복두께 미확보시'는 보, 기둥으로, '피복두께 확보시'는 슬래브, 벽체로 표시하는 것이 바람직하다.

fck=24MPa, fy=500MPa, 갈고리가 있는 보, 기둥철근의 정착길이(l_{dh})는 다음 식으로 산정한다.

$$l_{dh} = \max(0.4 \times 61.2 d_b \frac{f_y}{500}, 150, 8d_b) \quad -〈식\ 1.4〉$$

갈고리 정착길이는 인장철근 정착길이의 40%이므로 인장철근 정착길이에 0.4를 곱하여 산정하는 것이 좋다. 인장철근 정착길이 산정식만 기억하면 갈고리 정착길이도 용이하게 산정할 수 있다.

fck=24MPa, fy=500MPa, D22, 갈고리가 있는 보, 기둥철근의 정착길이는,

$l_{dh} = 0.4 \times 61.2 \times 22 = 540mm$로 〈그림 1.4〉와 같다.
또한 부록3 S-005의 '피복두께 미확보시' 정착길이와 같다.

fck=24MPa, fy=400MPa, D10, 갈고리가 있는 슬래브, 벽체철근의 정착길이는 보정계수를 적용하여,

$l_{dh} = 0.4 \times 61.2 \times 0.8 \times 10 \times 0.7 = 137mm$ ⇨ 150mm
부록3 S-005의 '피복두께 확보시' 정착길이와 같다.

상기에서 검토한 바와 같이 fy=400MPa, D10 슬래브 철근을 정착하려면 벽체두께는 150mm 이상이 되어야 하고, D13은 200mm 이상이 되어야 한다. fy=500MPa, D10 이면 벽체두께는 190mm 이상, D13은 240mm 이상이 되어야 한다. 도면을 검토해 보면, 벽체두께가 부족해서 정착길이가 확보되지 않은 경우가 많다.

1.5 설계기준항복강도가 550MPa를 초과하는 철근의 정착 및 이음길이는 피복두께 및 철근간격 제한이 도시되어 있는가?

설계기준항복강도가 550MPa을 초과하는 철근은 콘크리트구조 정착 및 이음 설계기준 – KDS 14 20 52 4.1.2(5)에 따라 〈그림 1.5a〉와 같이 550MPa를 초과하는 철근의 피복두께 및 간격제한을 도시하고 적용해야 한다. 고강도 철근의 정착내력을 확보하기 위한 것으로 피복두께는 더 크고, 철근간격은 더 넓어야 한다. 대체적으로 600MPa 이상 철근의 간격은 $4.0d_b$ 이상이 되어야 한다.

6. 550MPa를 초과하는 철근 사용 시 피복두께 및 간격 제한

철근 직경	슬래브, 벽체, 기초			기둥, 보	
	피복두께	피복두께-1	철근 중심간 간격	피복두께	철근 중심간 간격
D10	30mm 이상	30mm 이상	100mm 이상		
D13		40mm 이상	100mm 이상		
D16		40mm 이상	100mm 이상	50mm 이상	65mm 이상
D19		50mm 이상	100mm 이상	50mm 이상	80mm 이상
D22	40mm 이상	60mm 이상	120mm 이상	50mm 이상	90mm 이상
D25		70mm 이상	130mm 이상	50mm 이상	100mm 이상
D29	50mm 이상	75mm 이상	150mm 이상	50mm 이상	120mm 이상
D32	60mm 이상	80mm 이상	160mm 이상	50mm 이상	130mm 이상
D35		90mm 이상	180mm 이상	50mm 이상	140mm 이상

* 기둥주근이 D22이상은 커플러 사용 기준.
* 보는 반수교차이음 기준.

<그림 1.5a> **550MPa를 초과하는 철근의 피복두께 및 간격제한 - '배근상세-제4판'**

※ 〈그림 1.5a〉에서 피복두께-1은 주근의 중심에서 콘크리트 외단까지의 거리다.

해설 1.5

콘크리트구조 정착 및 이음 설계기준 – KDS 14 20 52 4.1.2(5)는 고강도 철근의 정착내력을 확보하기 위한 것이다.

> **4.1.2 인장 이형철근 및 이형철선의 정착**
>
> (5) 설계기준항복강도가 550 MPa을 초과하는 철근에 대해서는 다음을 만족하여야 한다.
>
> ① 횡방향 철근을 배치하지 않는 경우에는 c/d_b이 2.5 이상이어야 한다.
>
> ② 횡방향 철근을 배치하는 경우에는 $K_{tr}/d_b \geq 0.25$와 $(c+K_{tr})/d_b \geq 2.25$을 만족하여야 한다.

횡방향 철근(정착철근의 직각방향 철근)은 배치가 일정하지 않으므로 횡방향 철근을 제외하면, 550MPa을 초과하는 철근의 정착 및 이음길이는 횡방향 철근을 배치하는 경우 $K_{tr}/d_b \geq 0.25$와 $c \geq 2.25d_b$를 만족해야 한다.

$c = \min(\text{피복두께} + d_b/2,\ s/2) \geq 2.25d_b$이므로 철근간격은 $4.5d_b$ 이상이 되어야 한다. 〈그림 1.5〉의 철근간격은 $4.5d_b$보다 작은 값이 도시되어 있는데, 횡방향 철근($K_{tr} = \dfrac{40A_{tr}}{sn} \neq 0$)을 고려한 것으로 보인다.

항복강도 600MPa 철근을 사용하고 상기 규정을 적용하면 보와 기둥의 배근이 불가능하므로 이를 피하고자 설계기준항복강도를 550MPa로 줄여서 설계하는 경우도 있는데 문제는 없다. 그러나 설계기준항복강도는 600MPa를 적용하고 상기 규정을 도시하지 않은 구조도면은 적정하지 않다.

600MPa, D22 기둥철근의 순간격은 90−22=68mm 이상인데 550MPa는 40mm 이상으로 차이가 크다. 고강도 철근은 순간격이 충분히 넓어야 정착내력을 확보할 수 있으므로 550MPa 기둥철근의 순간격은 50mm 이상을 권장한다.

단면폭 B, 피복두께 50mm, 띠철근(또는 스터럽)이 D10일 때,
철근의 중심간 간격 s는 $(B-120-d_b-nd_b)/(n-1)$이다.
철근의 중심간 간격이 s일 때 단면폭 B에 배근할 수 있는 철근의 수는,
$n=(B-120-d_b+s)/(d_b+s)$이다.

단면폭에 따라 550MPa 이상의 배근이 가능한 철근수는 다음과 같다.

철근직경	철근중심간 간격	단면폭				
		400	500	600	700	800
D19	80	3.4	4.5	5.5	6.5	7.5
D22	90	3.1	4.0	4.9	5.8	6.7
D25	100	2.8	3.6	4.4	5.2	6.0

예) 폭 400 단면은 D25 철근 2개, 폭 500 단면은 3개 이상 배근할 수 없다.

다음은 철근강도가 600MPa인 구조도면의 기둥설계 일람이다.

<그림 1.5b> 기둥설계 일람 예

부 호		nC6	nC7	PC1	PC11,PC12
단 면		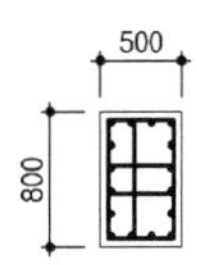	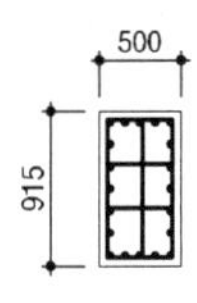	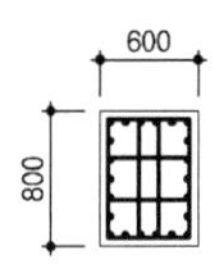	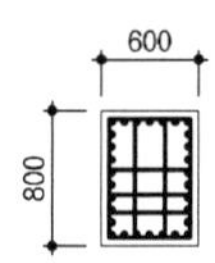
주근		16-D19	20-D19	22-D19	30-D19
띠철근	단 부	D10@150	D10@150	D10@150	D10@150
	중앙부	D10@200	D10@250	D10@150	D10@150

상기 일람의 nC7 단면폭은 500이므로 4-D19까지 배근할 수 있으나 5-D19로 설계되어 있다. 철근중심간격은 $(B-120-d_b-nd_b)/(n-1)$ =65.5mm로 80mm보다 가까워 적정하지 않다.

PC11 가로폭은 600으로 5-D19까지 배근할 수 있으나 6-D19로 설계되어 있고 세로폭은 800으로 7-D19까지 배근할 수 있으나 10-D19로 설계되어 부적정하다.

1.6 슬래브, 벽체의 최소피복두께는 30mm, 보, 기둥은 50mm, 기초는 60mm인가?(권장)

구조기준의 슬래브, 벽체 최소피복두께는 20mm(D35이하), 보, 기둥은 40mm(옥내), 기초는 50mm(D19 이상)다. 구조기준의 최소피복두께보다 작게 시공하지 않도록 슬래브, 벽체의 최소피복두께는 30mm, 보, 기둥은 50mm, 기초는 60mm를 적용해야 한다.

해설 1.6

부록3 S-002와 대다수 구조도면은 아래와 같이, 구조기준의 최소피복두께가 도시되어 있다. 〈표 1.6a〉에서 흙에 접하거나 옥외의 공기에 노출되는 콘크리트는 D19 이상 50mm로 개정되었다.(종전의 D29 이상 60mm는 삭제됨)

<표 1-6a> 철근의 피복두께
- '배근상세-제4판'

1) 현장치기 콘크리트

표 면 조 건	부 재	철 근	피복두께(mm)
수중에서 타설하는 콘크리트	모든 부재	모든 철근	100
*흙에 접하여 콘크리트를 친 후 영구히 흙에 묻혀 있는 콘크리트	모든 부재	모든 철근	75
**흙에 접하거나 옥외의 공기에 직접 노출되는 콘크리트	모든 부재	D29 이상	60
		D19 ~ D25	50
		D16 이하 지름 16mm 이하 철선	40
옥외의 공기나 흙에 직접 접하지 않는 콘크리트	슬래브, 벽체, 장선	D35 초과	40
		D35 이하	20
	***보, 기둥	모든 철근	40
	쉘, 절판부재	모든 철근	20

* 흙에 접하여 콘크리트를 친 경우란 흙의 표면을 거푸집이나 버림콘크리트 등으로 마감하지 아니하고 콘크리트를 타설한 경우로 본다.

** 옥외의 공기에 직접 노출되는 콘크리트 란 옥외에 직접 노출되는 콘크리트뿐만 아니라 직접적인 누수, 누출,유사한 영향으로 건습상태가 반복적으로 발생하는 옥내의 콘크리트를 포함한다.

*** 콘크리트 강도가 fck= 40MPa 이상이면 규정된 값에서 10mm 저감시킬 수 있다.

〈표 1.6a〉는 구조기준을 그대로 옮긴 것인데 "흙에 접하거나" 또는 "흙에 접하지 않는" 등의 표현 때문에 이해하기 쉽지 않다. 이를 옥외와 옥내로 바꾸면 구조기준의 최소피복두께는 다음과 같이 간단하게 표현할 수 있다.

	옥내	옥외 또는 흙에 접하는 콘크리트
슬래브, 벽체	20mm(D35 이하)	D19이상 50mm D16이하 40mm
보, 기둥의 띠철근, 스터럽	40mm	

※ 흙에 타설하는 콘크리트 75mm, 수중에 타설하는 콘크리트 100mm

상기와 같이 정리하면, 최소피복두께는 옥내와 옥외에 따라 규정하는데 옥내는 구조부재에 따라, 옥외는 철근 규격에 따라 규정되어 있음을 알 수 있다. 옥내의 피복두께는 내화성능을 확보하기 위한 것이고, 옥외는 내구성능을 확보하기 위한 것이다. 따라서 피복두께는 구조기준의 최소피복두께보다 작지 않아야 한다.

철근의 피복두께는 내화성능과 내구성능뿐만 아니라 정착내력 확보에 매우 중요하며 최소피복두께를 유지하지 못하면 정착길이가 부족하여 붕괴의 원인이 될 수 있다.

1) 슬래브, 벽체 철근의 피복두께

슬래브, 벽체 철근의 정착길이는 피복두께에 따라 다르다.

fck=24MPa, fy=500MPa, D10인 경우,

- 피복두께가 20mm면 $\frac{1.5d_b}{c} = \frac{1.5 \times 10}{(20+10/2)} = 0.6$

  $l_{d(D10)} = 61.2d_b \times 0.8 \times 0.6 = 294mm$ ⇨ 300mm

- 피복두께가 10mm면 $\frac{1.5d_b}{c} = \frac{1.5 \times 10}{(10+10/2)} = 1.0$

  $l_{d(D10)} = 61.2d_b \times 0.8 = 490mm$

정착길이를 피복두께 20mm로 산정했는데 피복두께가 10mm면, $1.5d_b/c$에 의한 정착길이 감소효과가 사라져 정착길이는 190mm(39%) 부족하게 된다. 건물의 붕괴사고에서 볼 수 있는 철근의 뽑힘현상은 콘크리트 강도 부족과 피복두께 부족에 따른 정착길이 부족이 원인이다.

콘크리트구조 철근상세 설계기준 – KDS 14 20 50 표 4.2-1에는 다음과 같이 피복두께의 허용오차가 규정되어 있다.

<표 4.2-1> 허용오차

유효깊이(d)	허용범위	콘크리트 최소 피복 두께1)
$d \leq 200$ mm	±10 mm	−10 mm
$d > 200$ mm	±13 mm	−13 mm

주 1) 다만, 하단 거푸집까지의 순거리에 대한 허용오차는 −7 mm이다. 또한 모든 경우의 피복 두께 허용오차는 도면 또는 구조기준에서 요구하는 최소 피복 두께의 −1/3을 초과하지 않아야 한다.

주기에 '허용오차는 도면 또는 구조기준에서 요구하는 최소 피복두께의 1/3 이내'로 표시되어 있다. 도면의 피복두께가 20mm인 경우 허용오차는 20/3=6.7mm로 피복두께는 20-20/3=13.3mm까지 시공해도 된다는 것으로 오해될 수 있다. 그러나 피복두께가 13mm일 때의 소요정착길이는 410mm이므로, 피복두께 20mm일 때의 300mm에 비해 정착길이는 110mm 부족하다.

$$\frac{1.5d_b}{c} = \frac{1.5 \times 10}{(13 + 10/2)} = 0.83,$$

$$l_{d(D10)} = 61.2d_b \times 0.8 \times 0.83 = 410mm$$

그렇다면 표 4.2-1의 허용오차는 적정한가? 그렇지 않다. 구조설계기준 KDS 14는 ACI 318을 모태로 하고 있는데, ACI 318-89 7.5.2.1에는 피복두께의 허용오차를 다음과 같이 규정하고 있다.

> In addition, tolerance for cover shall also not exceed minus 1/3 the concrete cover specified in the design drawings and project specifications.

허용오차는 '구조기준에서 요구하는 최소 피복두께의 1/3 이내'가 아니라, '특기시방서(project specifications) 피복두께의 1/3 이내'다. 특기시방서의 피복두께가 구조기준에서 요구하는 최소 피복두께와 같이 20mm면 20-20/3=13.3mm까지 시공해도 되는가? 논란의 여지는 있으나, 최소피복두께는 어떤 경우에도 부족하면 안 되는 것으로 이해해야 한다.

건설공사에서 피복두께를 유지하는 것이 어려운 점을 감안하면, 피복두께가 부족해도 정착길이가 부족하지 않도록 슬래브, 벽체는 피복두께 30mm로 설계하고, 정착길이는 피복두께 20mm로 산정해야 한다. 부록3은 피복두께 20mm로 철근의 정착 및 이음길이가 산정되어 있다.

※ 필자는 2024.11 표 4.2-1의 주기를 '구조기준에서 요구하는 최소 피복두께의 1/3 이내'를 ACI 318-89와 같이 '특기시방서에서 요구하는 피복두께의 1/3 이내'로 개정할 것을 학회에 제안했다.

○○ 공사의 구조일반사항은 피복두께가 30mm로 되어 있으나 정착길이도 피복두께 30mm로 산정하여 적정하지 않다. 피복두께가 30mm 이상이면 부재내력이 부족하고, 피복두께가 30mm 이하면 정착길이가 부족하기 때문이다. 구조일반사항에 슬래브, 벽체의 피복두께가 20mm로 도시된 경우에는, 구조계산서의 피복두께(C_c, clear cover)를 확인하여 30mm로 변경해야 한다.

2) 보, 기둥 철근의 피복두께

옥내 보, 기둥의 최소피복두께는 40mm고 옥외는 D19 이상일 때 50mm다. 단면 크기가 같은 기둥이 각각 옥내, 옥외, 모서리에 있다면 기둥의 피복이 각각 달라 띠철근을 3가지로 가공하고 조립해야 할 뿐만 아니라, 기둥철근 위치도 모두 달라야 한다. 기둥의 피복두께를 모두 50mm로 적용하면 이런 문제가 발생하지 않고 공사가 단순해진다.

3) 기초의 피복두께

최소 60mm 두께의 버림콘크리트 위에 타설하는 기초는 흙에 접하지 않으나 옥외이므로 D19 이상 철근의 최소 피복두께는 50mm이며 시공오차를 고려하여 60mm를 적용해야 한다.

4) 공사용 최소피복두께

구조일반사항의 최소피복두께는 다음과 같이 도시할 것을 권장한다.

<표 1.6b> 구조일반사항의 최소피복두께 (권장)

	옥내	옥외 흙에 접하는 콘크리트
슬래브, 벽체	30mm(D35 이하)	D19이상 50mm D16이하 40mm
보, 기둥의 띠철근, 스터럽	50mm	
기초	60mm	

※ 흙에 타설하는 콘크리트 75mm, 수중에 타설하는 콘크리트 100mm

1.7 슬래브 배근상세에 cut bar(절단형 배근) 상세가 있는가?(권장)

부록3 S-005의 슬래브 배근도는 〈그림 1.7a〉와 같이 bent bar(절곡형 배근)가 도시되어 있다. 숙련도가 떨어지는 작업자가 bent bar 시공을 하지 않도록 〈그림 1.7b〉와 같이 cut bar(절단형 배근)로 도시하는 것이 바람직하다. '배근상세-제4판' 57쪽에는 절단형 배근도가 도시되어 있다.

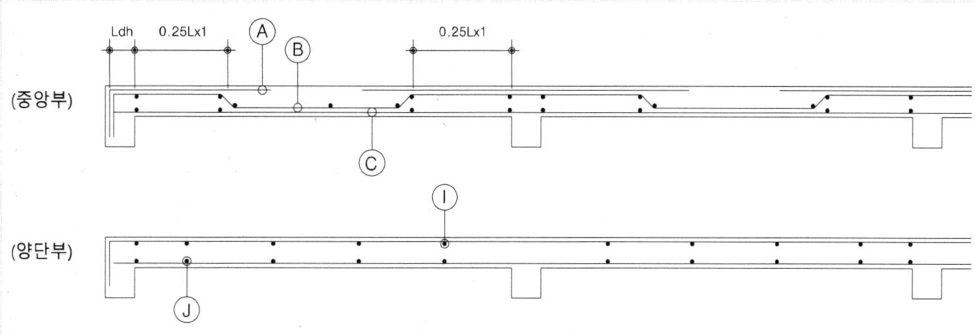

<그림 1.7a> 슬래브 bent bar(절곡형) 배근상세 - '배근상세-제4판'

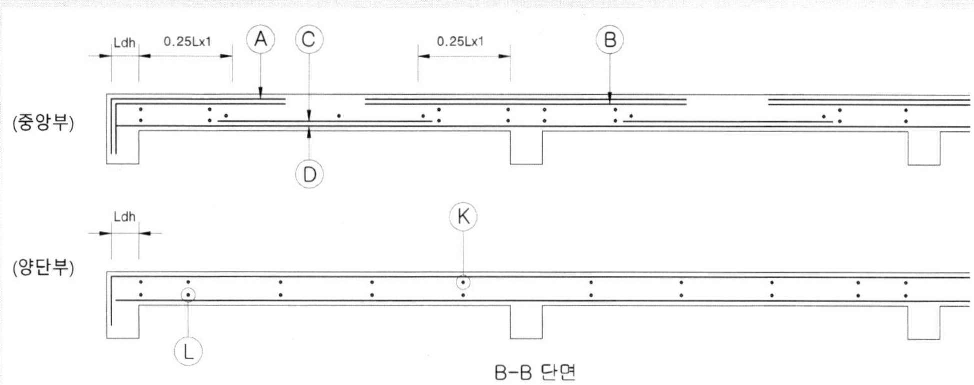

<그림 1.7b> 슬래브 cut bar(절단형) 배근상세 - '배근상세-제4판'

해설 1.7

국내 건설현장은 외국인 작업자로 바뀐 지 오래됐고, 여러 가지 이유로 공사품질은 더욱 나빠졌다. 〈사진 1.7c〉는 슬래브 하부근을 보 상부근의 밑에 배치하지 않고 위에 배치한 다음 절곡한 것으로 슬래브 하부근의 압축정착 길이가 확보되지 않은 것이다. 이와 같은 결함이 발생하지 않도록 구조일반사항은 절단형 배근 상세를 도시해야 한다.

<사진 1.7c> 슬래브 bent bar 절곡 결함

〈사진 1.7c〉는 슬래브 하부근의 절곡 결함외에 다음과 같은 결함이 있다.

- 보의 분리타설면(수평이어치기)에 조면처리가 없고 청결하지 않아 이음면의 수평강도를 확보하기 어려움
- 철근에 묻은 콘크리트를 제거하지 않아 부착강도를 확보하기 어려움
- 보의 연결철근(cross tie)이 보폭에 맞지 않고, 135° 갈고리가 보의 주근을 감싸지 않았으며, 135° 갈고리의 위치를 교대로 배치하지 않았음 (중앙에 적정한 연결철근이 1개 있음)
- 보 상부의 세로방향 배근은 불필요

1.8 슬래브 개구부의 보강상세는 적정한가?(권장)

부록3 S-008에 도시된 슬래브 개구부 보강상세는 〈그림 1.8a〉와 같고, 다음과 같은 조건이 제시되어 있다.

1) 구조도면상에 개구부 표기가 없는 부분에 대한 개구부 설치, 구조도면상의 개구부 크기와 상이한 개구부 설치시에는 책임구조기술자와 협의한 후 시공한다.
2) 개구부에 의해 절단되는 철근과 같은 단면적의 철근을 개구부 양쪽에 보강하여야 한다.
3) 개구부 크기가 300mm 이하로, 슬래브 두께의 2배 이하이고, 주근이 개구부에 의해 절단되지 않을 경우에는 보강하지 않는다.

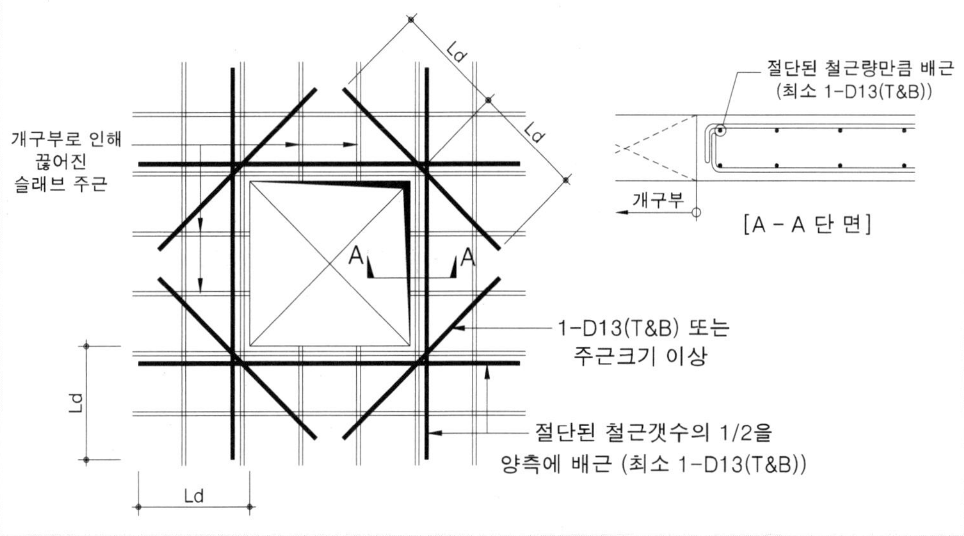

<그림 1.8a> **슬래브 개구부 보강상세 - '배근상세-제4판'**

조건에 제시된 바와 같이, 도면에 도시되지 않은 슬래브의 개구부를 임의로 설치하면 안 된다. 〈그림 1.8a〉의 슬래브 개구부 보강상세는 다소 과다한 것으로 보이며 책임구조기술자의 검토에 따라 보강할 것을 권장한다.

개구부 크기가 300mm면 대각보강근의 정착길이가 $300/\sqrt{2}+30$=240mm 이상이므로 겹친다. D13 철근의 정착길이($l_d = 61.2d_b \times 0.8 \times 0.6 = 390mm$)는 240mm를 초과하므로 철근이 겹쳐 피복두께가 부족할 수 있다.

해설 1.8

1) 구조도면에 도시된 슬래브 개구부는 설계에 반영했거나 구조설계자가 구조안전에 지장이 없다고 판단한 것으로 볼 수 있으나 별도의 보강상세가 없다면 책임구조기술자의 확인을 받아야 한다. 구조도면에 도시되지 않은 슬래브 개구부는 덕트, 또는 슬리브와 공사에 필요한 자재 반출구등이며 원칙적으로 책임구조기술자의 확인을 받아야 한다.

   설계에 반영되지 않은 개구부는 개구부 위치와 인접개구부에 따라 특이응력이 발생할 수 있고, 개구부 주위에 집중하중이 있으면 2방향 슬래브가 1방향으로 거동하여 휨내력과 전단내력이 부족할 수 있다. 또한 지하층 슬래브는 토압에 대해 축내력이 부족할 수 있고, 무량판슬래브는 뚫림전단의 둘레길이에 영향을 줄 수 있다. 따라서 슬래브 개구부 보강은 "책임구조기술자와 협의"를 "책임구조기술자의 확인"으로 변경해야 한다.

2) 슬래브 개구부의 모서리 균열은 개구부 주변 조건에 따라 다르므로 일괄하여 대각보강근을 설치할 필요는 없다. 〈그림 1.8a〉의 A-A 단면에서 개구부 단부는 철근을 절곡하는 것 보다 U-bar가 조립에 더 용이하다.(부록 2 S-016 벽체 개구부 보강 참조)

3) 자재반출용 개구부는 걸침턱이 있는 강재틀을 사용하고, 타워크레인 등의 대형 개구부는 반드시 복구 상세가 도시된 도면에 따라 시공을 해야 한다. 개구부로 절단되는 철근은 〈그림 1.8b〉와 같이 연결이 용이한 커플러(나사형) 설치를 권장한다.

<그림 1.8b> 슬래브 철근 이음용 매립 커플러 - 인터넷

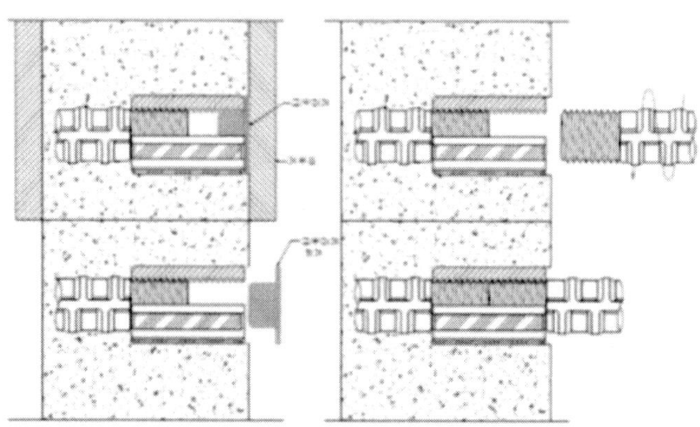

1.9 슬래브 갈고리철근의 정착 상세는 적정한가?(권장)

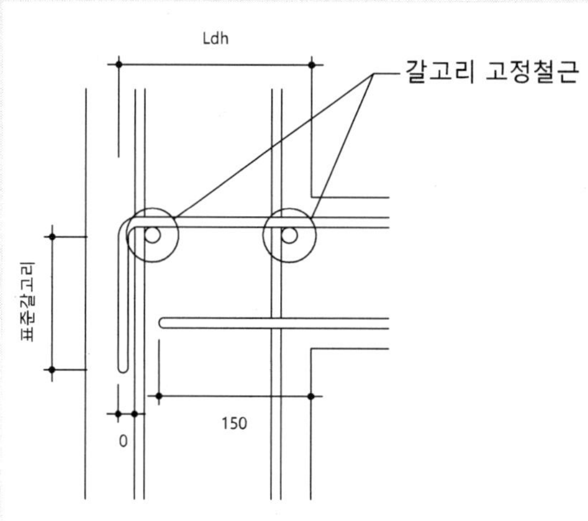

<그림 1.9> 슬래브 철근의 갈고리 정착 상세(권장)

슬래브 철근은 그림과 같이 외벽에 갈고리가 있는 인장철근으로 정착해야 하며, 갈고리는 보조철근으로 고정해야 한다.

해설 1.9

인터넷이나 유튜브 영상을 살펴보면, 벽체에 정착하는 상부철근에 갈고리가 없거나 갈고리가 있어도 정착길이(l_{dh})가 확보되지 않은 경우가 많다. 이는 슬래브 철근의 갈고리 정착 상세가 없기 때문으로 판단된다.

슬래브 철근의 갈고리 정착은 시공상세도에 도시해야 하는 기본적인 사항이다. 감리, 시공자는 반드시 시공상세도를 확인해야 하며 누락시 〈그림 1.9〉와 같이 공사를 하도록 지도해야 한다. 그러나 혼선을 피하려면 구조일반사항에 상세를 도시하는 것이 바람직하다.

갈고리철근을 고정하는 보조철근(도리철근)은 갈고리 철근의 정착내력을 확보하는데 매우 중요한 역할을 한다. 특히 보조철근(도리철근)을 반드시 배치하여 갈고리 철근을 고정해야 정착길이(l_{dh})를 유지할 수 있고, 보조철근을 벽체 수직철근과 결속해야 콘크리트 타설시 갈고리철근의 변위를 방지할 수 있다.

1.10 기둥과 보의 일반상세는 적용해야 할 상세만 도시되어 있는가?

구조일반사항에 일반설계(보통모멘트골조) 상세와 내진설계(중간모멘트골조 및 전이보) 상세가 모두 있다면 어떤 상세를 적용해야 하는가? 공사관계자가 어떤 상세를 적용해야 할지 선택을 해야 한다면 이는 명백히 잘못 작성된 도면이다. 구조일반사항은 반드시 적용해야 할 상세만 도시해야 한다.

도면에 구조물이 보통모멘트골조인지 중간모멘트골조인지 표시가 있거나 구조계산서에 골조방식에 대한 표시가 있으면 이에 따르고, 표시가 없으면 책임구조기술자의 확인을 받아야 한다. 어떤 경우든 적용해야 할 상세만 도시하는 것이 바람직하다.

해설 1.10

구조물개요 또는 구조계산서의 설계하중에 반응수정계수가 3으로 표기되어 있다면 보통모멘트골조로 볼 수 있으나 건축감리원이 판단할 사항이 아니다. 따라서 보 배근 일반상세는 적용해야 할 상세만 도시해야 하고, 구조물에 따라 달리 적용해야 한다면 각각의 상세에 적용해야 하는 구조물을 표시해야 한다.

대부분의 구조일반사항에 모든 상세가 도시된 이유는, 구조일반사항을 공사에 따라 작성하지 않고 모든 공사에 공통으로 사용하기 때문이다. 부록3의 구조일반사항은 모든 골조방식의 상세인데 이를 그대로 도면에 도시하는 것은 매우 부적절하다. 설계도서는 "현장기술인이 쉽게 이해하여 안전하고 정확하게 시공할 수 있도록 상세히 작성(건설기술진흥법 시행규칙 제40조)"해야 한다. 현장의 건설관계자가 '보통모멘트골조'나 '중간모멘트골조'를 알아야 할 필요는 없다.

※ 지진하중을 100% 적용하여 골조를 해석하고 설계하면 별도의 내진상세를 적용하지 않아도 되는데 이를 '보통모멘트골조' 또는 '일반상세'라고 한다. 별도의 내진상세를 적용하면 지진하중을 줄여서 적용해도 지진하중을 100% 받을 수 있으며 이를 '중간모멘트골조' 또는 "내진상세"라고 한다. 특별한 상세를 적용하면 지진하중을 더 줄여도 지진하중을 100% 받을 수 있고 이를 '특수모멘트골조'라고 한다. 따라서 골조 배근은 설계조건에 따른 상세를 적용해야 한다. 지진하중을 줄여서 설계하는 이유는 단면 또는 배근을 줄여서 경제성을 확보하거나 시공성을 개선하기 위한 것이다. 내진상세를 적용해야 지진하중에 견딜 수 있도록 설계했는데 내진상세에 따라 시공하지 않거나 잘못 시공하면 지진에 견딜 수 없다. 필자는 보통모멘트로 설계하고 중간모멘트 내진상세를 적용하는 것이 바람직하다고 생각한다.

1.11 띠철근(후프철근, 연결철근 또는 cross tie)의 135˚ 갈고리 길이는 6db 또는 75mm 이상인가?

부록3 S-013에는 〈그림 1.11a〉와 같이 후프철근과 띠철근의 상세가 도시되어 있다. 후프철근의 135° 갈고리 길이는 '6db 또는 75mm 이상'이다.

D10 철근의 135° 갈고리 길이는 통상 100mm 정도로 길게 가공하고 있으나, 가끔 '75mm 이상'이 도시되지 않은 도면이 있다. 기준에 대한 이해가 부족하고 135° 갈고리 길이가 짧으면 기둥의 내진성능이 감소할 수 있으므로 135° 갈고리는 모두 '75mm 이상'을 병기하는 것이 바람직하다.

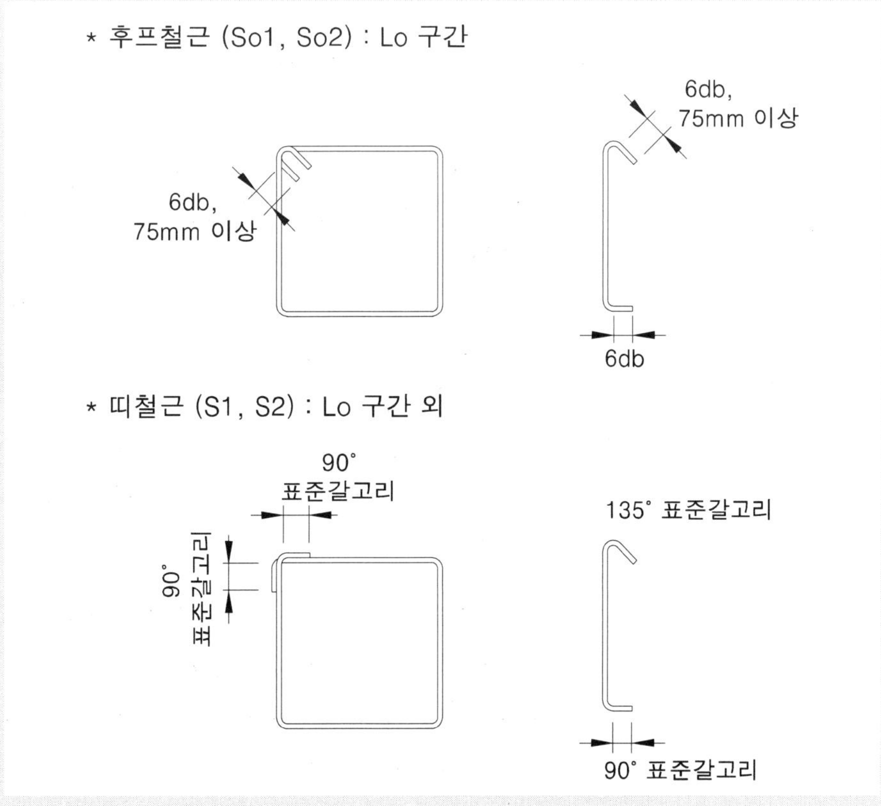

<그림 1.11a> 후프철근의 135도 갈고리 상세 - '배근상세-제4판'

해설 1.11

KDS 14 20 50 콘크리트구조 철근상세 설계기준 4.1.1(2)에는 135° 갈고리 길이를 다음과 같이 규정하고 있다. '75mm 이상'은 규정에 없다.

> (2) 스터럽과 띠철근의 표준갈고리는 90°표준갈고리와 135°표준갈고리로 분류되며, 다음과 같이 제작하여야 한다.
>
> ② 135°표준갈고리
>
> D25 이하의 철근은 구부린 끝에서 6 d_b 이상 더 연장하여야 한다.

KDS 14 20 80 콘크리트 내진설계기준 4.3에 따르면, 일정구간 후프철근을 배치해야 하도록 규정하고 있다. 특수모멘트골조도 후프철근을 배치해야 한다.

> 4.3 중간모멘트골조 요구 사항
>
> **4.3.4 보**
>
> (2) 보부재의 양단에서 지지부재의 내측 면부터 경간 중앙으로 향하여 보 깊이의 2배 길이 구간에는 후프철근을 배치하여야 한다.
>
> **4.3.5 기둥**
>
> (2) 부재의 양단부에는 후프철근을 접합면부터 길이l_o구간에 걸쳐서s_o이내의 간격으로 배치하여야 한다.

KDS 14 20 01 1.4 용어의 정의에 후프철근은 내진갈고리를 가진 철근으로 만들고, 내진갈고리는 철근 지름의 6배 이상 (또한 75mm 이상)으로 명시되어 있다.

> - 후프철근(hoop): 폐쇄띠철근 또는 연속적으로 감은 띠철근 : 폐쇄띠철근은 양단에 내진갈고리를 가진 여러 개의 철근으로 만들 수 있음.
> - 내진갈고리(seismic hook): 철근 지름의 6배 이상(또한 75 mm 이상)의 연장길이를 가진 (최소) 135°갈고리로 된 스터럽, 후프철근, 연결철근의 갈고리 : 다만, 원형 후프철근의 경우에는 단부에 최소 90°의 굽힘부를 가짐.

내진갈고리는 '75mm 이상'을 반드시 병기해야 하고 100mm 이상 가공하도록 지도해야 한다.

– 기둥 띠철근의 갈고리 역할

기둥에 축력이 작용하면 콘크리트가 밖으로 밀려나가려 하는데, 그림과 같이 기둥철근이 콘크리트를 가두어야 축력을 받을 수 있다. 기둥의 중심부에 묻힌 135° 갈고리는 기둥철근이 밀려서 좌굴하지 않도록 잡아준다.

<그림 1.11b> 철근으로 구속된 기둥 콘크리트 코어 - 인터넷

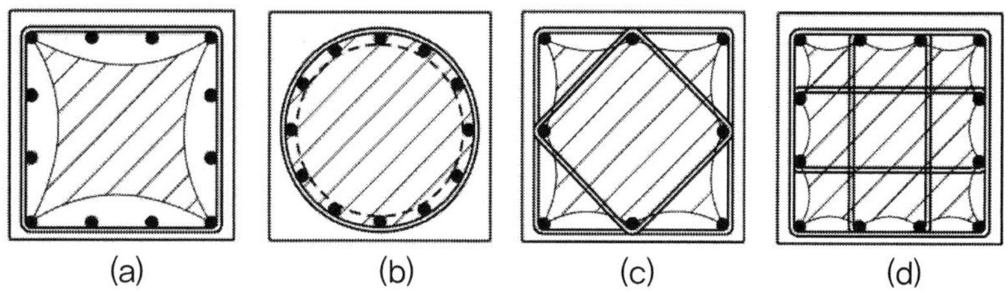

90° 갈고리는 기둥철근을 잡는데 충분하지 않으므로 갈고리 위치를 교대로 배치해야 한다. ACI 318M-19 18.7.5.1 해설은 연결철근(cross tie)에 대해 다음과 같이 설명하고 있다.

> Crossties with a 90-degree hook are not as effective as either crossties with 135-degree hooks or hoops in providing confinement. For lower values of Pu/Ag fc′ and lower concrete compressive strengths, crossties with 90-degree hooks are adequate if the ends are alternated along the length and around the perimeter of the column. For higher values of Pu/Ag fc′, for which compression-controlled behavior is expected, and for higher compressive strengths, for which behavior tends to be more brittle, the improved confinement provided by having corners of hoops or seismic hooks supporting all longitudinal bars is important to achieving intended performance.

아래 그림은 포항지진시 파괴된 필로티기둥이다. 기둥 속에 묻히는 135° 갈고리와 갈고리 길이가 중요한 이유를 알 수 있다.

<사진 1.11c> 포항지진시 파괴된 필로티기둥 – 인터넷

135° 갈고리가 기둥 내측에 묻히지 않아 철근이 밖으로 밀리면, 구속되지 않은 콘크리트와 좌굴한 철근은 모두 압축하중을 받을 수 없다. 아무리 철근을 많이 배근해도 소용없다. 따라서 기둥에서는 기둥철근보다 기둥철근을 잡아주는 띠철근의 135° 갈고리가 더 중요하다.

1.12 보, 슬래브의 수평 이어치기가 도시된 경우 책임구조기술자의 확인을 받아야 한다는 표시가 있는가?

부록3 S-011에는 다음과 같이 보의 수평 이어치기가 도시되어 있다. 이어치기 면에 수평전단보강근이 도시되어 있으나 구조검토에 따라 산정하는 보강근의 규격과 수량은 표시가 없다. 보, 슬래브의 수평 이어치기는 구조안전에 매우 중요하므로 책임구조기술자의 확인을 받아야 한다는 내용을 반드시 표시해야 한다.

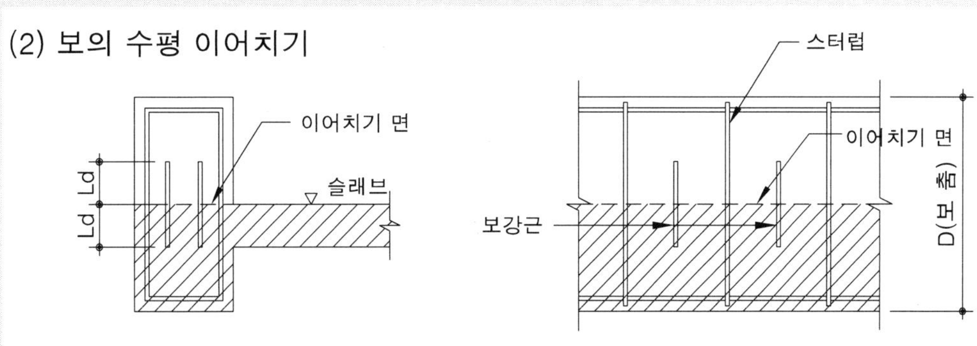

<그림 1.12a> 보의 수평 이어치기 - '배근상세-제4판'

해설 1.12

보 또는 슬래브를 수평으로 나누어 타설하면, 경계면을 따라 수평전단이 발생하고 수평전단강도가 부족하면 그림과 같이 보 단면은 2개로 나누어진다. 2개로 나누어 진 보가 하중을 받으면, 상부 단면의 하단에는 철근이 없으므로 인장파괴가 발생하여 하부 단면만 남게 되어 부재내력이 급감하여 파괴된다.

<그림 1.12b> 분리된 부재의 휨 거동 - 인터넷

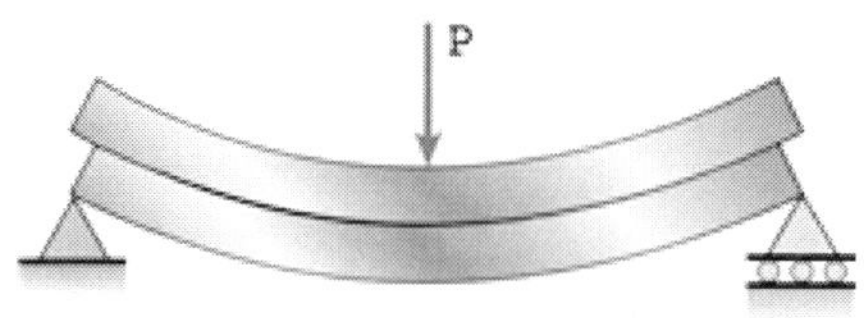

이와 같은 현상을 방지하려면 경계면이 일체가 되도록 접합면을 깊이 6mm 이상의 조면으로 처리하고 〈그림 1.12a〉와 같이 추가로 경계면에 수평전단보강을 해야 한다. 따라서 보, 기초, 슬래브등 휨부재의 분리타설은 반드시 책임구조기술자의 검토와 확인을 받아야 한다.

보, 기초의 분리타설은 주로 지중보 시공시 발생한다. 보의 측면 거푸집을 매립하지 않는 한, 슬래브와 일체로 타설할 수 없다. 기초 측면에 버림콘크리트를 흘려 치고 바닥슬래브와 일체로 타설하는 등의 방법으로 지중보를 시공해야 한다. 책임구조기술자의 확인을 받지 않고 지중보를 무단히 분리타설하는 경우, 수평전단에 필요한 전단보강철근이 누락되는 심대한 문제가 발생한다. 아무렇게 시공해도 괜찮은 구조는 없다.

※ 〈그림 1.12b〉는 24mm 합판으로 설계된 곳에 12mm 합판 2장을 설치했을 때의 거동과 유사하다. 12mm 합판 2장을 24mm 합판으로 만드는 방법은, 접착제로 붙이거나 못을 충분히 박아 접촉면이 미끄러지지 않도록 하는 것이다.

아래 사진은 지중보와 기초를 책임기술자의 검토 없이 무단히 분리타설하여 결함이 발생한 것이다.

<사진 1.12c> 지중보 분리타설

<사진 1.12d> 기초 분리타설 결함

철근에 묻은 콘크리트는 충분히 제거해야 하고, 누락된 기초의 수평전단 보강근(전단연결재)은 설계에 따라 다음과 같이 보강해야 한다.

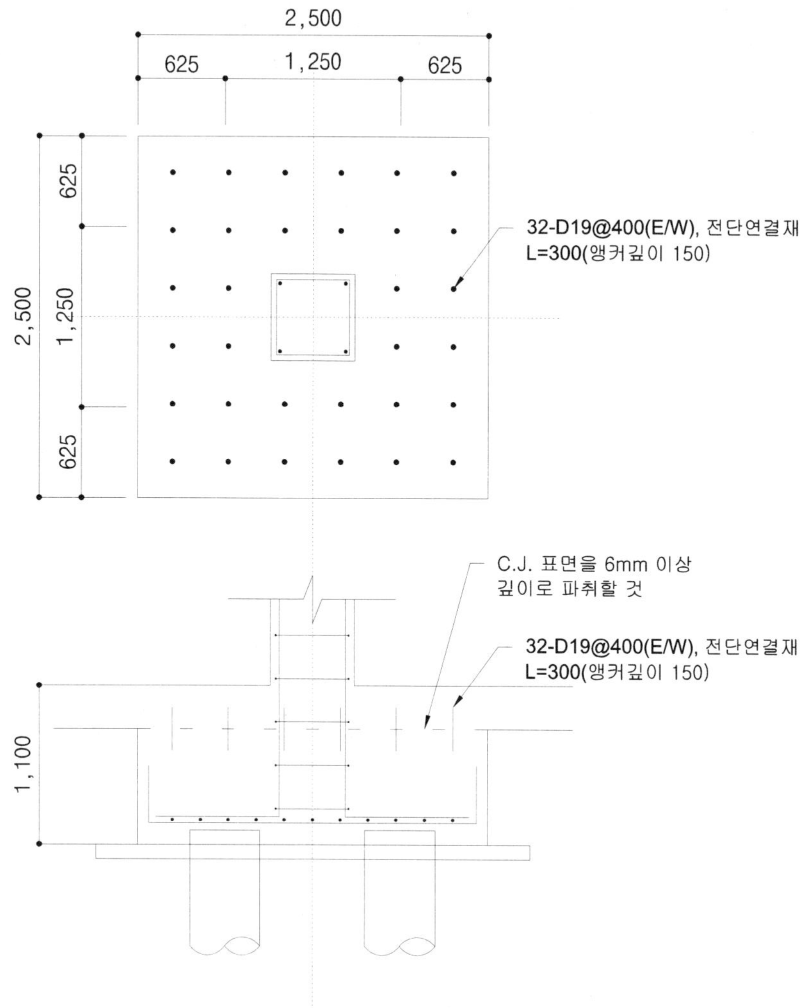

<그림 1.12e> 분리타설한 기초의 수평전단철근 보강설계 예

1.13 기둥철근의 겹침이음 상세가 있는가?

부록3 S-015와 대부분의 구조도면에는 〈그림 1.13a〉와 같이 "기둥 단면이 변할 경우"의 기둥철근 배근(이음)상세가 도시되어 있다. 그러나 "기둥 단면이 변하지 않는 경우"의 기둥철근 배근상세는 없다.

구조일반사항에는 반드시 기둥철근의 겹침이음 배근상세를 도시해야 한다.

5.8 기둥 단면이 변할 경우 배근 상세

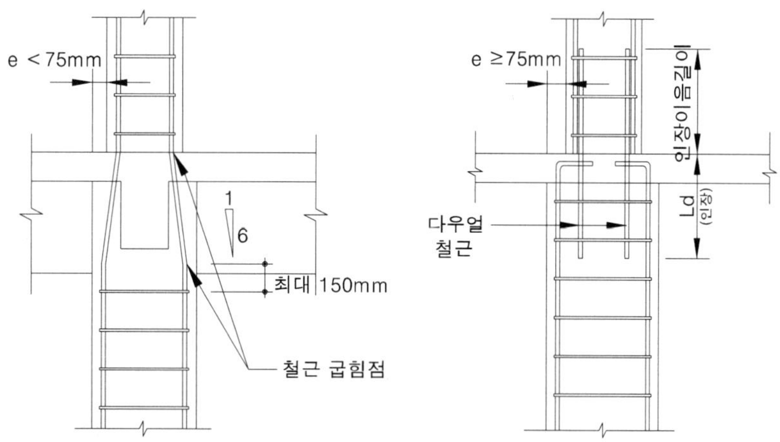

(a) e < 75mm인 경우　　(b) e ≥75mm인 경우

(1) 기둥 연결부에서 단면치수가 변하는 경우 옵셋 굽힘철근을 배근하며, 굽힙부의 경사는 1/6이하로 한다.

(2) 굽힙점으로부터 150mm 이내에 추가 띠철근을 배근하여 굽힘부를 보강한다.

(3) 기둥 연결부에서 상하부의 기둥면이 75mm이상 차이가 나는 경우는 별도의 연결철근(dowel bar)을 사용하여야 한다.

<그림 1.13a> **기둥 단면이 변할 경우 배근 상세 - '배근상세-제4판'**

'배근상세-제4판' 261쪽의 7장짜리 구조일반사항에는 "5.2 상하부 기둥연결 상세"가 있으므로 부록3 S-015의 상세보다 적정하지만 철근위치가 표시된 단면을 함께 도시하는 것이 바람직하다.

해설 1.13

기둥 철근은 어느 높이에서나 배근도에 도시된 위치에 배치해야 한다. KDS 14 20 50 콘크리트구조 철근상세 설계기준 4.2.1(2)에 따르면, 철근의 위치가 설계위치에서 철근직경 이상 벗어나면 책임구조기술자의 확인을 받아야 한다.

> 4.2 철근 배치
>
> **4.2.1 원칙**
>
> (2) 철근, 긴장재 및 덕트는 4.2.1의 허용오차 이내에서 규정된 위치에 배치하여야 한다. 다만, 책임구조기술자가 특별히 승인한 경우에는 허용오차를 벗어날 수 있다.
>
> ③ 철근이 설계된 도면상의 배치 위치에서 d_b 이상 벗어나야 할 경우에는 책임구조기술자의 승인을 받아야 한다.

어느 높이에서나 설계와 같이 모서리에 기둥철근을 배치하는 방법은 무엇인가? 〈사진 1.13b〉와 같이 기둥철근의 겹침이음을 기둥의 안쪽으로 옵셉하거나 별도의 연결철근(다우얼철근)을 쓰지 않는 한 절대로 모서리에 기둥철근을 배치할 수 없다.

<사진 1.13b> 적정한 기둥철근의 겹침이음

기둥철근의 겹침이음 상세가 없고 아무도 잘못을 지적하지 않으면 시간과 품이 덜 드는 방법으로 조립을 한다. 건축공사는 이렇게 적절하지 않은 철근 조립이 일상화 되었다.

〈사진 1.13c〉와 같이, 기둥철근을 기둥의 안쪽 방향으로 옵셉하지 않고 기둥철근 옆에 병렬하여 겹침이음을 하면 다음과 같은 문제가 발생한다.

① 중간모멘트골조 기둥의 l_0 구간에 후프철근(양단 135도 갈고리)을 설치할 수 없다. KDS 14 20 80 4.3(콘크리트 내진설계기준)
② 보조 띠철근의 135도 갈고리를 설치할 수 없다. KDS 14 20 01 1.4(내진갈고리)
③ 기둥철근의 최소간격(기둥 40mm)을 확보하기 어렵다. KDS 14 20 50 4.2.2(축방향 철근의 순간격)
④ 철근의 위치가 철근직경이상 벗어난다. KDS 14 20 50 4.2.1(2)(책임구조기술자의 승인 필요)
⑤ 상부층 철근위치를 잘못 판단하면 기둥위치를 벗어난다.(병렬방향 착오)
⑥ 병렬이음된 기둥철근으로 차단된 내부 콘크리트와 외부콘크리트가 분리되면 외부콘크리트가 박락하고, 단면이 감소하면 기둥내력도 급격히 감소한다.

<사진 1.13c> 기둥철근 겹침이음 결함

구조도면을 "기둥 단면이 변하는 경우의 배근 상세"로 작성한 이유는 KDS 14 20 50 콘크리트구조 철근상세 설계기준 4.5.1(1)에 명시된 바에 따라 도시했기 때문이다. 그 결과, 기둥 단면이 변하지 않는 경우의 배근 상세가 누락됐다.

> 4.5 기둥 및 접합부 철근의 특별 배치 상세
>
> **4.5.1 옵셋굽힘철근**
>
> (1) 기둥 연결부에서 단면 치수가 변하는 경우 다음 규정에 따라 옵셋굽힘철근을 배치하여야 한다.

기둥 단면이 변하지 않는 경우의 배근 상세를 모두 도시하는 방법은 다음과 같이 "기둥 단면이 변하는 경우의 배근 상세"를 "기둥철근 겹침이음 상세"로 제목을 바꾸고 하부철근과 상부철근의 위치가 표시된 기둥단면을 추가하면 된다.

<그림 1.13d> 기둥철근 겹침이음 상세(안)

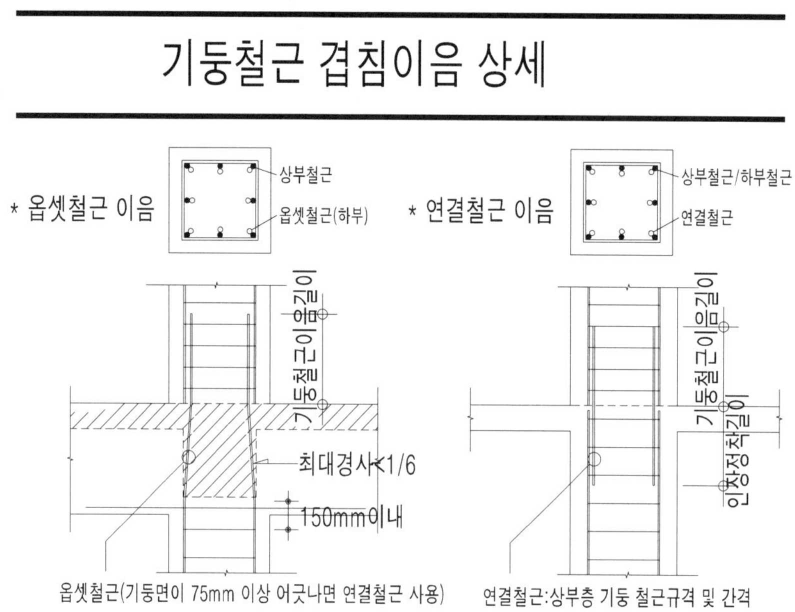

주기

1) 겹침이음을 하는 경우, **시공상세도는 반드시 상기 상세와 동일함을 확인**할 것

2) 겹침이음 대신 커플러를 적용하거나 커플러와 겹침이음을 혼용할 수 있으며, 이때 커플러 강도는 **반드시 철근 항복강도(fy)의 125% 이상임을 확인**할 것

필로티 건축물 구조설계 가이드라인(국토교통부)은, 그림과 같이 135도 갈고리를 적용한 표준상세에, 90° 갈고리를 내부로 정착한 띠철근 대체상세를 추가로 제시하고 있다.

<그림 1.13e> 갈고리 대체상세 - 필로티 건축물 구조설계 가이드라인

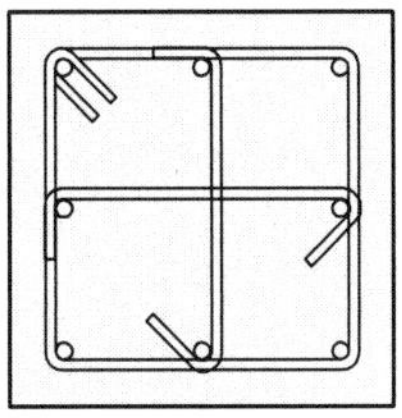

〈표준상세〉
135도 갈고리

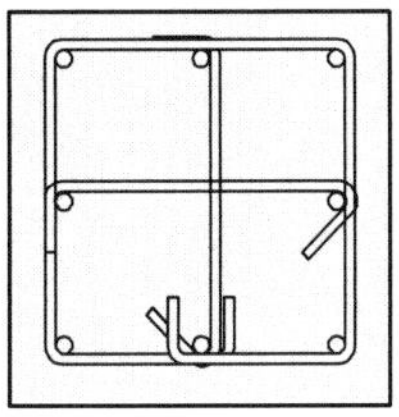

〈대체상세1〉
90도 갈고리 내부 정착

대체상세는 기둥철근을 옵셋하지 않고 기둥철근 옆에 병렬하여 겹침이음을 했을 때 〈그림 1.13a〉와 같이 모서리 철근과 보조띠철근의 135° 갈고리를 결속하지 못하는 문제 때문에 띠철근의 갈고리 위치를 모서리에서 중앙으로 옮긴 것이다. 문제는 대체상세가 아니라 기둥철근 옆에 병렬하여 겹침이음을 하는 것이며, 병렬이음에 따른 문제는 앞에서 설명한 바와 같다. 〈그림 1.13h〉와 같이 기둥철근을 옵셋하여 겹침이음을 하면 대체상세는 필요가 없다.

<사진 1.13f> 기둥철근의 옵셋

<그림 1.13g> 병렬이음시 모서리 철근은 135° 갈고리로 결속 불가

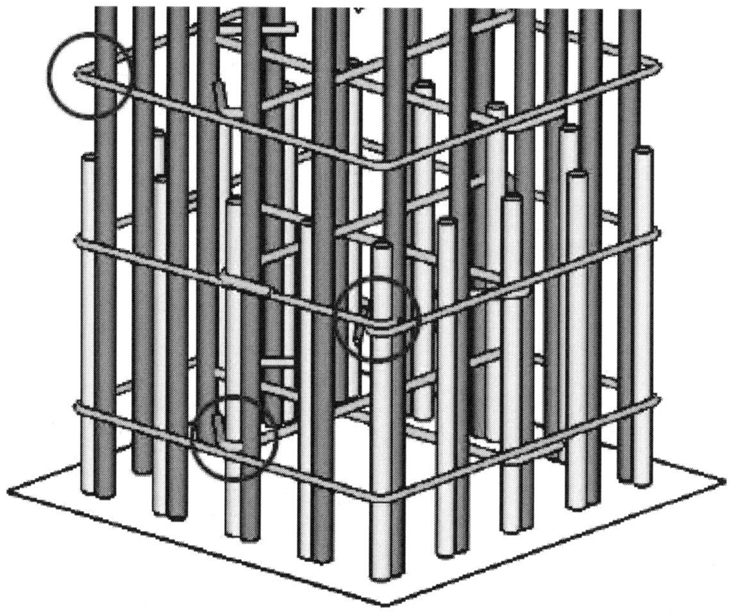

<그림 1.13h> 옵셋이음시 모서리 철근의 135° 갈고리 결속

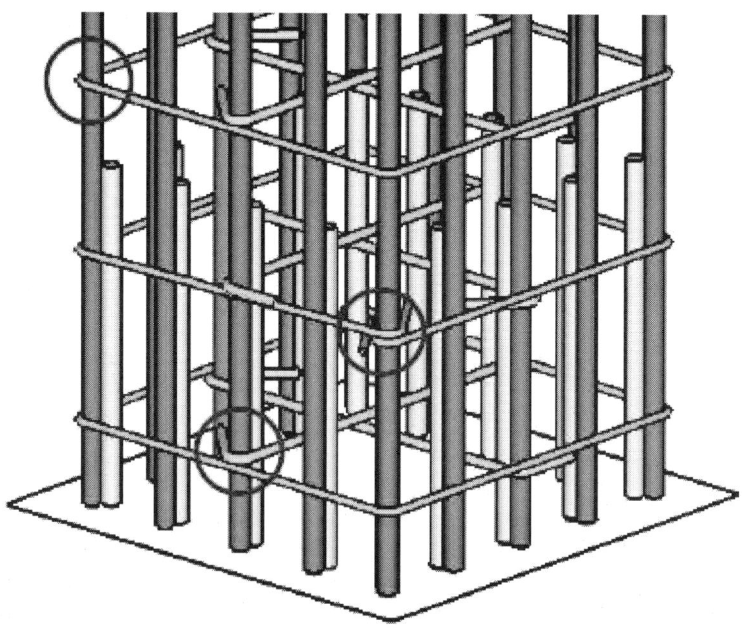

1.14 기둥철근의 겹침이음 불가 구간이 도시되어 있는가?

KDS 41 17 00 건축물 내진설계기준 9.3.2 (1)에 의하면 소성힌지 구간에서는 겹침이음이 허용되지 않는다. 이에 따라 부록3 S-003에는 "중간 및 특별지진하중을 적용"하는 기둥철근의 겹침이음 불가 구간(Hn/4)이 도시되어 있다.

내진설계기준에 따라 설계하는 대부분 건축물의 구조일반사항에는 〈그림 1.14a〉와 같이 기둥철근의 겹침이음 가능 위치를 반드시 도시해야 한다.

> **9.3.2 철근의 이음 및 정착**
> (1) 보와 기둥의 소성힌지구간에서는 겹침이음과 용접이음이 허용되지 않는다.

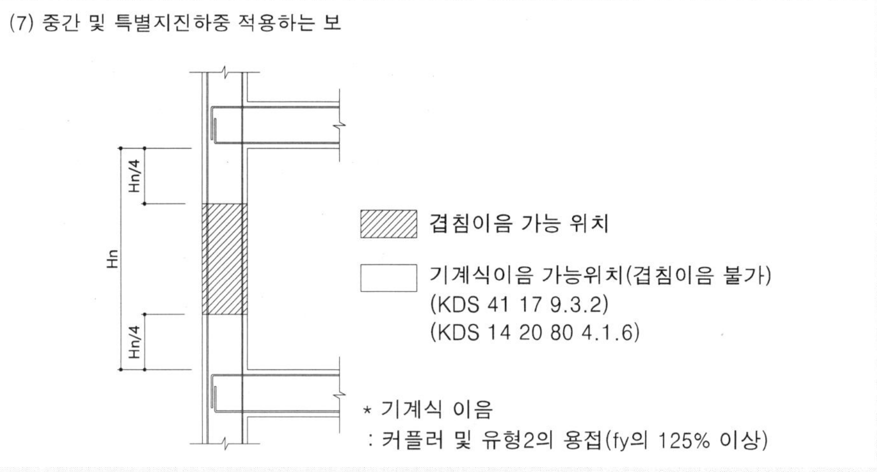

<그림 1.14a> 기둥철근의 겹침이음 불가 구간 - '배근상세-제4판'

※ 철근콘크리트 구조에 있어서 소성힌지 구간은 무엇인가?

네이버 CLOVA X(AI) 답변은 다음과 같다.

철근콘크리트 구조에서 소성힌지란 구조물에 작용하는 하중이 커져서 구조부재의 변형이 일정 수준을 넘어가게 될 때 형성되는 지점을 말합니다.

이러한 소성힌지는 주로 기둥이나 보의 단부에서 형성되며, 이 지점에서는 구조부재가 회전하면서 변형이 일어나게 됩니다. 이때 소성힌지 구간에서는 철근의 겹침이음과 용접이음이 허용되지 않으며, 기계적 이음의 강도는 철근의 강도보다 커야 하며 이음에서 취성 파괴가 발생하지 않도록 해야 합니다.

소성힌지 구간은 철근콘크리트 구조의 내구성과 안전성을 결정하는 중요한 요소 중 하나이며, 이 구간에서의 설계와 시공은 매우 신중하게 이루어져야 합니다.

해설 1.14

기준에는 '소성힌지 구간에서는 겹침이음이 허용되지 않는다'고 규정되어 있는데 소성힌지에 대한 설명도, 소성힌지 구간에 대한 규정도 없다. 부록3 S-003에는 〈그림 1.14a〉와 같이 겹침이음 불가구간을 Hn/4로 표시하고 있으나 근거는 찾을 수 없다.

KDS 14 20 80 콘크리트 내진설계기준 4.3.5 (2)에는 기둥 양단에 후프철근 배근 구간(l_o)이 규정되어 있는데, 이 구간을 소성힌지 구간으로 보면 된다. 부록3 S-013, S-014에는 l_o 구간이 도시되어 있다.

> 4.3 중간모멘트골조 요구 사항
>
> **4.3.4 보**
>
> (2) 보부재의 양단에서 지지부재의 내측 면부터 경간 중앙으로 향하여 보 깊이의 2배 길이 구간에는 후프철근을 배치하여야 한다. 첫 번째 후프철근은 지지 부재 면부터 50 mm 이내의 구간에 배치하여야 한다. 후프철근의 최대 간격은 $d/4$, 감싸고 있는 종방향 철근의 최소 지름의 8배, 후프철근 지름의 24배, 300 mm 중 가장 작은 값 이하이어야 한다.
>
> **4.3.5 기둥**
>
> (2) 부재의 양단부에는 후프철근을 접합면부터 길이l_o구간에 걸쳐서s_o이내의 간격으로 배치하여야 한다. 간격 s_o는 후프철근이 감싸게 될 종방향 철근의 최소 지름의 8배, 띠철근 지름의 24배, 골조 부재 단면의 최소 치수의 1/2, 300 mm 중에서 가장 작은 값 이하이어야 한다. 그리고 길이 l_o는 부재의 순경간의 1/6, 부재 단면의 최대 치수, 450 mm 중 가장 큰 값 이상이어야 한다.
>
> (3) 첫 번째 후프철근은 접합면부터 거리 $s_o/2$ 이내에 있어야 한다.

기둥배근 내진상세는 부록3 S-013(중간모멘트골조), S-014(전이기둥)에 도시되어 있는데, 〈그림 1.14b〉와 같이 "소성힌지 구간(l_o)에서의 겹침이음 불가"를 표시하고 기계식이음에 사용할 커플러의 요구성능도 주기해야 한다. '배근상세-제4판'의 7장짜리 구조일반사항(261쪽)도 마찬가지다.

<그림 1.14b> 중간모멘트골조 내진상세(안)

(2) 내부 기둥 (4면보 구속형인 경우)

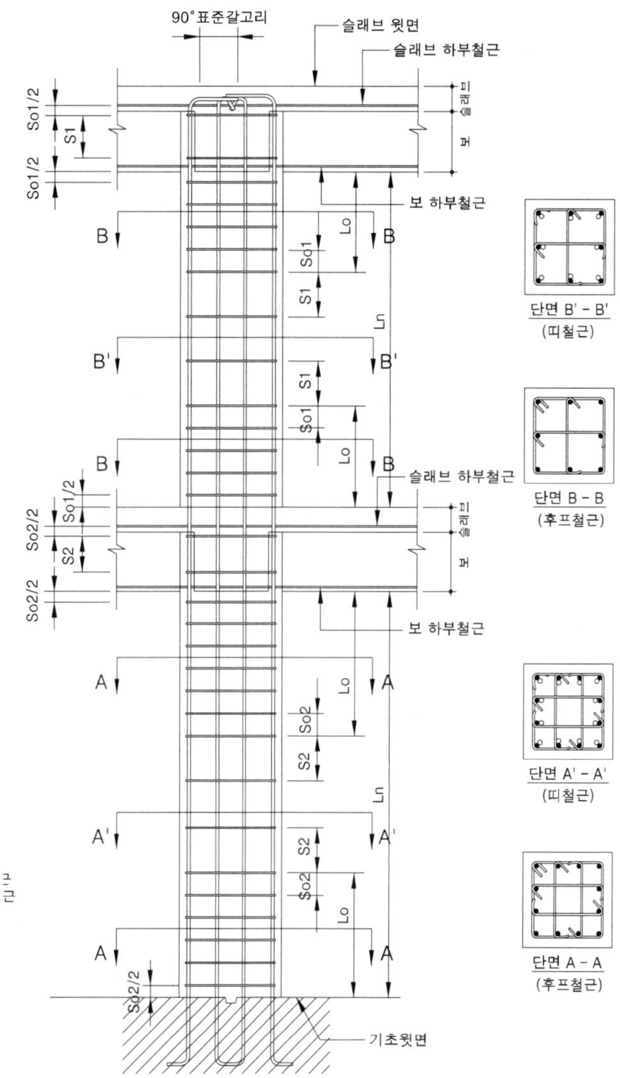

* Lo 구간에서는 기둥철근 겹침이음 불가
** 커플러 항복강도(fy)는 625MPa 이상일 것

1.15 fy=500MPa 기둥철근의 이음에 사용하는 커플러의 항복강도(fy)는 625MPa 이상인가?

구조기준 KDS 14 20 52 4.5.1(3)②는 다음과 같이 규정하고 있다.

> ② 기계적이음은 철근의 설계기준항복강도 f_y의 125 % 이상을 발휘할 수 있는 기계적이음 이어야 한다.

상기 규정에 따라 (｢철근콘크리트 배근상세-제4판｣ 215쪽)과 모든 구조도면에는 커플러의 요구성능을 표시하고 있으나 보다 구체적인 표시가 필요하다. fy=500MPa 철근용 커플러의 성능은 항복강도 $f_y = 500 \times 1.25 = 625MPa$ 이상으로 표시해야 하고, fy=600MPa용 커플러의 성능은 항복강도 750MPa 이상으로 표시해야 한다.

해설 1.15

〈그림 1.15a〉는 SD600이 표시된 커플러의 시험성적서인데 "합격"으로 표기하여 마치 SD600 철근용 커플러로 적합한 것처럼 보이나, 항복강도는667MPa로 철근항복강도의 125%(750MPa)에 미달하므로 SD600 철근용 커플러로 적합하지 않다.

<그림 1.15a> SD600에 적합하지 않은 커플러(fy=667MPa) 시험성적서

커플러 D22 (SD600)	인장강도	N/mm^2	750 이상	776	합격	KS B 0802
	항복강도	N/mm^2	600 이상	667	합격	
	잔류변형량	N/mm	0.3 이하	0.120	합격	KS D 0249
	저사이클 반복강도	N/mm^2	625 이상	762	합격	

커플러 시험은 커플러의 항복강도를 확인하기 위한 것이므로, 시험성적서는 KS D 0249 커플러의 검사방법에 따라 시험하고 항복강도를 제시하면 된다. 시험결과에 대해 오인의 소지가 있는 '철근의 강도'와 "합격"이라는 표시를 하면 안 된다.

이와 같은 혼선은 시험성적서에 표시한 "철근의 강도"와 "합격"이라는 표시 때문이다. 커플러 시험성적서에는 철근의 강도를 표시할 필요가 없다. 상기 시험은 항복강도 600MPa 철근을 체결하여 시험한 결과인데, 500MPa 철근을 체결하여 시험하면 결과 값이 감소한다. 결과 값이 커플러의 성능이 아니라 철근의 성능이기 때문이다. 〈그림 1.15a〉의 커플러 성능은 667MPa이므로 사용가능한 철근은 fy=667/1.25=534MPa 이하, 즉 SD500이다.

이는 fy=600MPa 철근의 이음에 사용할 커플러의 시험에 fy=600MPa 철근을 체결했기 때문으로, 상기 결과는 fy=600MPa 철근을 시험한 것이며 커플러의 성능은 확인되지 않은 것이다. SD600 철근의 이음에 적합한 커플러는 SD700 철근을 체결하여 시험해야 커플러 항복강도가 750MPa 이상인지 확인할 수 있다.

ACI 318M-19도 국내 기준과 같다.

> 25.5.7.1 A mechanical or welded splice shall develop in tension or compression, as required, at least 1.25fy of the bar.

ACI 318M-19 해설은 다음과 같다. (커플러의 성능은) 구조부재가 취성파괴를 피해 충분한 강도를 확보할 수 있도록 최소의 안전과 경제성을 고려하여 항복강도의 125%로 결정한 것이다.

> R25.5.7.1 To ensure sufficient strength in splices so that yielding can be achieved in a member and thus brittle failure avoided, the 25 percent increase above the specified yield strength was selected as both an adequate minimum for safety and a practicable maximum for economy.

적합하지 않은 커플러를 사용하는 이유는, 감리원이 철근의 항복강도와 인장강도에 대해 이해하지 못하기 때문이다. 그렇다고 감리원의 책임이라는 뜻은 아니다. 제도의 문제다. 〈그림 1.15b〉와 같이, 철근을 인장하면 강도별로 하중에 따라 변형이 생기고 하중을 제거하면 원점으로 돌아간다. 하중과 변형이 비례적으로 거동하는 비례한계를 지나면 비선형거동을 하는데, 구조기준에서는 0.2% 변형률에서 비례한계선과 나란히 선을 그어 만나는 점에서 항복하는 것으로 하고 이를 항복강도(0.2% 옵셋강도)라고 한다. 철근의 강도는 더 증가하지만 변형도 증가하므로 여기서 철근이 항복한 것으로 정한 것이다. 설계식도 항복강도를 기준으로 만들어 졌다. 항복강도를 초과하여 변형이 10~12%에 달하는 인장강도는 설계에 사용할 수 없다.

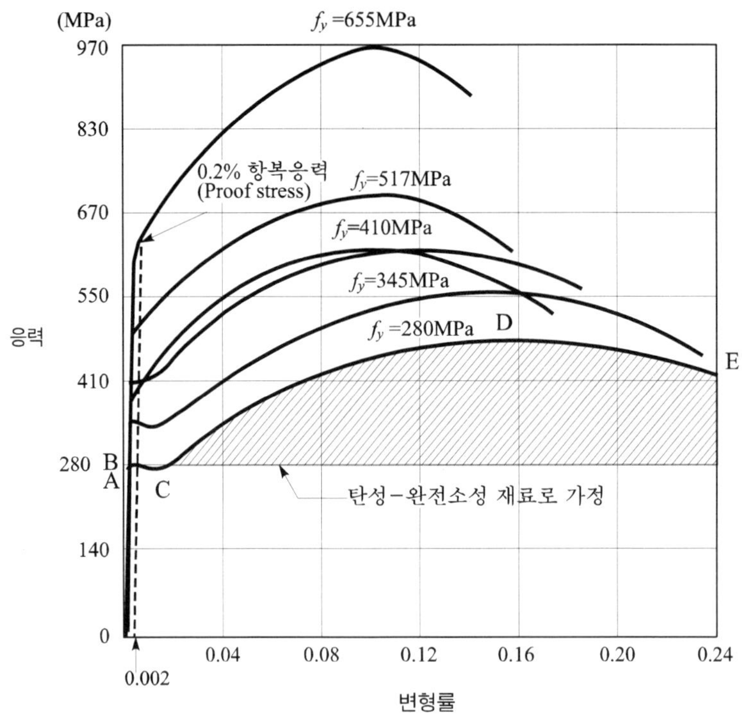

<그림 1.15b> 철근의 강도별 응력-변형률 곡선 – 인터넷

항복강도 400MPa 이상의 철근은 대체로 10~12%의 변형률에서 최대강도가 나타나는데 이를 인장강도라고 하고, 이후 하중이 감소하여 파단한다. 철근은 항복강도를 초과해도 파단하지 않고 더 큰 하중을 받을 수 있다. KS D 3504에 따라 SD500 이상 철근의 인장강도는 항복강도의 1.08배 이상, SD400 이하 철근의 인장강도는 항복강도의 1.15배 이상으로 정하고 있다.

여기서 주목해야 할 사항은 변형이다. 철근이 항복강도에 도달할 때의 변형률은 $\epsilon = \sigma/E + 0.002$이고 철근의 탄성계수는 강도에 상관없이 200GPa이다. SD500 철근의 항복강도 변형률은 $\epsilon = \dfrac{500}{200 \times 10^3} + 0.002$ $= 0.0045$이므로 1m 길이의 철근이 항복강도에 도달하면 4.5mm가 늘어남을 의미한다. 이는 극한강도 설계의 계수하중과 소요철근 100%가 배근되었을 때의 결과로, 하중계수를 제외하면 약 2/3인 3.0mm가 늘어나는 셈이다.

1m 길이의 철근이 콘크리트와 부착되지 않았다면 3.0mm 폭의 균열이 한 곳에서 발생하지만, 철근이 콘크리트에 충분히 부착되면 10mm 길이에 0.03mm 균열(fine crack)로 분산되어 보이지 않으므로 문제가 없다. 철근콘크리트 구조는 균열이 불가피하다고 말하는 경우가 있는데 이는 옳지 않다.

커플러 성능을 철근의 인장강도 이상으로 하면 안 되는 이유는 변형률이 무려 10%나 되기 때문이다. 콘크리트에 묻힌 70mm 내외의 커플러가 7mm 늘어나면 붕괴한 것으로 볼 수 있다. RC구조나 철골구조나 강재의 호칭강도는 모두 항복강도를 표시하고, 설계에서도 인장강도는 사용하지 않는다.

따라서 커플러의 성능이 '철근의 인장강도 이상이면 합격'이라는 말은 있을 수 없고, 인장강도가 '최소항복점의 125% 이상'이라고 기재하는 것도 적정하지 않다. 커플러의 성능은 반드시 <u>철근 항복강도의 125% 이상</u>이 되어야 한다.

1.16 기둥의 다우얼 철근은 기둥철근의 내측에 도시되어 있는가?

다우얼 철근은 주로 기둥철근과 연결하기 위해 기초에 묻는 철근을 말한다. 다우얼 철근은 기둥철근의 위치를 피해서 올라가야 기둥철근을 설계위치에 조립할 수 있다.

따라서 기둥의 다우얼 철근은 〈그림 1.16a〉와 같이 기둥철근의 내측에 도시하고 조립하는 것을 원칙으로 한다.

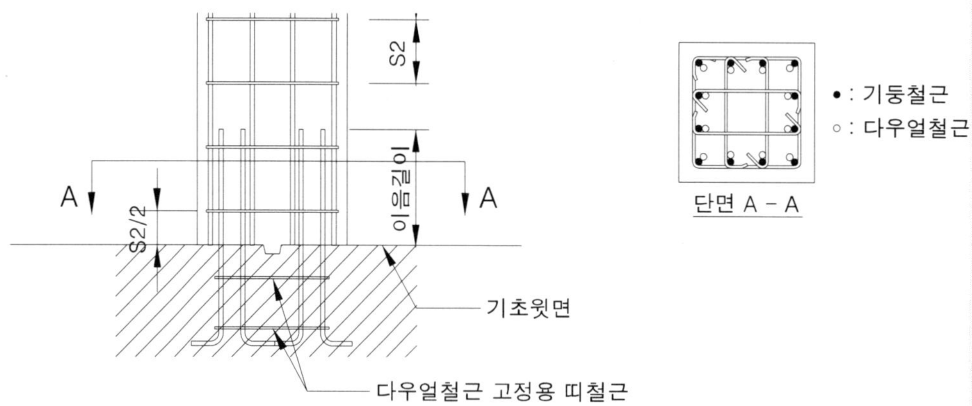

<그림 1.16a> **다우얼 철근 상세**

해설 1.16

다우얼 철근은 반드시 기둥철근의 안쪽으로 올라와야 한다. 만약 다우얼 철근이 기둥철근 위치로 올라가면, 1) 기둥철근을 옵셋하여 올리거나 2) 별도의 연결철근을 사용해야 한다.

<그림 1.16b> **기둥옵셋철근과 연결철근 상세**

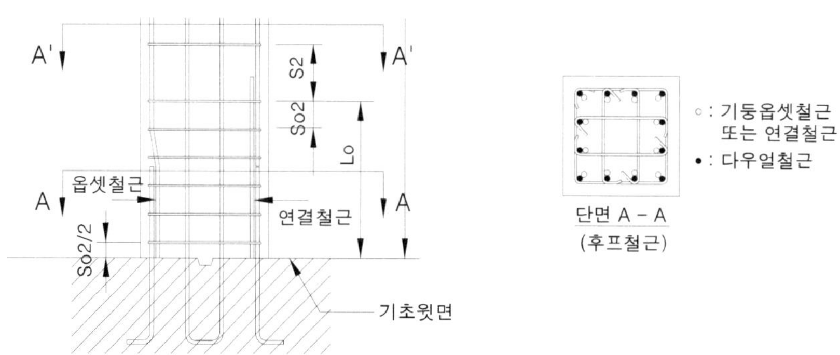

1.13항에서 설명한 바와 같이 다우얼 철근을 기둥철근 위치로 올리고 기둥철근을 병렬하여 이음하면 135도 갈고리를 설치할 수 없는 심대한 결함이 발생하며, 이것이 기둥철근을 잘못 조립하는 원인이 된다. 따라서 구조일반사항에 다우얼 철근의 위치가 도시되어 있는지 반드시 확인해야 한다.

일반적으로 기둥 철근의 갈고리 끝단은 자립이 용이하도록 기둥의 바깥 방향을 향하도록 하여 조립한다. 그러나 KDS 14 20 80 콘크리트 내진설계기준 4.9.2(2)에 따르면, 기둥철근의 90° 갈고리 끝단은 〈그림 1.16c〉와 같이 기둥의 중심을 향하도록 조립해야 한다.

> 4.9 기초
>
> **4.9.2 기초판, 전면기초 및 말뚝캡**
>
> (2) ~ 표준갈고리가 필요한 경우에는 휨모멘트에 저항하는 종방향 철근의 끝단이 기둥의 중심을 향하도록 하여 기초의 밑면에서 90°표준갈고리로 설치하여야 한다.

<그림 1.16c> 다우얼 철근의 갈고리 방향

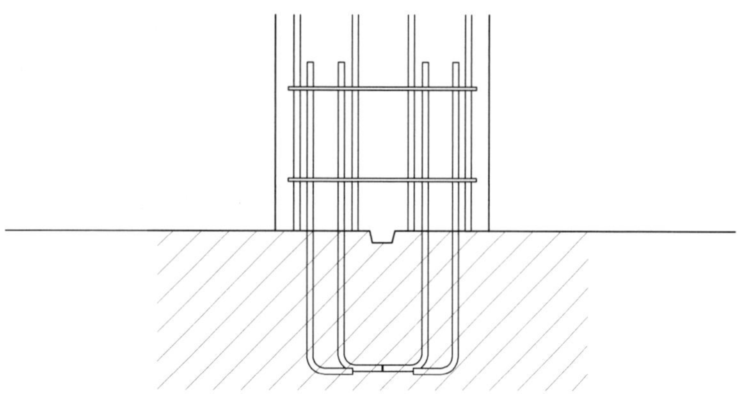

갈고리 끝단이 기둥의 중심방향으로 설치된 인장철근의 표준갈고리는 갈고리 내경에 압축응력이 발생하지만, 기둥의 바깥방향을 향하고 있는 갈고리는 외경에 콘크리트에 취약한 인장응력이 발생하기 때문이다.

부록3 S-018에는 '특수골조의 내진상세'로 표시되어 있으나 모든 내진설계에 적용된다. 단, 휨모멘트가 작고 갈고리의 정착길이가 길면 기둥의 바깥을 향해도 무방하므로, 갈고리 방향은 책임기술자의 확인에 따라야 한다.

1.17 기초에 기둥배근의 50%를 다우얼 철근으로 배치하는 경우 다우얼 철근이 별도로 도시되어 있는가?(권장)

압축력만 작용하는 기둥은 기둥배근을 모두 기초에 정착할 필요가 없으므로 기둥철근보다 적은 수의 철근을 기초에 다우얼 철근으로 배치할 수 있다. 기둥배근의 50%를 다우얼 철근으로 배치하는 경우, 어느 철근이 다우얼 철근인지 기둥배근도에 표시해야 한다.

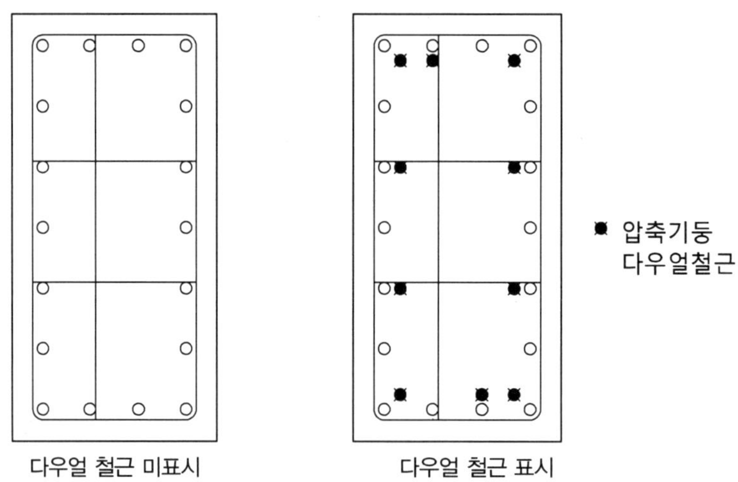

<그림 1.17> 다우얼 철근이 표시된 기둥배근도

해설 1.17

KDS 14 20 70 콘크리트 슬래브와 기초판 설계기준 4.2.3.2(2)에 따르면 기둥단면적 0.5% 이상의 다우얼 철근을 기초까지 연장해야 한다.

> **4.2.3.2 현장치기콘크리트 시공에서 힘 전달**
>
> (2) 현장치기콘크리트 기둥과 주각의 경우, 접촉면 사이의 철근 단면적은 지지되는 부재 단면적의 0.005배 이상으로 하여야 한다.

기둥 단면이 700×700이고 철근이 20-D25면, 철근 단면적의 합은 기둥 단면적의 2.1%($\frac{507 \times 20}{700 \times 700} = 0.021$)이고, 기둥 단면적의 0.5%를 다우얼 철근으로 배치한다면 5개만 다우얼 철근으로 배치하면 된다. 그러나 기둥철근이 20개인데 5개만 다우얼 철근으로 배치하면, 기둥주각의 견고성(robustness)은 매우 부족할 것으로 우려된다.

설계를 할 때는 기둥의 주각이 설계 조건에서 벗어나는 일이 절대로 없을 것으로 생각할 수 있으나 지하수위 또는 지반의 변동등, 예상하지 못한 일은 언제나 발생하고 압축응력만 발생하는 기둥철근에 인장응력이 발생할 수 있다. 또한 구조기준의 최소 규정은 최소로 설계하라는 의미가 아니므로, 다우얼 철근은 최소한 기둥배근의 50% 이상을 적용하는 것이 바람직하다. 기둥의 최소철근비는 1%이므로 기둥배근의 50% 이상이면 기둥단면적의 0.5% 이상이 된다.

기둥배근의 50%를 다우얼 철근으로 적용하는 경우, 착오가 발생하지 않도록 가급적 영역을 정하여 적용하는 것이 바람직하고, 기둥 부호로 50% 다우얼 철근을 적용하는 경우에는 세심한 주의가 필요하다.

1.18 원형기둥의 띠철근 상세는 적정한가?

'배근상세-제4판'의 7장짜리 구조일반사항(261쪽)에는 원형띠철근의 상세가 다음과 같이 도시되어 있다. 구조기준에 따른 유일한 원형띠철근 상세다. 부록3의 구조일반사항에는 누락되어 있으므로 원형기둥이 있는 경우, 〈그림 1.18a〉의 원형기둥 띠철근 상세를 반드시 구조일반사항에 포함해야 한다. 원형띠철근의 갈고리 길이는 기둥 안쪽에 충분히 묻힐 수 있도록 120mm 이상을 권장한다.

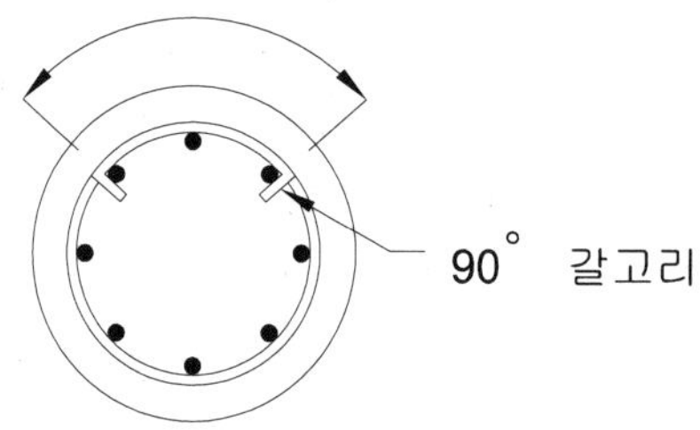

<그림 1.18a> 원형기둥의 띠철근 상세

해설 1.18

KDS 14 20 50 콘크리트구조 철근상세 설계기준 4.4.2 (3)에는 원형 띠철근의 상세를 다음과 같이 규정하고 있으며 기준에 따른 원형기둥의 띠철근 상세는 〈그림 1.18a〉가 유일하다.

> **4.4.2 압축부재의 횡철근**
>
> (3) 압축부재에 사용되는 띠철근은 다음 규정을 따라야 한다.
>
> ③ ~ 축방향 철근이 원형으로 배치된 경우에는 원형 띠철근을 사용할 수 있다. 이때 원형 띠철근을 150 mm 이상 겹쳐서 표준갈고리로 기둥주근을 감싸야 한다.

구조기준과 달리 잘못 도시된 원형기둥의 띠철근 상세는 다음과 같다.

<그림 1.18b> 잘못 도시된 원형기둥의 띠철근 상세

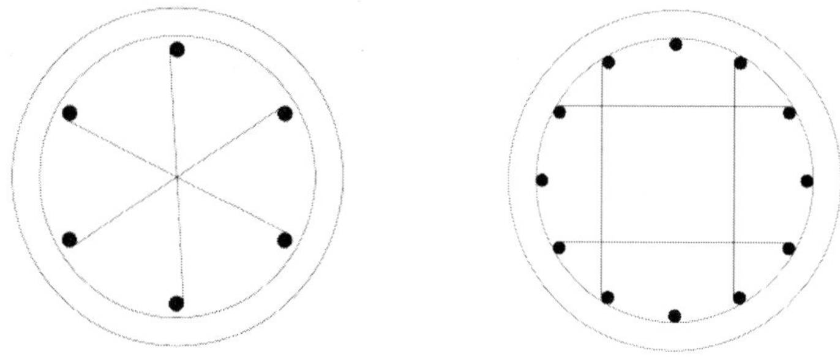

콘크리트 강도 시험에서 하중을 재하하면 〈그림 1.18c〉와 같이 콘크리트가 바깥으로 팽창하다가 파괴된다. 압축하중을 받는 콘크리트 외부를 띠로 감으면, 인장력을 받는 띠철근이 압축파괴를 막아 더 큰 하중을 받을 수 있다.

원형띠철근은 주근에 둘러싸인 기둥의 심부를 구속하여 압축하중을 받을 수 있도록 한 것으로, 띠철근의 끝은 150mm 이상 겹쳐 90도 갈고리로 주근에 정착해야 한다. 135도 갈고리는 효과가 더 좋다. 그러나 기둥철근의 위치가 정밀하지 않으면 갈고리가 철근을 감싸지 못하는 결함이 발생한다.

<그림 1.18c> 압축하중을 받는 원형기둥 띠철근의 ring tension - 인터넷

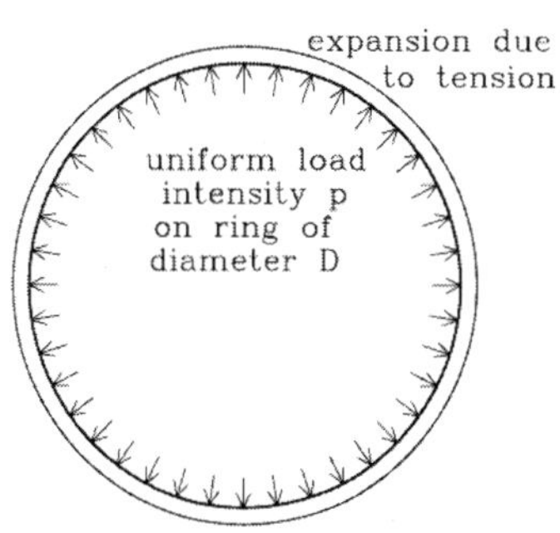

1.19 기둥과 보가 만나는 구간의 기둥 띠철근(joint hoop) 상세는 적정한가?

〈그림 1.19a〉와 같이, 어느 한쪽이라도 기둥 편측에 보가 있는 경우 기둥과 보가 만나는 구간(빗금)에는 반드시 기둥 띠철근(joint hoop)을 배치해야 한다.

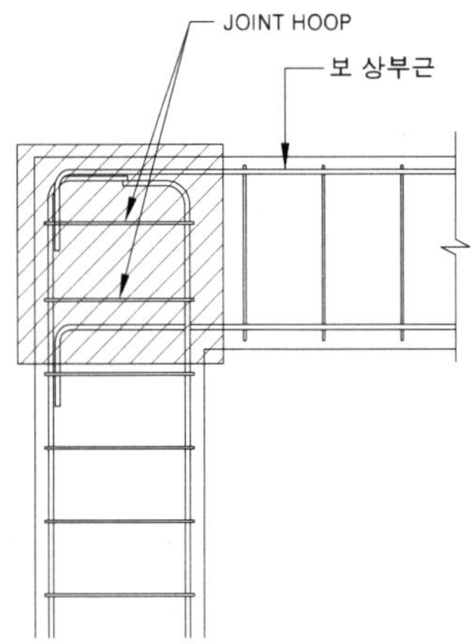

<그림 1.19a> 기둥 편측에 보가 있는 경우 보 춤 구간에 띠철근 배치

〈그림 1.19b〉와 같이 모든 방향으로 기둥 양쪽에 보가 있으면, 기둥과 보가 만나는 구간(빗금)에 기둥 띠철근(joint hoop)을 배치하지 않아도 된다.

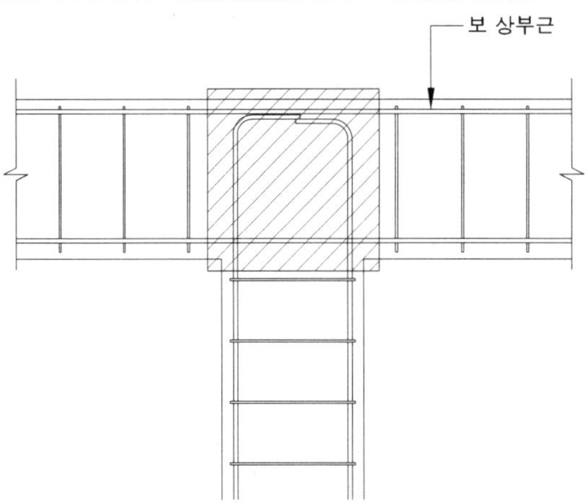

<그림 1.19b> 모든 방향에 보가 있는 경우 보 춤 구간에 띠철근 생략

해설 1.19

〈그림 1.19a〉와 같이 기둥의 편측에 보가 있는 경우, 기둥의 보 춤 구간에 상당한 전단력이 발생하므로 반드시 띠철근(joint hoop)을 배치해야 한다. 이때 보 춤 구간의 기둥 띠철근은 보 상부근의 갈고리를 감싸 정착내력을 증대시키는 효과도 있다.

〈그림 1.19b〉와 같이 기둥의 4방향에 보가 있으면, 기둥의 편측에 보가 있는 경우에 비해 전단력이 감소하므로 보 춤 구간은 별도의 설계가 없는 한 기둥 띠철근(joint hoop)을 배치하지 않아도 된다.

구조기준에는 보 춤 구간의 기둥 띠철근(joint hoop) 배치에 관한 규정이 없고 ACI Detailing Manual(2020)에는 다음과 같은 상세가 있다.

<그림 1.19c> 보 춤 구간의 기둥 띠철근 배치 - ACI Detailing Manual(2020)

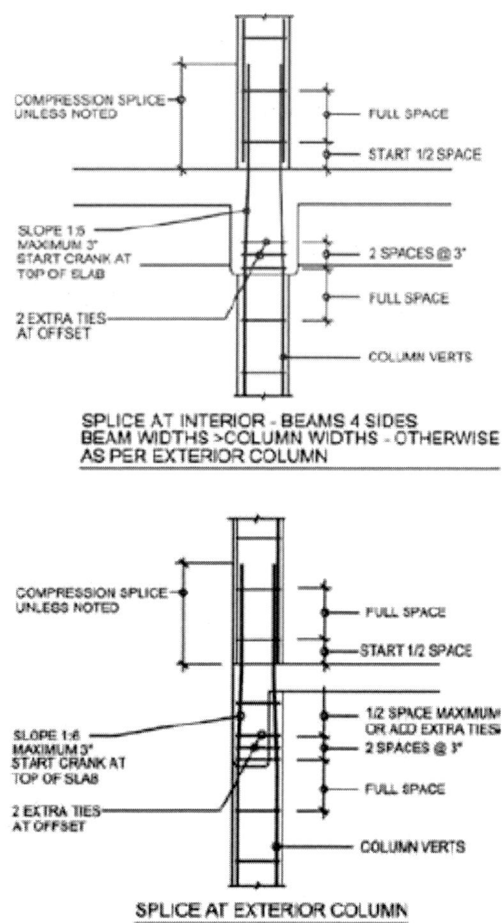

부록3 S-012의 비내진상세는 상기한 바와 같이 외부 기둥은 보 춤 구간에 기둥 띠철근(joint hoop)을 배치했고 내부기둥은 배치하지 않았다.

부록3 S-013의 중간모멘트 내진상세에서는 외부 기둥과 내부기둥 모두 기둥 띠철근(joint hoop)을 배치하여 S-012의 비내진상세와 다르다.

부록3 S-014의 전이기둥 상세는 외부기둥 중간층은 보 춤 구간에 기둥 띠철근(joint hoop)을 배치했고 내부기둥은 배치하지 않았다. 중간모멘트 내진상세에 띠철근(joint hoop)을 배치해야 한다면 전이기둥도 배치해야 하는데 혼선의 우려가 있다.

기둥 양쪽에 보가 있는 경우 보 춤 구간에 기둥 띠철근이 결속되어 있으면 보 하부근을 조립할 때 기둥 띠철근 사이로 끼워야 하므로 작업이 어렵고 띠철근과 간섭이 발생할 수 있다. 앞에서 설명한 바와 같이, 기둥 양쪽에 보가 있는 내부기둥은 보 춤 구간에 기둥 띠철근(joint hoop)을 배치하지 않아도 된다.

그럼에도 불구하고, 보 춤 구간의 기둥 띠철근(joint hoop) 배치 여부는 책임구조기술자의 판단에 따라야 한다.

1.20 슬래브, 벽체의 배관매립 상세가 도시되어 있는가?

부록3 S-011에는 보의 관통구 보강상세가 도시되어 있으나 슬래브, 벽체의 배관매립 상세는 없다. 따라서 구조일반사항은 〈그림 1.20a〉와 같이 슬래브, 벽체의 배관매립 상세를 함께 도시해야 한다.

4.10 보의 관통구 및 슬래브, 벽체의 매립배관 상세

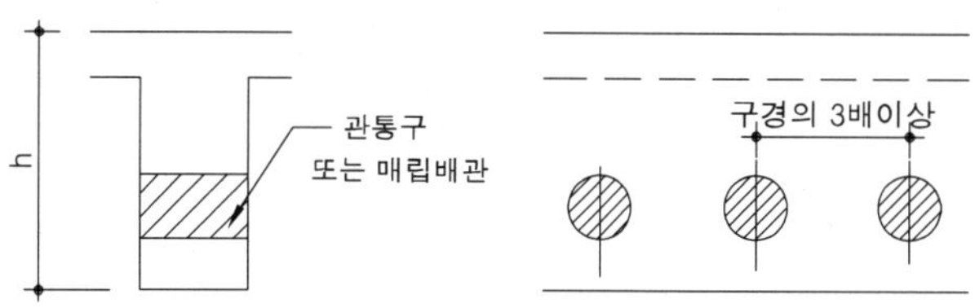

1) 지름이 0.1h를 초과하는 관통구 및 매립배관은 책임구조기술자의 확인을 받아야 한다.
2) 관통구의 지름은 0.3h, 매립배관은 0.25h 또는 50mm를 초과할 수 없다.
3) 관통구 및 매립배관의 간격은 구경의 3배 이상이 되어야 한다.
4) 관통구와 매립배관의 위치는 지지면에서 L/4 이상으로 한다.
5) 관통구와 철근의 간격은 50mm 이상으로 한다.

<그림 1.20a> 보의 관통구 및 슬래브, 벽체의 매립배관 상세(안)

해설 1.20

〈사진 1.20b〉는 두께 150mm의 아파트 복도 슬래브에 전기 및 통신 배관을 무분별하게 매립한 것으로 모든 건축 공사에서 발생하고 있는 심각한 문제다. 구조기준에 보의 관통구와 슬래브, 벽체의 배관매립 상세에 관한 규정이 없고 도면에 슬래브와 벽체의 배관매립 상세가 없기 때문이다.

<사진 1.20b> 아파트 복도 슬래브에 매립한 전기 및 통신 배관

※ 필자는 2024.11 KDS 14 20 22(콘크리트구조 전단 및 비틀림 설계기준) (4.1.1) (2)항의 기준에 다음과 같이 각호를 추가하는 내용으로 개정할 것을 학회에 제안했다.

① 슬래브, 벽체에 매립하는 파이프와 보에 설치하는 관통구의 직경이 부재 두께의 1/10을 초과하지 않으면 개구부의 영향을 고려하지 않아도 된다.

② 슬래브, 벽체에 매립하는 파이프의 직경은 부재 두께의 1/4 또는 50mm를 초과할 수 없고 보에 설치하는 관통구의 직경은 부재 두께의 1/3을 초과할 수 없다.

③ 파이프와 관통구의 최소 중심간격은 구경의 3배 이상이어야 한다.

④ 파이프와 관통구의 위치는 지지면에서 $l/4$ 이상 $l/3$ 이내로 한다.

<사진 1.20c> 벽체에 과다하게 매립한 전기 및 통신 배관(출처 : 유튜브)

<사진 1.20d> 슬래브에 무분별하게 매립된 각종 배관

<사진 1.20e> 철근을 밀어 올려 슬래브에 매립한 50mm 배관

<사진 1.20f> 발코니 보의 과다한 관통구 결함

〈사진 1.20f〉는 설치된 관통구가 단면에 비해 지나치게 크고 관통구 위치가 너무 낮아 발코니 보의 구조내력은 기대하기 어려울 것으로 판단된다.

ACI 314R-16(Guide to simplified design for reinforced concrete buildings) (6.8.2)는 다음과 같이 규정하고 있다.

1) 관통구 외경은 h/3 이하로 한다.
2) 관통구 설치 수직위치는 h/3 구간, 수평위치는 지지면에서 $l/4$ 이상 $l/3$ 이내로 한다.
3) 관통구의 간격은 외경의 3배 이상이며, 책임구조기술자의 승인 없이 철근을 절단할 수 없다.

<그림 1.20g> 관통구의 설치 상세 - ACI 314R-16

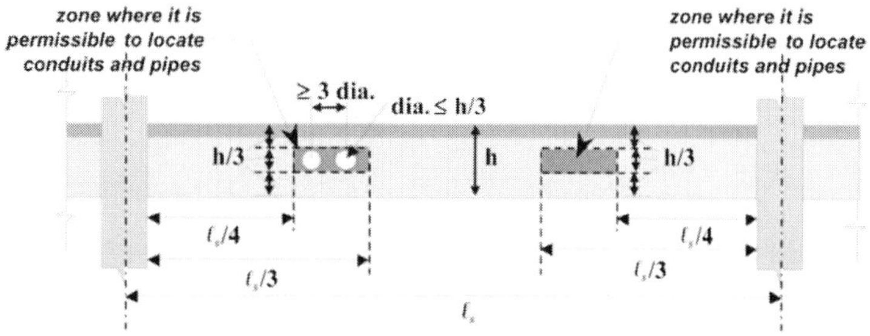

Fig. 6.8.2.2—Location of conduits and pipes passing horizontally through girders, beams, and joists.

ACI 318-83 6.3.5에는 슬래브, 벽체, 배관의 지름(∅)은 H/3 이하, 간격은 3∅ 이하로 하되 구조내력의 손상이 없어야 한다고 규정하고 있다.

ACI 318M-19 20.6.5에는 배관의 최소피복두께는 옥외 40mm, 옥내 20mm로 규정하고 있다.

유튜브에는, 배관의 위치가 인장측 철근에 있을 때 구경(d_o)의 제한과 전단력 감소율에 관한 자료(EURO기준 해설서)를 소개하는 영상이 있다.

<그림 1.20h> 배관 위치에 따른 구경 및 최소 간격 - 유튜브

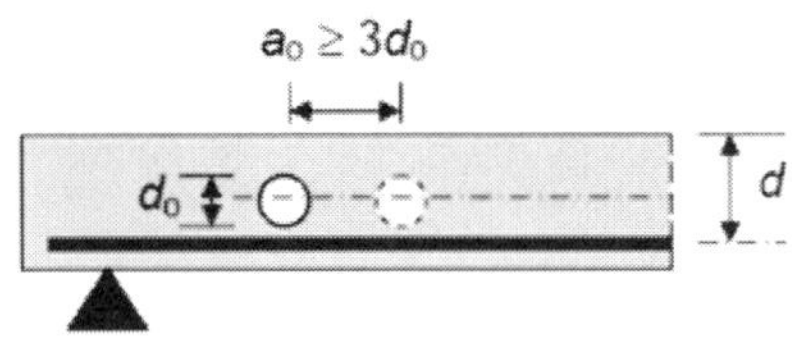

a) runde Offnung mit $0.2 \leq d_o/d \leq 0.35$ auf der Zugseite

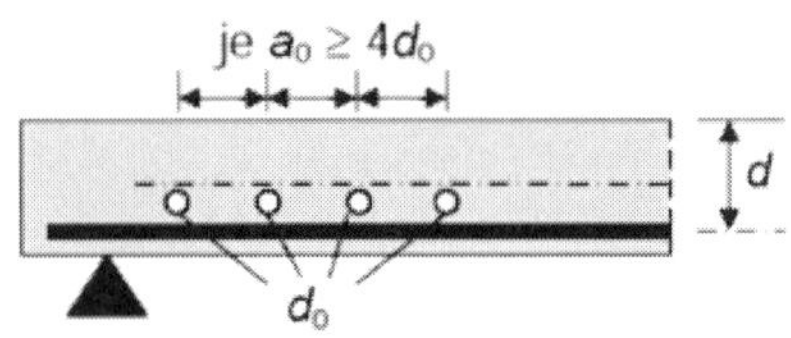

b) kleine runde Offnungen $0.1 \leq d_o/d \leq 0.2$

부록3 S-011에 도시된 보의 관통구 보강상세는, 별도의 검토를 하지 않아도 구조안전에 지장이 없을 것이라는 판단에 따른 것으로 생각되나 모든 경우에 대해 안전한 것은 아니다. 보의 단부조건이 다르거나 집중하중이 있는 경우 적정하지 않을 수 있다. 따라서 관통구 외경이 0.1h를 초과하면 책임구조기술자의 검토와 확인을 받아야 한다.

보 춤이 500~700인 경우 관통구의 위치는 하단에서 150mm로 도시되어 있는데, 보의 배근이 D22 복배근이고 철근의 수직 순간격이 40mm이면, 철근의 피복두께는 150-50(피복두께)-10(스터럽)-22(1단 철근)-40(순간격)-22(2단 철근)=6mm에 불과하다. 따라서 관통구 높이를 정하는 것은 적정하지 않으므로 관통구와 철근의 간격을 50mm 이상으로 도시하는 것이 바람직하다.

해외현장에서는 전기, 설비, 통신과 구조가 자주 충돌하는데 국내현장에서는 충돌하는 일이 없다. 구조기술자가 현장에 없기 때문이다. 도면에 명시되지 않는 한 감리원이 이를 제재하기는 어렵다.

150mm 두께의 복도 슬래브의 경우, 밀집 매립한 구간은 상하에 50mm 내외의 얇은 슬래브 2개로 나누어지므로 슬래브 상부는 적은 하중에도 쉽게 파손될 가능성이 매우 크다.

<그림 1.20i> 연속된 매립배관의 공극에 의한 슬래브 분절

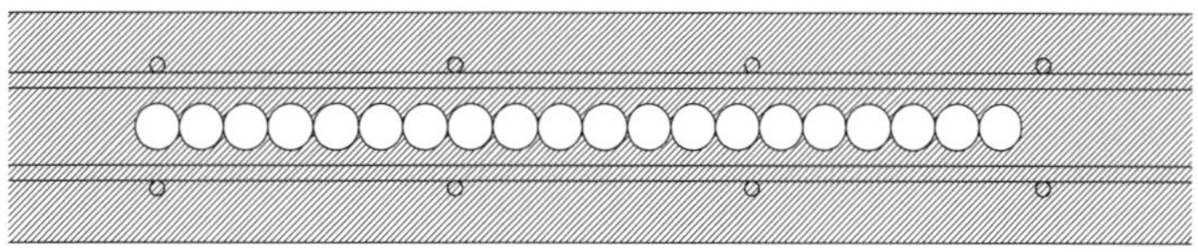

슬래브나 벽체에 배관을 무분별하게 매립하는 원인은 무엇인가?

후속공정이 없으므로 가장 쉽고 싸기 때문이다. 그렇게 하면 안 된다는 상식이 일상화되지 않았기 때문이다. 골조를 설계하는 구조기술자가 배관을 매립하지 못하도록 하지 않았기 때문이다. 기본적으로, 배관 매립 상세가 도면에 없기 때문이다.

무분별한 배관매립은 슬래브나 벽체의 결손으로 인하여 구조안전이 심각하게 위협받고, 균열과 누수의 원인이 된다. 배관을 마구 매립해도 괜찮은 슬래브나 벽체는 없다. 보리밭에 귀리가 잡초듯, 콘크리트 슬래브에 매립한 배관은 구조내력을 저감하는 장애물이다. 노출 배관이 원칙이다.

보의 관통구와 슬래브, 벽체의 배관매립은 설계단계에서 검토해야 하고, 시공단계에서는 상세가 있는지 확인해야 하며, 골조공사 전에 전기, 설비, 통신 설계에 배관매립 상세를 통보하여 문제가 없도록 조치해야 한다.

1.21 벽체 개구부의 보강상세는 적정한가?

벽체 개구부 보강상세는 부록3 S-016에 도시되어 있다. 보강상세의 개구부 크기는 300mm 이하인데 보강철근이 과다할 뿐만 아니라 정착길이(l_d)가 600mm 이상으로 표시된 대각보강 철근은 겹쳐서 배근이 불가하거나 콘크리트 타설이 어려울 수 있으므로 <그림 1.21a>와 같은 보강상세안을 제시한다.

6.5 벽체 개구부 보강

* Ld : 인장철근 정착길이

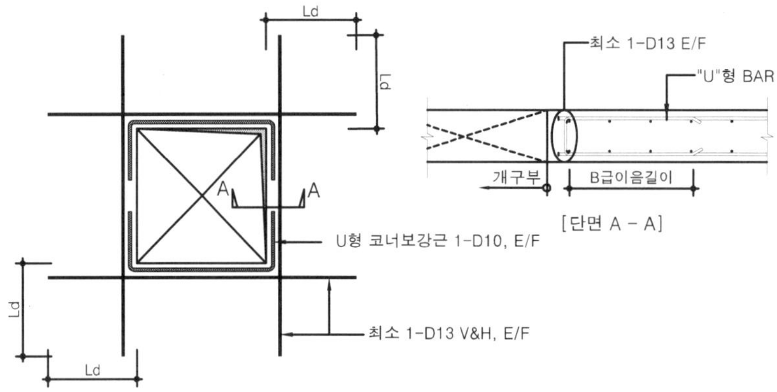

* 개구부의 크기가 300mm를 초과하면 책임구조기술자의 확인을 받아야 한다.
* 수직/수평 보강근은 개구부에 의해 절단된 철근 갯수의 1/2씩 양측에 배근한다.
* 보강근은 HD13이상으로 하되 벽체 철근 규격보다 작지 않도록 한다.
* 개구부가 기둥, 보에 접하는 경우 기둥, 보에 접하는 측면은 보강하지 않는다.
* 원형 개구부도 이에 준한다.
* 개구부에서 벽체 단부까지의 거리가 400mm 미만이면 책임구조기술자의 확인을 받아야 한다.

<그림 1.21a> **벽체 개구부의 보강상세안**

해설 1.21

KDS 14 20 72 콘크리트 벽체 설계기준 4.2 (7)의 보강철근(2-D16)은 창이나 출입구등의 개구부에 적용되고, 벽체 개구부 보강상세는 구조해석과 벽체 설계시 반영하지 않은 설비, 전기, 소방 박스 매입을 위한 개구부에 적용한다. 300mm 이하의 개구부는 구조안전에 지장이 없을 것으로 판단되나 300mm를 초과하면 구조안전에 지장이 있으므로 책임구조기술자의 확인에 따라 보강설계를 해야 한다. 다양한 크기의 개구부를 마구 설치해도 되는 벽체는 없다. 아무리 보강해도 소용없다.

<사진 1.21b> 벽체철근에 용접하여 고정한 배관박스 - 유튜브 캡쳐

<사진 1.21c> 지하층 벽체에 설치된 횡주관 - 유튜브 캡쳐

벽체에 횡주관을 승인 없이 천공하는 경우도 있다.

일부 도면은 LH주택원가관리처-7833(2017.12.29.)호의 자료를 인용하여 아래와 같이 도시한 경우가 있는데, 개구부의 크기가 과다하고 검증과정을 확인할 수 없어 적정하지 않다. 예를 들어, 부분결손과 관통에 따른 보강 차이는 적정하지 않으므로 모두 관통으로 간주해야 한다. 또한 개구부가 설치되는 벽체의 최소길이는 1,000mm 이상, 개구부와 벽체 단부의 이격거리는 최소 400mm 이상은 되어야 한다. 골조해석에서 반영되지 않은 개구부에 대한 판단은 원칙적으로 책임구조기술자가 확인해야 한다.

■ 벽체 결손부 : 기계·전기박스 매립 등에 의해 발생된 내력벽체 콘크리트 단면 손실 부위

<table>
<tr><th>결손부 크기
(가로x세로)</th><th>주1) 결손부와
벽체단부간 최소
이격거리</th><th>결손부 종류</th><th>기존철근 절단 여부</th><th>보강방법</th></tr>
<tr><td rowspan="8">450x450mm
이하
(가로, 세로
동시 만족)</td><td rowspan="4">확보</td><td rowspan="4">부분
또는
관통</td><td>미절단</td><td>무보강</td></tr>
<tr><td>한 개(한 쌍) 절단</td><td>간소보강</td></tr>
<tr><td>수직 및 수평철근
한 개씩(한 쌍씩) 절단</td><td>D16 보강</td></tr>
<tr><td>두 개(두 쌍) 이상
나란히 절단</td><td>2-D16 보강</td></tr>
<tr><td rowspan="4">미확보</td><td rowspan="3">부분</td><td>미절단 또는
한 개 절단</td><td rowspan="2">D16 보강
(단, 결손부를 벽체단부와
100mm 이상 이격)</td></tr>
<tr><td>수직 및 수평철근
한 개씩 절단</td></tr>
<tr><td>두 개 이상
나란히 절단</td><td rowspan="3">2-D16 보강
(단, 결손부를 벽체단부와
100mm 이상 이격)</td></tr>
<tr><td>관통</td><td>–</td></tr>
<tr><td>450x450mm
초과</td><td>–</td><td>–</td><td>–</td></tr>
</table>

<table>
<tr><th colspan="2" rowspan="2">구분</th><th colspan="4">결손부 크기(가로mm x 세로mm)</th><th rowspan="2">비고</th></tr>
<tr><th>~100x100</th><th>~150x150</th><th>~300x300</th><th>~450x450</th></tr>
<tr><td rowspan="2">주1)
결손부와
벽체단부간
최소
이격거리</td><td>부분
결손부</td><td>100mm</td><td>100mm</td><td>150mm</td><td>500mm
(벽체 길이
5m 이상)</td><td rowspan="2">결손부
크기
가로, 세로
동시 만족</td></tr>
<tr><td>관통
결손부</td><td>100mm</td><td>300mm</td><td>400mm</td><td>1,000mm
(벽체 길이
5m 이상)</td></tr>
</table>

<그림 1.21d> LH주택원가관리처-7833호의 개구부 상세

1.22 기초 하부철근의 정착길이 상세는 적정한가?

기초 철근 정착길이 상세는 〈그림 1.22a〉와 같이 부록3 S-017에 도시되어 있는데 l_d 와 갈고리가 있는 l_{dh}가 함께 도시되어 있어 이해가 필요하다.

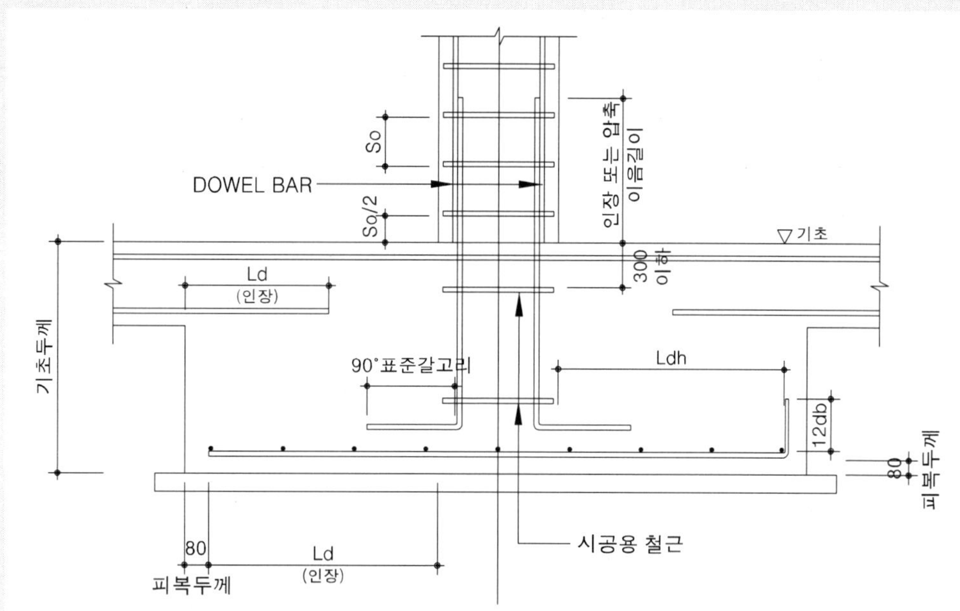

<그림 1.22a> 기초 철근의 정착길이

해설 1.22

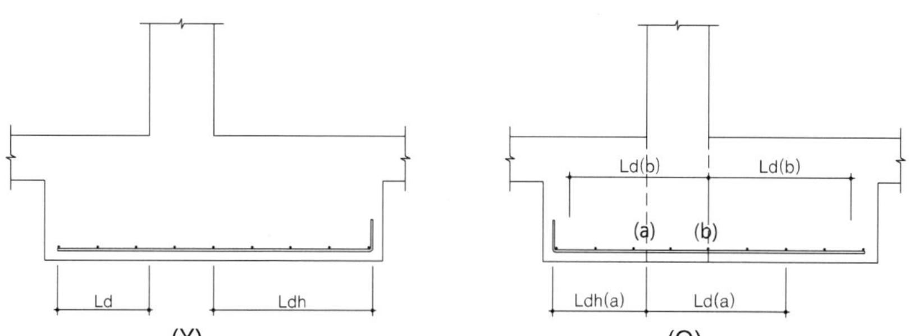

<그림 1.22b> 기초 철근의 정착길이에 대한 이해

철근의 정착은 철근에 작용하는 인장력 또는 압축력이 작용면의 양측에서 발휘될 수 있어야 한다. 기초 철근은 모멘트가 최대가 되는 정착면(a 또는 b)에서 양측으로 정착(l_d)을 해야 하고 정착길이가 부족하면 갈고리정착(l_{dh})을 해야 한다. 항상 〈그림 1.22a〉와 같이 되는 것은 아니다.

1.23 파일의 두부정리 상세는 강선남김 방식인가?(권장)

PHC파일에 매입하는 강재는 철근, 철선, PC강선, PC강봉을 사용하는데 주로 이형 PC강봉(Deformed Prestressing Bar)을 배근하고 편의상 강선(Prestressing Wire)이라고 한다. 파일의 두부 상세는 부록3 S-017에 도시되어 있다. 파일의 두부 상세가 강선남김 방식으로 도시되어 있음에도 불구하고 이를 무시하고 강선을 절단하는 것은 잘못이다. 필요하다면 책임기술자의 확인에 따라 강선절단 방식으로 변경해야 한다. 책임기술자의 확인에 따르는 경우에도, 파일의 두부정리는 강선남김 방식이 바람직하다.

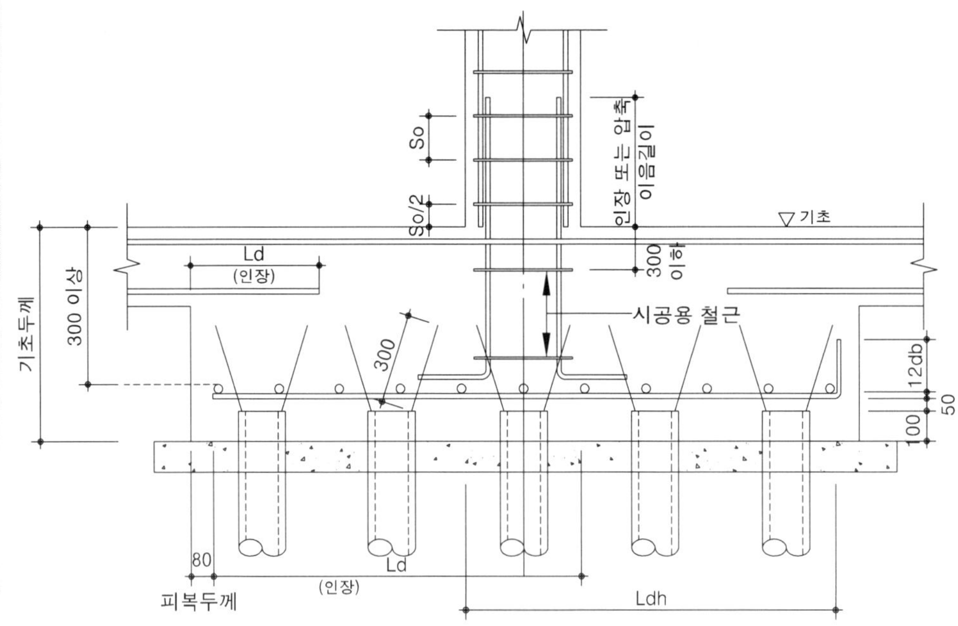

<그림 1.23a> 파일의 두부정리 상세(강선남김 방식)

해설 1.23

파일의 강선은 기초에 300mm 이상 정착하여 파일과 기초가 일체가 되도록 해야 한다. 특히 인장을 받는 파일은 강선의 정착이 매우 중요하다.

강선을 기초에 정착하는 두부정리 순서는 다음과 같다.

1) 항타가 완료된 파일에 버림콘크리트 저면, 기초저면, 절단선, 보조절단선 표시
2) 절단선, 보조절단선을 10mm 깊이로 절단 – 보조절단선을 두는 이유는 파쇄시 종균열을 방지하기 위함
3) 유압파쇄기로 보조절단선 상부 200mm까지 파쇄하고 강봉 절단
4) 절단선까지 커터 또는 날망치로 정다듬하고 파일상부를 그라인딩
5) 항두막이 캡 설치후 항두(파일상단) 부분에 기초저면 높이까지 콘크리트 채움
6) 버림콘크리트 저면의 지반을 다짐밀도 95% 이상 컴팩터로 다짐

상기 2)~4) 과정은 시간과 품이 많이 들어 최근에는 아래와 같이 두부를 절단하고 파일직경 깊이 정도의 막음판이 있는 철근망을 설치하는 강선 절단 방식을 쓰고 있다.

<사진 1.23b> 강선절단 방식의 항두막이 철근망

강선절단 방식은 속채움 콘크리트와 파일내경 사이의 마찰내력이 강선의 정착내력보다 적어 인장파일에는 적용할 수 없고, 기초와 파일이 이격될 수 있으므로 책임구조기술자의 승인 없이 강선절단 방식으로 무단히 변경하는 것은 적절하지 않다.

강선을 절단하지 않고 기초에 정착할 때 정착내력은 다음과 같다.

PHC파일의 강선은 0.4% 이상 배근해야 한다. ∅400 PHC파일의 살두께는 65mm이므로 소요강선은 $0.004 \times \frac{\pi}{4}(400^2 - 270^2) = 274mm^2$이고 PC강봉 6-∅9.2를 배근하면 강선단면적, $A_s = 6 \times 66.5 = 399mm^2$다.

PC강봉의 항복강도는 930MPa(SBPD930) 이상이지만 긴장하지 않은 강재의 항복강도 600MPa를 적용하면, 강선의 정착내력은

$$T = 600 \times 399 \times 10^{-3} = 239kN$$

강선절단 방식의 속채움 콘크리트($f_{ck} = 24MPa$)와 파일내경 사이의 마찰내력을 산정하는 방법은 이견이 있을 수 있으나 보수적으로 판단하는 것이 바람직하다.

일체로 타설하는 콘크리트의 전단강도는 $v_c = \frac{1}{6}\sqrt{f_{ck}}$, 마찰계수는 1.4다. 일부러 표면을 거칠게 하지 않은 콘크리트는 0.6이므로 마찰내력은,

$$\begin{aligned}\phi V_c &= 0.75 \times \frac{\sqrt{f_{ck}}}{6} \times A_c \times \frac{0.6}{1.4} \\ &= 0.75 \times \frac{\sqrt{24}}{6} \times 400 \times 270\pi \times \frac{0.6}{1.4} \times 10^{-3} \\ &= 89kN < 239kN\end{aligned}$$

파일 정재하시험을 할 때 강선이 절단된 파일을 반력파일로 사용하지 못하는 이유는, 강선절단 방식의 파일 인장력이 현저히 적기 때문이다. 결과적으로, 강선절단 방식은 파일과 기초의 일체성이 떨어지므로 강선절단 방식은 바람직하지 않다.

파일과 기초의 일체성이 떨어지는 강선절단 방식은, 철근망 막음판이 파일의 내경과 밀착되지 않아 콘크리트 페이스트의 누설에 따른 부착력 감소가 더욱 우려된다. 책임구조기술자의 승인에 따라 강선절단 방식으로 시공하는 경우에는 〈사진 1.23c〉와 같이 막음판과 파일의 내경을 우레탄 폼이나 테이프로 밀실하게 막음조치를 해야 한다.

<사진 1.23c> **강선절단방식 항두막이 철근망의 막음조치**

파일에 인장력이 작용하면 강선절단 방식은 적정하지 않다. 압축력이 작용하는 경우라 하더라도 항상 압축만 작용한다고 할 수 없다. 지하수나 지반의 변동이 발생할 수 있기 때문이다. 파일의 두부정리는 강선남김 방식이 바람직하다.

Chapter 2

구조도면

Chapter 2 구조도면

구조도면은 구조계산서의 구조평면과 설계결과뿐만 아니라 골조공사에 필요한 사항을 모두 도시해야 한다. 건축설계가 작성한 구조도면은 대부분 시공상세도를 작성하는데 충분하지 않고, 구조도면으로 공사를 하는 현실을 감안하면, 대부분의 구조도면은 골조공사에 적합하지 않다. 구조단면도가 없어서 건축도면에서 층고를 확인하는 경우도 있고, 레벨 차이를 해치(hatch)로 표시한 구조평면을 A3로 출력하여 판독이 어려운 경우도 많다.

필자는 2005년 모 소재 아파트의 구조설계를 하고 구조도면을 검토한 적이 있다. 그렇게 엉망인 구조도면은 처음이었다. 뒤에 들은 예기로는, 건축설계에서 아르바이트 인력을 고용해서 그랬다고 했다. 말도 잘 듣지 않았다. 7번에 걸쳐 검토와 수정을 반복한 후 날인을 했다. 그렇게 대가 없는 일을 했지만 골조공사는 문제가 많았다. 설계를 한 책임구조기술자는 현장을 방문할 기회도, 권한도 없었다. 20년 전의 일이지만, 지금도 마찬가지다.

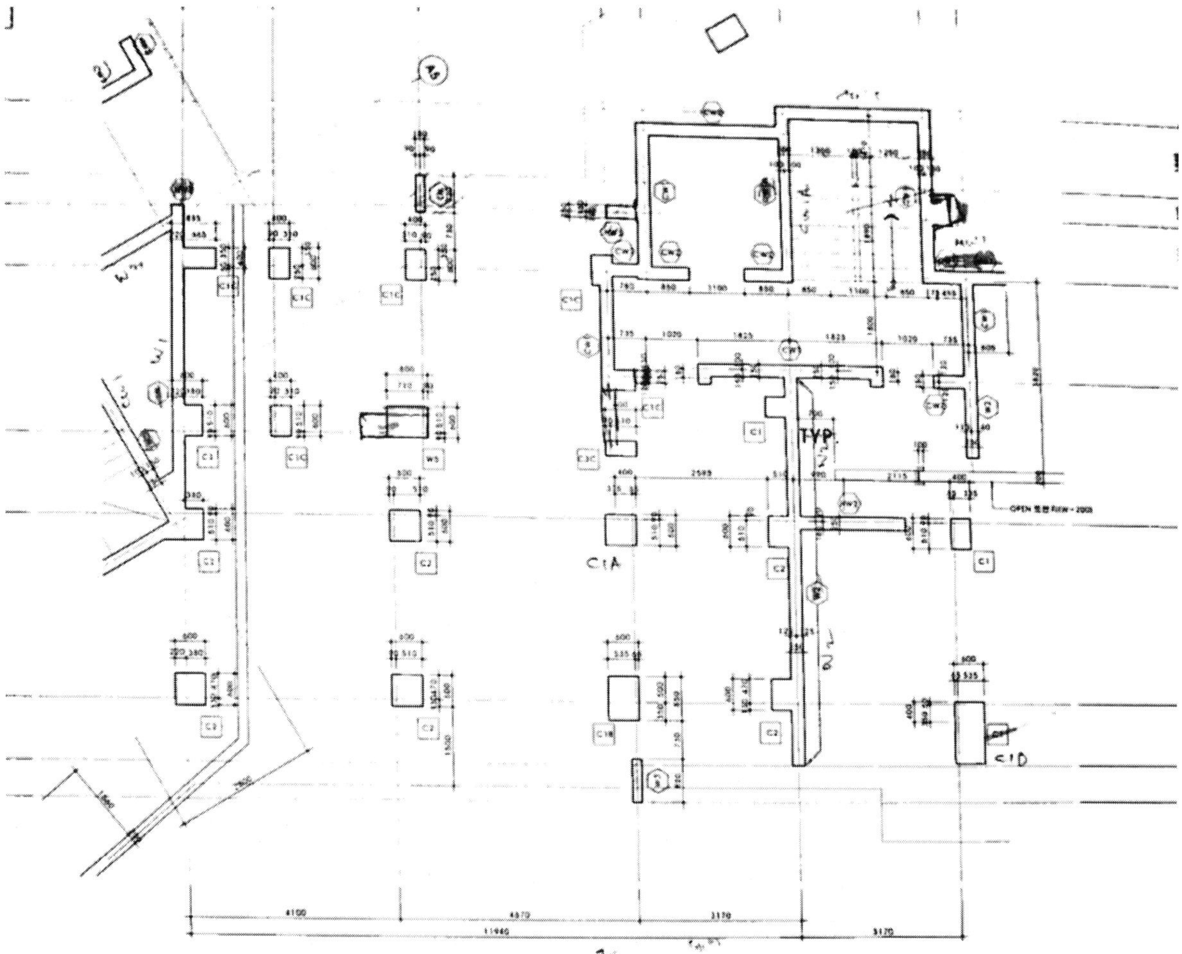

① 동 $84M^2$-A 지하1층 단위구조 평면도-5

이 책의 초고 집필을 마친 후, 국토교통부는 건축물의 설계도서 작성기준을 다음과 같이 개정 고시했다.(국토교통부고시 제2024-907호, 2024. 12. 31.)

> 11.4 건축법 시행령 제91조의3 제1항에 따라 구조의 안전을 확인하는 건축물의 구조분야 도서는 건축구조기술사의 책임 하에 작성되어야 하며, 설계자는 구조분야 도서와 그 외의 설계도서와의 정합성 여부등을 확인하여 필요시 건축구조기술사에게 수정 또는 검증을 요청할 수 있다.

한국건축구조기술사회의 설계도서 작성기준 해석 요청에 대해 국토교통부는 "설계 업무는 건축사가 총괄하되, 구조도면은 구조기술사 등 전문가가 작성하도록 하기 위한 후속조치로서, 이는 구조도면 작성 과정에서 구조 분야 전문성을 갖춘 건축구조기술사가 최종 권한과 책임을 가지고 건축물의 구조 안전성을 확보하는 데 그 목적이 있다"고 회신하여 구조도면 작성의 책임과 권한이 건축구조기술사에게 있음을 분명히 했다.

지금까지 구조설계는 건축설계로부터 하청을 받고, 구조도면은 건축설계가 작성했다. 이제부터는 구조설계가 발주자와 계약하여 구조도면을 작성하거나, 건축설계가 작성한 구조도면도 구조설계가 책임져야 한다. 여기에 더하여, 건축설계는 필요시 구조설계에 수정 또는 검증을 요청할 수 있다고 했다. 구조도면에 문제가 발생하면 구조설계가 책임져야 하고, 정합성에 문제가 있으면 건축설계가 책임져야 한다. 이 책은 건축설계와 구조설계에 모두 필요할 것이다.

감리가 해야 할 일은, 구조도면이 건축물의 설계도서 작성기준에 따라 건축구조기술사의 책임 하에 작성되어 서명날인이 되어 있는지 확인하고, 시공에 문제가 없는지 검토하는 것이다. 도면을 보완해야 할 사항이 있으면 시공자에게 도면수정 또는 보완을 지시해야 하고, 건축설계와 책임구조기술자는 시공에 문제가 없도록 도면을 보완해야 한다.

2장에서는 구조도면에서 점검해야 할 사항을 제시한다.

2.1 중간 및 특수모멘트 골조 시스템의 주철근은 내진철근인가?

중간 및 특수 콘크리트 구조 시스템의 골조(기둥, 보)나 구조벽체의 소성영역 및 연결보에 사용하는 주철근은 KSD3504의 특수내진용 S등급 철근을 사용하여야 한다.
– KDS 14 20 80 4.1.5(2)

> **4.1.5 중간 및 특수 콘크리트 구조 시스템의 철근**
> (2) 골조나 구조벽체의 소성영역 및 연결보에 사용하는 주철근은 KS D 3504의 특수내진용 S등급 철근을 사용하여야 한다.

해설 2.1

구조도면의 첫 장에는 건물의 위치와 용도, 구조계산에서 적용한 골조 시스템과 재료강도를 표시한다. 위치와 용도에 따라 지진하중이 다르고 골조시스템은 시공상세도를 작성할 때 반영해야하기 때문이다. 중간모멘트 골조 시스템인데 내진철근이 표시되지 않았거나, 보통모멘트 골조 시스템인데 내진철근이 표시되어 있다면 모두 잘못된 것이다.

KS D 3504(철근콘크리트용 봉강)에 따르면 SD400 이하 철근의 인장강도는 항복강도의 1.15배 이상, SD500 이상 철근은 1.08배 이상으로 규정하고 있는데, S등급 내진철근의 인장강도는 항복강도의 1.25배 이상이 되도록 규정하고 있다.

철근의 항복강도와 인장강도에 대해서는 1.15항에서 설명한 바와 같이, 철근의 인장강도가 나타 날 때의 변형률은 10~12% 내외로 매우 크기 때문에 구조기준에서는 인장강도로 설계하지 않는다. 그런데 항복강도보다 변형이 매우 큰 인장강도가 내진성능에 무슨 도움이 되는지 필자는 이해할 수 없다.

일반적으로 철근의 항복강도는 기준강도를 상회하는데, 특수내진용 S등급 철근의 항복강도는 기준강도의 1.1배 이상으로 하는 것이 훨씬 합리적이라 생각된다. 500MPa로 설계한 부재에 550MPa 철근을 사용하면 내진성능은 향상될 것이다.

2.2 구조도면에 단면도, 단차표시등이 적정하게 도시되어 있는가?(권장)

1) 단면도

형틀목수는 층고에 맞게 거푸집을 설치하고, 철근공은 층고에 따라 기둥과 벽체 철근을 가공하여 조립한다. 구조도면에 단면과 단차를 도시하지 않으면 공사관계자가 구조물을 쉽게 이해할 수 없고 건축도면을 확인해야 하는 등 어려움이 발생한다. 구조도면에 단면이 없으면 시공상세도 작성이 어렵고, 적정한 시공상세도가 없으면 골조공사의 적정성을 확보하기 어렵다.

건축공사 감리세부기준(국토교통부고시 제2024-377호, 2024. 7. 10)의 설계도서 검토에 따라, 관계법령에 의거하여 설계도서 중 누락, 오류 등의 사항은 건축주에게 보고하고, 구조도와 관련된 설계도서 검토에서는 건물 층고를 확인해야 한다.

2.4.2. 설계도서 검토

1. 설계도면, 시방서, 구조계산서, 각종 부하계산서 등 설계도서 상호간에 불일치한 사항, 관계법령에 의거하여 설계도서 중 누락, 오류 등의 사항은 건축주에게 보고한다.
2. 구조도와 관련된 설계도서 검토
   1) 건물 층고의 확인
   2) 보의 위치 및 크기의 확인(특히, 창호 크기와의 관계)
   3) 벽체의 위치 및 두께의 확인, 바닥의 고저와 마감두께 확인
   4) 구조도면과 구조계산서의 대조

건물 층고가 도시된 종단면 및 횡단면과, 구조도면에 도시해야 할 주요 단면이 누락되었다면 시공자에게 보완을 지시해야 한다.

2) 단차의 표시

<그림 2.2> 해치를 사용한 구조평면 작성사례

구조평면에서 불필요한 부분이나 강조할 부분은 음영(shading)을 표시할 수 있으나 불필요한 해치(빗금, hatch)를 하여 부재부호등의 표기를 판독하기 어렵게 해서는 안 된다. 단차가 있는 경우, 바닥에 레벨을 표기하고 단차 위치에는 단면을 표시해야 한다. 잘 보이지 않거나 필요한 정보가 없는 도면은 도면이 아니다.

3) 키플랜

확대평면은 반드시 키플랜을 작성해야 한다. 〈그림 2.1〉의 구조평면 작성사례는 키플랜이 없다. 어느 위치의 평면인지 확인하려면, 도면을 보는 모든 관계자가 기준선을 확인해야 한다. 해외공사의 구조도면은 키플랜 뿐만 아니라 이웃하는 도면과 겹치는 부분에 match line을 도시하고 연결되는 도면번호를 기재한다. 불필요하다고 생각할지 모르겠으나, 도면은 충분히 친절해야 한다.

4) 도면의 규격

건축공사는 대부분 A3 도면으로 공사를 하고 있다. 〈그림 2.1〉의 구조평면 작성사례를 A3 도면으로 보면 판독이 불가능하다. 골조공사용 도면은 A1 규격으로 해야 한다.

2.3 지하층의 층수 표기는 적정한가?(권장)

인첨검단 주차장 붕괴사고 이후 무량판구조를 조사하는 과정에서, 1층 배근을 지하1층에 시공한 경우가 있었다. 지하층 층수를 동별로 표기하여 혼선이 생겼기 때문이다.

주차장의 지하층 층수는 표고에 따라 통합하여 표기하고 지상층은 동별로 표기해야 한다. 아래 그림의 좌측동, 우측동, 동간 지하층의 지하3층은 모두 같은 표고에 표기되어 있다. 좌측동은 지하 2개층이지만 지하4층, 지하3층으로 표기했고, 우측동은 지하 3개층을 층별로 표기했다. 지상층은 동별로 1층부터 층수가 표기되어 있다. 이렇게 표기해야 공사중 혼선을 피할 수 있다.

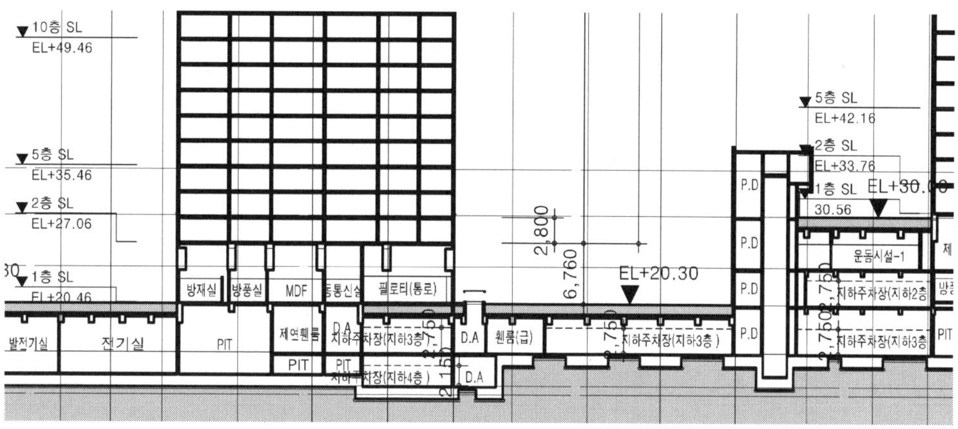

<그림 2.3> 표고에 따라 층수를 표기한 지하층

해설 2.3

건축도면의 층수와 구조도면의 층수가 다르게 표기된 경우도 있는데 이것도 착공전에 반드시 수정해야 한다.

2.4 기둥과 직교하지 않는 보는 없는가?

보의 배치가 기둥과 직교하지 않으면, 기둥을 관통하는 보 철근은 기둥철근과 간섭이 발생한다.

기둥과 직교하지 않는 보가 있으면 보 철근이 기둥철근과 간섭되지 않는지 시공자에게 검토를 지시해야 하고, 시공자가 제출하는 시공상세도는 철근의 간섭여부를 면밀히 검토한 후 승인해야 한다.

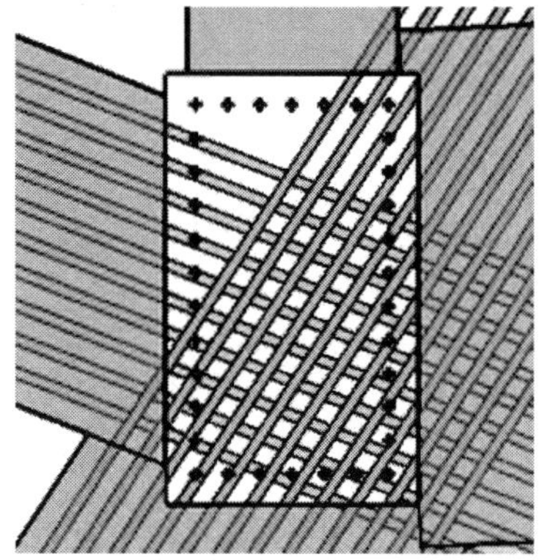

<그림 2.4a> 기둥과 직교하지 않는 보 철근과 기둥철근의 간섭

철근의 간섭을 검토할 때는 철근의 직경이 호칭직경과 다르므로 유의해야 한다.(1.2항 참고) 또한 철근순간격은 다소 여유가 있어야 기둥철근을 움직이지 않고 보 철근을 배치할 수 있다.

해설 2.4

기둥과 연결되는 보가 기둥과 직교하지 않으면 기둥철근과의 간섭이 발생하고, 보 철근끼리 간섭도 발생하여 철근배근 층(layer)이 생긴다. 〈그림 2.4a〉와 같이 5개의 보가 기둥에 연결되는 경우, 보 배근이 모두 D22 2단 배근이면 철근 높이만 220mm가 된다. 철근이 슬래브 밑으로 노출될 수 있고, 최소 철근 간격을 확보할 수 없으며, 콘크리트를 타설할 수 없고, 다짐을 할 수 없어 시공이 불가능하므로 반드시 시공성을 확인하여 설계변경을 하도록 지시해야 한다.

<그림 2.4b> 5개의 보가 기둥과 직교하지 않는 구조평면

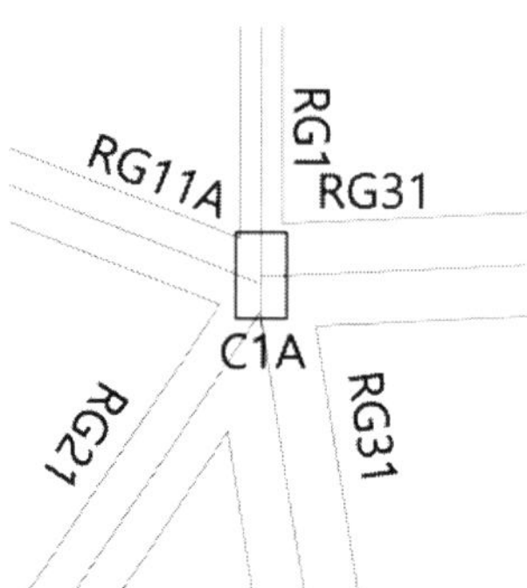

〈그림 2.4b〉의 배근을 sketchup으로 도시하면 다음과 같다.

<그림 2.4c> 기둥과 직교하지 않는 보의 배근 입체도

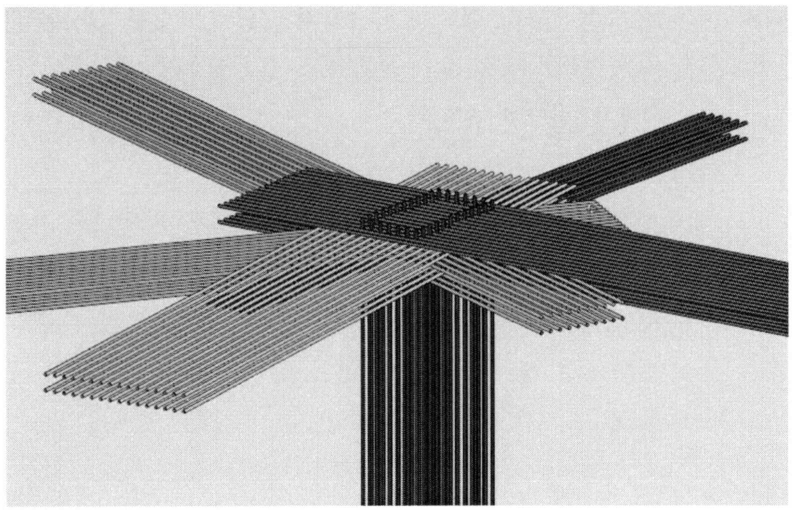

구조평면에 기둥과 보의 배근도를 중첩해 보면 간섭여부를 판단할 수 있다.

<그림 2.4d> 기둥과 보의 철근 간섭 검토

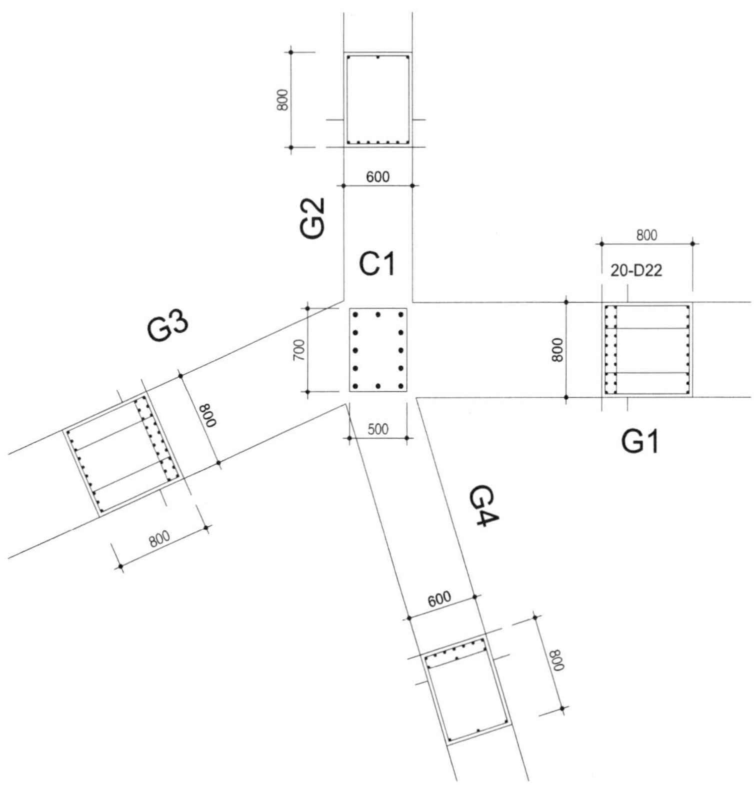

2.5 보 철근은 기둥 철근 사이로 배근이 가능한가?

기둥 철근과 보 철근이 과다하면 간섭이 발생하므로 보 철근을 기둥 폭 내에 모두 배근할 수 없다. 공사 착수 전에 배근이 가장 많은 기둥과 보의 배근을 검토하여 시공이 가능한지 확인해야 한다.

구조평면과 부재 일람이 따로 작성되어 있어 배근이 가능한지 파악하기 어렵다. 구조평면에 기둥과 보의 배근을 중첩하여 도시하면 〈그림 2.5a〉와 같다. 보 철근은 기둥 철근 사이를 지나 반대쪽 보로 연장하거나 기둥에 갈고리로 정착하므로, 보 폭과 기둥 폭이 같은 경우 보 철근의 개수가 기둥 철근보다 1개 적어야 배근에 문제가 없다. 그러나 보 철근을 기둥폭 안에 배근할 수 없는 경우가 많고 원형기둥은 더욱 어렵다.

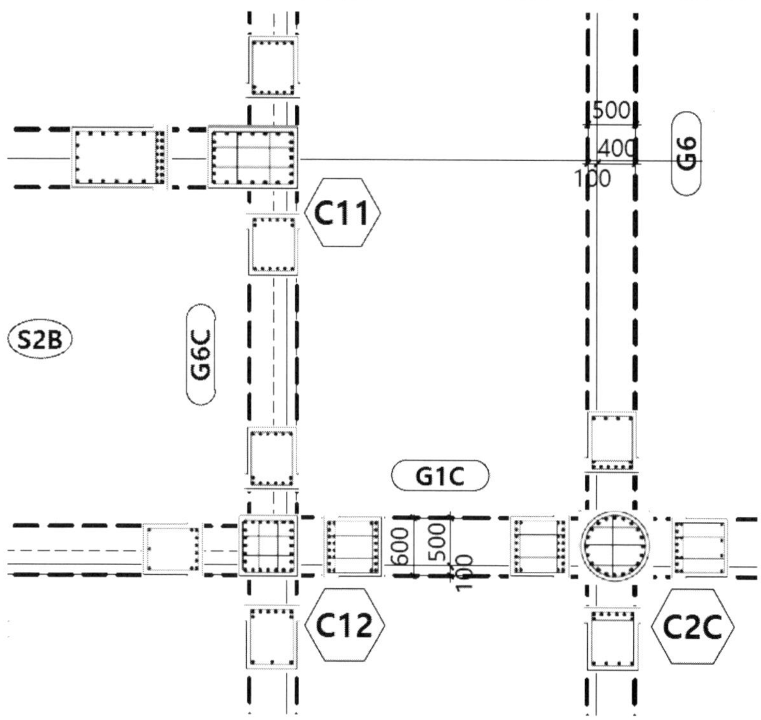

<그림 2.5a> 기둥과 보의 배근검토

해설 2.5

〈그림 2.5a〉를 보면 C11, C12, C2C와 연결되는 보의 배근이 용이하지 않음을 짐작할 수 있다. C12 기둥의 1면 철근은 7개이므로, 보의 단부 철근 8개를 기둥철근 사이로 배근하려면 2곳은 보 철근을 2개씩 배치해야 한다.

보 철근 배근에 문제가 없는 지 확인하는 방법은, 설계된 기둥 철근과 보 철근에 필요한 기둥폭이 얼마인지 검토해 보면 알 수 있다. 소요 기둥폭이 기둥폭보다 크면 철근을 배근할 수 없다.

1) 소요 기둥폭 검토

G1C 보철근 8-D22를 C12 기둥철근 7-D25 사이에 배치하려면 〈그림 2.5b〉와 같이 기둥철근 사이에 2곳은 보철근을 2개씩 배치해야 한다. 이때 필요한 기둥의 최소폭은 다음과 같이 산정한다.

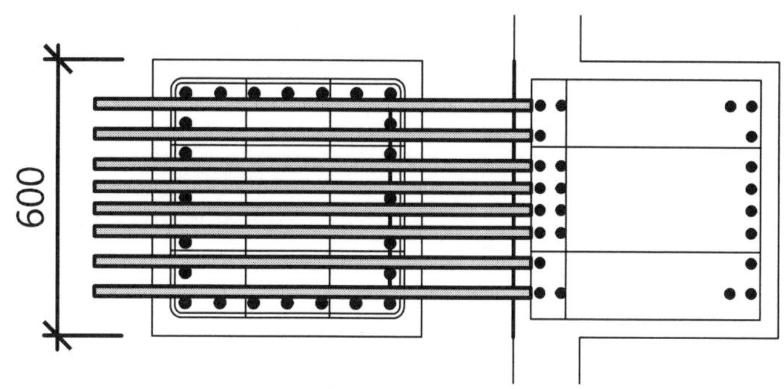

<그림 2.5b> C12 기둥과 G1C 보의 단부 배근

기둥철근 : 7-D25/기둥폭

n_c=7(기둥 철근수), d_{bc}=25.4(철근직경) - D25의 직경은 (8/8)"임

n_b=8(보 철근수), d_{bb}=22.2(철근직경) - D22의 직경은 (7/8)"임

d_{bh}=10(띠철근직경), d_c=50(피복두께)

s_c=40(기둥 철근 순간격)

s_b=33.4(보 철근 순간격), 최대골재치수(25mm)의 4/3 이상(33.4mm)

기둥 철근보다 보 철근이 많은 경우 기둥의 최소 소요폭은,

$$\begin{aligned} Req'd\,B &= 2(d_c + d_{bh}) + 2 \times d_{bc} + n_b \times d_{bb} + (n_b - 1)s_b \\ &= 2(50+10) + 2 \times 25.4 + 8 \times 22.2 + (8-1) \times 33.4 \\ &= 582.2mm < 600mm \end{aligned}$$

기둥폭이 17.8mm 남는다고 하여 기둥철근 7개 사이로 보 철근 8개를 배근할 수 있다고 판단하는 것은 잘못이다. 〈그림 2.5a〉와 같이 2개소는 기둥철근 사이로 보 철근을 2개씩 배근해야 하는데, 기둥철근은 그렇게 정밀하게 배치할 수 없다.

구조기준의 보 철근 최소순간격(33.4mm)으로 검토하면 최소순간격과 시공성을 확보하기 어렵고 곰보(honey comb)가 발생할 수 있으므로, 시공오차를 감안하여 40mm 이상으로 검토하는 것이 바람직하다. 40mm도 여유는 없다.

$$\begin{aligned} Req'd\,B &= 2(d_c + d_{bh}) + 2 \times d_{bc} + n_b \times d_{bb} + (n_b - 1)sb \\ &= 2(50+10) + 2 \times 25.4 + 8 \times 22.2 + (8-1) \times 40 \\ &= 628.4mm > 600mm\ N.G \end{aligned}$$

검토 결과, 기둥폭을 변경하지 않으면 보 철근의 최소순간격을 확보하기 어려울 것으로 판단된다. 기둥 철근보다 보 철근이 많은 경우, 기둥 철근의 위치는 보 철근에 따라 결정되므로 반드시 미리 검토하여 시공상세도에 반영해야 한다. 또한 기둥 철근은 정해진 위치에서 움직이지 않도록 견고하게 결속해야 한다.

2) 다발철근 적용

<그림 2.5c> C12 기둥과 G1C 보의 다발 철근 배치 검토

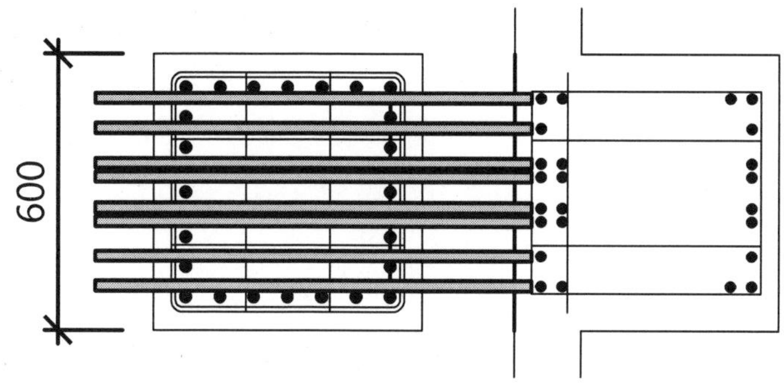

기둥 철근 사이에 2개씩 배근한 보 철근을 다발로 배근하면, 앞에서 검토한 기둥의 최소 소요폭은 628.4mm에서 2×40=80mm가 감소한 548.4mm가 되므로 600mm 기둥 폭에 배근이 가능하다. 다발철근의 정착길이, 이음길이, 피복두께, 철근순간격등은 등가단면적으로 환산한 지름($d_{b.tr} = \sqrt{4\Sigma A/\pi}$)을 적용하므로 2-D22 다발철근의 환산지름은 $d_{b.tr} = \sqrt{4\Sigma A/\pi} = \sqrt{4\times 387\times 2/\pi} = 31.4mm$가 된다.

2-D22 다발철근의 정착길이는 D31.4를 적용하여 산정하고 3개 다발의 정착길이는 20%, 4개 다발은 33% 증가해야 하며 개개철근은 40db 이상 엇갈려 끝나야 한다. 다발내 개개철근의 이음은 중복되지 않아야 하고 다발을 통째로 겹침이음할 수 없다. 다발철근은 적용이 쉽지 않다.

다발철근은 철근의 부착력이 중첩되어 철근의 효율이 감소하고, 콘크리트가 통과하는 공간이 감소하여 곰보(honey comb)가 발생할 수 있으므로 타설과 다짐에 유의해야 한다. 또한 다발철근 하부의 공극으로 인하여 침하균열이 발생할 우려가 있으므로 특별한 경우가 아니면 다발철근은 권장하지 않는다.

상기와 같이 기둥 철근 사이에 보 철근을 두 개 배근하는 경우 기둥 철근은 보 철근을 배근할 수 있도록 그림과 같이 정확한 위치에 설치하고 조립해야 하는데, 설치위치를 별도로 표시해도 여유가 없으므로 어려움이 예상된다.

3) 보 단면폭 변경

상기 사례는 기둥폭이 보 측면과 일치하여 보 철근이 기둥 철근과 간섭되는 경우다. 철근 간섭으로 보 철근을 배치할 공간이 감소하고, 피복두께는 기둥 철근의 직경만큼 증가한다. 이때는 보 폭을 기둥 철근의 직경만큼 확대하는 것이 바람직하다.

상기 사례는 보폭을 기둥폭에 2db를 더한 650mm로 변경하면, 아래 그림과 같이 기둥 철근 사이에 보 철근 6개를 배치하고 기둥철근 좌우 외측에 보철근 1개씩 배치하여 시공성을 크게 개선할 수 있다. 테두리 보는 건물 외부쪽으로 돌출할 수 없으므로 내부쪽으로 배근이 가능한 만큼 단면을 확대한다. 편측 보가 되지만 문제는 없다.

<그림 2.5d> G1C 보의 보폭 변경 검토

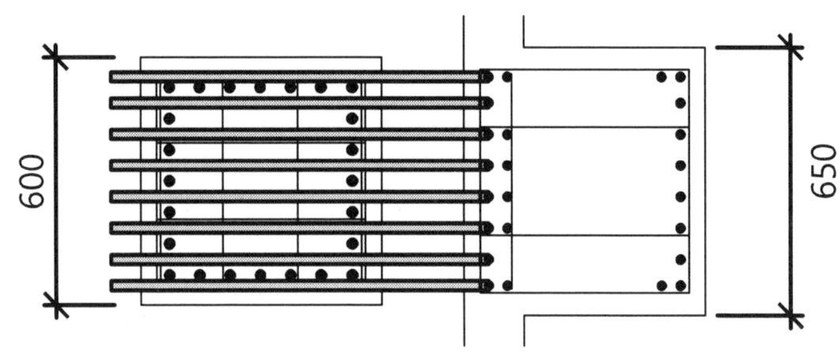

※ 기둥철근과 보철근의 간섭은, 구조설계가 건축설계로부터 하청을 받는 환경에 근본적인 원인이 있다. 건축설계는 기둥이 건축평면에 지장이 없기를 원하고 구조설계는 갑의 요구에 따라 단면을 줄이기 때문이다. 철근과 콘크리트 강도가 커져서 적은 단면으로 설계가 가능하게 된 것도 철근간섭을 야기하는 원인으로 판단된다. 대부분의 구조기술자는 마이다스 프로그램으로 기둥과 보를 설계하는데, 프로그램은 기둥 철근과 보 철근의 간섭을 확인하지 못하므로 이와 같은 문제가 발생한다. 배근할 수 없는 설계는 설계결함이다. 구조설계를 하는 구조기술자가 검토하고 확인해야 할 일이다.

2.6 원형기둥에 연결되는 보의 철근은 배근이 가능한가?

원형기둥은 기둥 철근 사이로 보 철근이 통과해야 하는데 원형기둥의 철근위치는 사각기둥의 철근위치와 달라 〈그림 2.6a〉와 같이 보철근과 기둥철근의 간섭이 발생한다. 공사 착수 전에 검토하여 조치해야 한다.

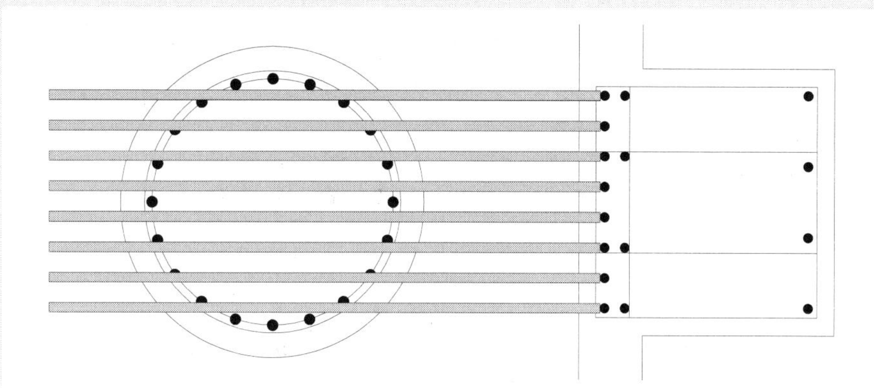

<그림 2.6a> 원형기둥 철근과 보 철근의 간섭

해설 2.6

〈그림 2.6b〉와 같이 배근하면 간섭을 해결할 수 있으나 검토에 따른 기둥철근의 위치가 정확하지 않으면 보 철근 배근이 불가능하고 띠철근의 갈고리가 기둥철근을 구속하지 못하는 문제가 발생한다.

<그림 2.6b> 원형기둥 철근과 보철근의 간섭

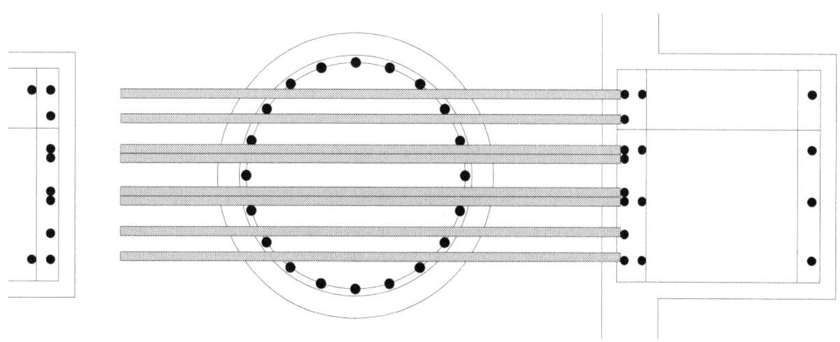

정확한 위치에 기둥철근을 배치하려면, 기둥철근의 위치를 표시한 '가이드 철근'을 기초철근 상부에 결속한 후 기둥철근을 배근해야 한다.(3.9 참고)

다음은 원형기둥 철근의 간격을 확인하기 위한 수학적 접근이므로 건축 감리원이 이해할 필요는 없다. 원형기둥을 설계하는 구조기술자는 꼭 참고하기를 바란다. 수학적으로 검토하면, 기둥철근 n5-n4 사이에 2개 다발철근과 n4-n3와 n3-n2 사이에 각각 철근 1개를 배치할 수 있다. 그러나 실제 시공이 가능한지는 또 다른 문제다.

<그림 2.6c> 원형기둥의 철근 간격 검토

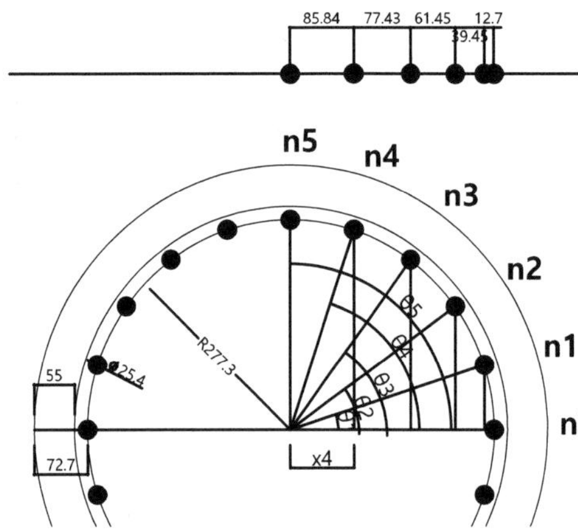

기둥중심에서 n_o 중심까지의 거리

$r = D/2 - (피복두께 + d_{b(hoop)}) - d_b/2$

우단 철근으로부터 n번째 철근의 각도는 $\theta_n = n\dfrac{360}{\Sigma n}$

기둥중심에서 n번째 철근 중심까지의 수평좌표는 $x_n = rcos(n\dfrac{360}{\Sigma n})$

철근사이의 간격은 $s_n = (x_n - x_{n-1}) - d_b$

기둥 직경 700mm, 20-D25일 때 철근순간격(s_n)과 검토결과는,

철근	n1	n2	n3	n4	n5
x_n	264	224	163	86	0
s_n	-11.8	14.0	35.9	51.9	60.3
	$s_2 < d_b$	$s_2 < d_b$	$s_3 > d_b$	$s_4 < 2d_b + 5$	$s_5 > 2d_b + 5$
판정	배근불가	배근불가	배근가능	다발불가	다발가능
배근수	0	0	1	1	2

철근순간격이 2개의 철근직경에 5mm를 더한 값 이상이면 다발철근이 가능한 것으로 판정되나 매우 조밀하여 조립이 용이하지 않고 실제로 철근순간격이 기준보다 부족하면 다발철근은 적용할 수 없다. 상기 경우, 보 철근은 n2부터 1단에 (1+1+2)×2=8개 배근이 가능하다. 이때 보폭은 x_2부터 배근이 가능하므로 $(x_2 - d_b/2+60)\times2=550$mm 이상이면 된다.

특히 기둥의 편측에 보가 있으면 기둥 철근과 간섭되어 배근을 할 수 없다. 보 배근을 위해 기둥 철근을 억지로 밀면 띠철근 갈고리가 기둥 철근을 벗어나 기둥철근을 결속하지 못하는 결함이 발생한다. 원형기둥과 연결되는 보의 배근은 쉽지 않다. 고민을 하지 않고 설계한 원형기둥은 설계의 목적을 달성하기 어렵다.

〈사진 2.6d〉는 원형띠철근에 갈고리가 없어 기둥 철근을 구속할 수 없고, 기둥철근의 위치도 맞지 않아 기둥의 내력을 확보할 수 없는 심각한 결함이 발생한 것이다.

<사진 2.6d> 원형기둥을 통과하는 보의 다발철근과 띠철근 설치 결함

2.7 무량판슬래브의 전단보강근 배근상세는 적정한가?(권장)

일반적으로 무량판슬래브의 전단보강근은 〈그림 2.7a〉와 같이 도시하고, 전단보강근의 형태는 단면에 도시된 바와 같다. 지하주차장의 무량판슬래브 붕괴사고에서 알려진 바와 같이 〈그림 2.7a〉의 전단보강근은 시공성이 좋지 않으므로 대안이 필요하다. 현장은 도면과 다르게 시공하는 것이 쉽지 않기 때문에 공사 착수 전에 전단보강 상세를 검토하고 적정한 전단보강상세를 결정해야 한다.

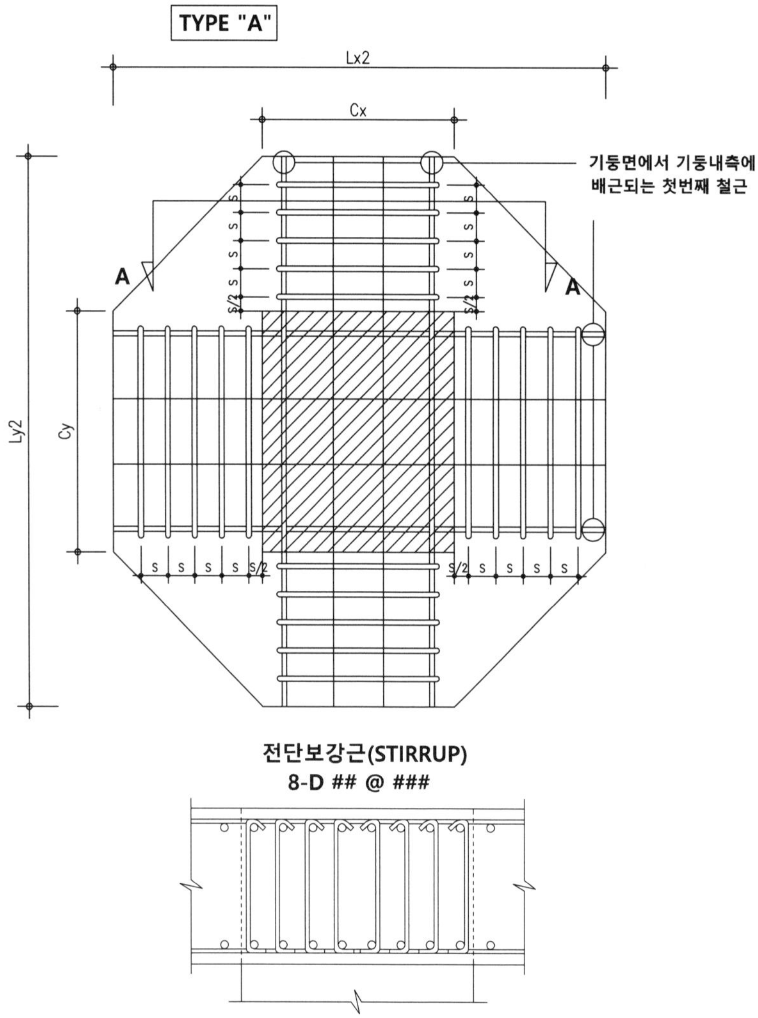

전단보강			
Lx2	Ly2	전단보강근(Stirrup)	
1000	1400	단변	3 - D10 @ 100
		장변	7 - D10 @ 100

<그림 2.7a> 무량판슬래브의 전단보강근 배근상세

해설 2.7

무량판슬래브의 전단보강근은, 지하주차장 붕괴사고로 잘 알려진 바와 같이 뚫림전단(punching shear)을 견디기 위한 것이다.

슬래브의 전단내력은 콘크리트의 전단강도(∅Vc)와 전단보강근의 전단강도(∅Vs)의 합으로 결정되는데, 콘크리트의 전단강도(∅Vc)가 뚫림전단력(Vu)보다 작으면, 작은 만큼 전단보강근을 배치해야 한다.

전단보강근의 전단강도(∅Vs)가 크지 않아 콘크리트의 전단강도(∅Vc)가 부족하면 전단보강 물량이 많아진다. 무량판 슬래브의 전단강도(∅Vc)는 가급적 콘크리트가 모두 부담하는 것이 좋고, 뚫림전단 강도가 부족하면 지판(drop panel) 설치를 권장한다. 지판이 없으면 공간의 효용성은 증가하지만, 지나친 전단보강은 구조안전 확보에 지장을 초래할 수 있다.

또 다른 문제는 전단보강근의 형태다. 구조계산은 전단보강근의 단면적을 산정하고 단순히 철근단면적을 나누어 양단에 표준갈고리가 있는 전단보강근 간격을 표시하고 있다. 대개는 기둥폭과 기둥면에서 1m 내외의 면적에 D13@100으로 설계하는데 기둥마다 200개 내외의 전단보강근을 조립해야 한다.

두께 400mm 슬래브의 전단보강근 높이는 350mm이고, 슬래브 배근간격이 100mm면 슬래브 배근 사이로 손이 들어가지 않아 전단보강근 하단은 결속할 수 없다. 하단이 결속되지 않은 전단보강근이 콘크리트 타설시 전단내력에 불리한 기둥방향으로 기울면 보이지 않는 결함이 될 수 있다.

이러한 결함을 방지하려면 설계자가 시공가능한 전단보강 상세를 제시하거나, 시공자가 결함을 방지할 수 있는 시공상세를 제시해야 한다. 감리가 아무것도 하지 않으면 설계자도 시공자도 아무것도 하지 않는다. 그러나 골조에 아무 일이 생기지 않는 것은 아니다.

<사진 2.7b> 전단보강근 조립

<사진 2.7c> 하단을 결속하지 않은 전단보강근

<사진 2.7d> 선조립 전단보강근 - 유튜브 캡쳐

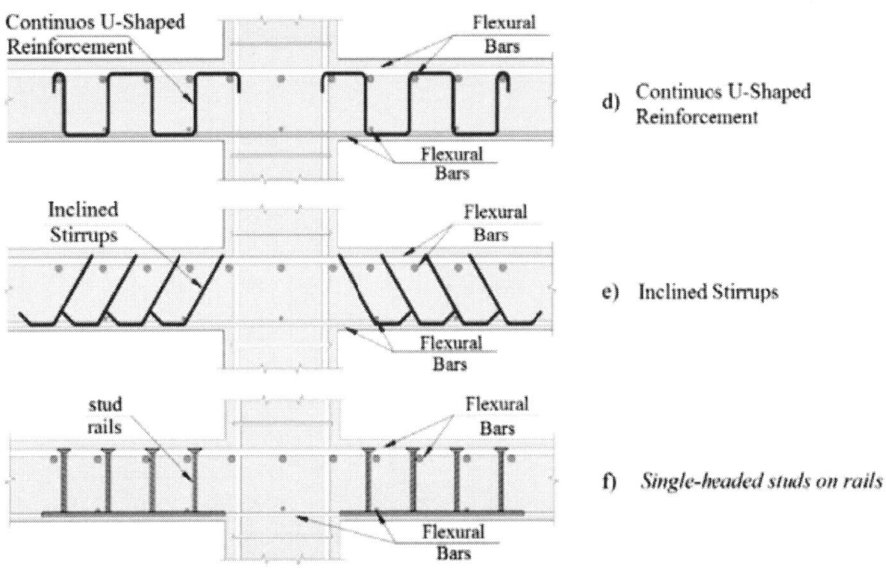

<그림 2.7e> 전단보강근의 유형 - 인터넷 캡쳐

※ 무량판구조는 좌가 없다.

2.8 무량판구조는 각 방향으로 2개 이상의 주열대 하부근이 기둥 위를 지나 외부받침부에 정착되어 있는가?

콘크리트 슬래브와 기초판 설계기준 – KDS 14 20 70 4.1.5.4(5)에 무량판구조는 각 방향으로 2개 이상의 주열대 하부근을 기둥 위를 지나 외부받침부에 정착하도록 하고 있다. 지하주차장 무량판 슬래브뿐만 아니라, 아파트 벽체 일부를 단변과 장변의 비가 3배 이하인 기둥으로 구성한 FCW(Flat plate Column Wall, 무량복합구조)의 기둥 주위 슬래브도 이 조항을 적용해야 한다.

> **4.1.5.4 보가 없는 슬래브의 철근 상세**
>
> (5) 각 방향의 주열대 내의 모든 하부 철근이나 철선이 연속이거나 그림 4.1-1에 위치한 것과 같은 A급 겹침이음으로 이어야 한다. 각 방향으로 적어도 2개의 주열대 하부철근이나 철선이 기둥 위를 지나야 하며 외부 받침부에 정착하여야 한다.

기준의 A급이음은 B급이음의 오기로 판단된다.

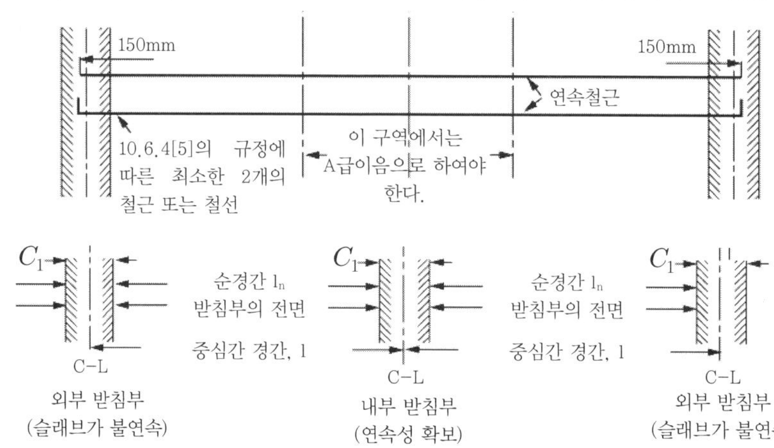

<그림 4.1-1> 보가 없는 슬래브에서 철근의 최소 정착길이 (KDS 14 20 52(4.4.2(1))의 받침부의 정착 참조)

※ 필자는 2024.11 KDS 14 20 70 4.1.5.4(5) 및 그림 4.1-1의 A급이음은 ACI 318과 같이 B급이음으로 개정할 것을 학회에 제안했다.

해설 2.8

벽식구조의 슬래브 두께가 210mm면 전단내력이 증가하여 일부벽체를 기둥으로 설계할 수 있다. 이와 같은 구조를 FCW(Flat plate Column Wall, 무량복합구조)라고 하고 기둥 주위는 무량판슬래브가 되는데 설계자와 건설관계자가 무량판슬래브임을 인지하지 못하는 경우가 많다. 무량판슬래브는 뚫림전단과 구조일체성 요구조건을 만족해야 한다.

〈사진 2.8〉은 광주화정아파트 붕괴 사진으로 콘크리트에 묻혀 있어야 할 철근이 모두 빠졌다. 삼풍백화점 붕괴사고와 같다. 철근이 빠지는 첫째 원인은 콘크리트 강도 부족과 피복두께 부족으로 정착 및 이음길이가 부족하고, 둘째는 연쇄붕괴에 의한 충격하중등으로 철근의 인장력이 더욱 증가하며, 셋째는 구조일체성 요구조건을 만족하지 못했기 때문으로 추정된다.

<사진 2.8> 광주화정아파트 붕괴 - 유튜브 캡쳐

구조일체성 요구조건은, 파괴가 발생했을 때 안정을 유지할 수 있도록 하기 위한 철근상세를 뜻하며 KDS 14 20 50 콘크리트구조 철근상세 설계기준 4.7에 규정되어 있다. 시공상세도를 작성하는 시공자는 이 규정에 맞게 시공상세도를 작성해야 하고, 감리는 이 규정에 맞는지 확인하고 승인해야 한다.

KDS 14 20 50 콘크리트구조 철근상세 설계기준 4.7의 구조일체성 요구조건은 다음과 같다.

4.7 구조 일체성 요구 조건

4.7.1 현장치기콘크리트 구조

(1) 장선구조에서 적어도 하나의 하부철근은 연속되거나 받침부를 지나 B급 인장겹침이음 또는 KDS 14 20 52(4.5.1(3))을 만족하는 기계적이음 또는 용접이음으로 이어져야 하고, 불연속 받침부에서 항복강도를 발휘할 수 있도록 KDS 14 20 52(4.1.5)를 만족하는 표준갈고리나 KDS 14 20 52(4.1.6)을 만족하는 확대머리 이형철근으로 정착되어야 한다.

(2) 구조물의 테두리보에는 다음으로 구성되는 연속철근을 기둥의 축방향 철근으로 둘러싸인 부분을 지나서 전 경간에 걸쳐 배치하여야 한다.

① 적어도 받침부에서 요구되는 부모멘트 철근의 1/6 이상이며 두 개 이상인 인장철근

② 적어도 경간 중앙부에서 요구되는 정모멘트 철근의 1/4 이상이며 두 개 이상인 인장철근

(3) 4.7.1(2)에서 요구되는 연속철근은 KDS 14 20 22(4.5.3)에서 제시된 형태의 횡방향 철근에 의하여 둘러싸여야 하며, 횡방향 철근은 KDS 14 20 22(4.5.3(2))에 따라 정착되어야 한다. 이때 횡방향 철근을 접합부내까지 연속시켜 배치할 필요는 없다.

(4) 연속성을 확보하기 위해서 이음이 필요할 때 상부철근의 이음은 경간 중앙 또는 그 부근에서, 하부철근은 받침부 또는 그 부근에서 B급 인장겹침이음 또는 KDS 14 20 52(4.5.1(3))을 만족하는 기계적이음 또는 용접이음으로 이어져야 한다.

(5) 테두리보 이외의 부재로서 4.7.1(3)에서 규정된 횡방향 철근이 배치되지 않은 경우에는 다음 규정을 따라야 한다.

① 경간 중앙부에서 요구되는 정모멘트 철근의 1/4 이상이며 두 개 이상의 인장철근이 기둥의 축방향 철근으로 둘러싸인 부분을 지나야 한다.

② ①의 철근은 연속되거나 받침부 주변에서 B급 인장겹침이음 또는 KDS 14 20 52(4.5.1(3))을 만족하는 기계적이음 또는 용접이음으로 이어져야 한다.

③ ①의 철근은 불연속받침부 면에서 항복강도를 발휘할 수 있도록 KDS 14 20 52(4.1.5)를 만족하는 표준갈고리나 KDS 14 20 52(4.1.6)을 만족하는 확대머리 이형철근으로 정착되어야 한다.

(6) 2방향 슬래브 구조의 경우는 KDS 14 20 70(4.1.5.4(5))의 규정을 따라야 한다. 다만, 프리스트레스트콘크리트 2방향 슬래브 구조의 경우는 KDS 14 20 60(4.7.2(6))과 KDS 14 20 60(4.7.2(7))의 규정을 따라야 한다.

2.9 하중전이 부재는 시공이음(C.J) 위치와 시공 유의사항이 도시되어 있는가?

〈그림 2.9a〉는 34개층을 지지하는 두께 2.5m의 하중전이 슬래브 배근도다. 하부층은 두께 2.5m의 하중전이 슬래브 하중을 부담할 수 없으므로 구조도면에 하중전이 슬래브의 시공이음(C.J) 위치와 시공 유의사항을 도시해야 한다.

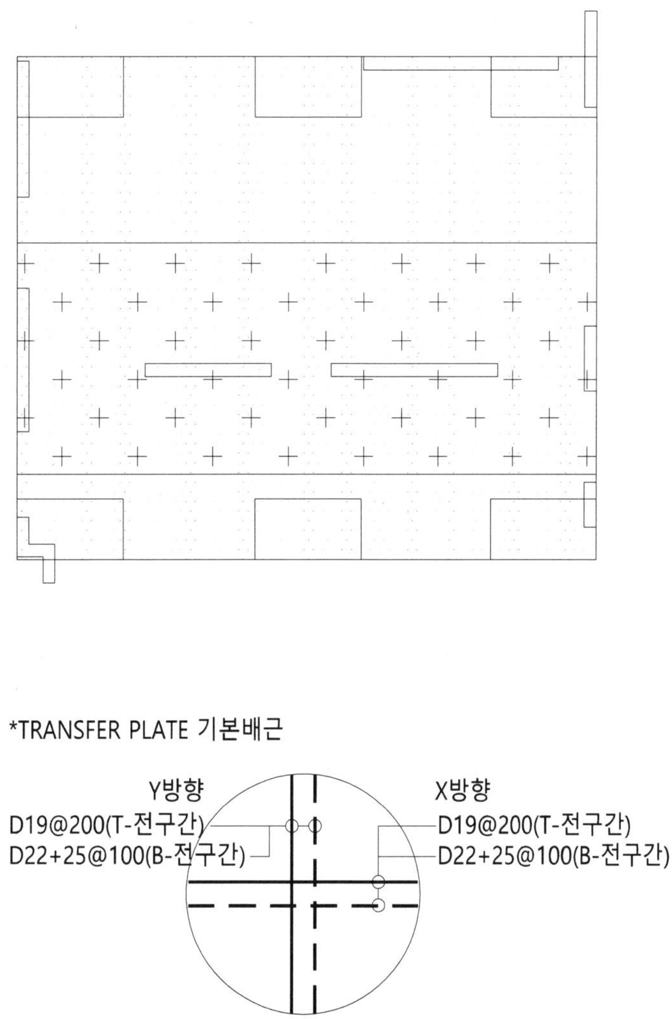

<그림 2.9a> 하중전이 슬래브의 배근도

해설 2.9

건축공사는 구조일반사항, 구조평면 및 설계단면에 따라 시공상세도를 작성하고 시공해야 한다. 그러나 시공상세도가 철근가공도에 불과한 현실을 감안하면, 구조평면과 설계단면이 도시된 구조도면이 바로 시공도면이 되는 경우가 많다. 하중전이보 또는 하중전이슬래브의 시공이음(C.J) 위치가 도시되지 않은 구조도면으로는 공사를 할 수 없다. 하부층이 시공하중을 지지할 수 없기 때문이다.

구조도면에 하중전이보 또는 하중전이슬래브의 시공이음(C.J) 위치를 도시하지 않은 이유는 책임구조기술자가 설계를 하지 않았기 때문이다. 시공이음(C.J) 위치는 시공자가 공사계획에 따라 검토할 사항이라고 주장하는 기술자가 있으나 필자는 동의하지 않는다.

시공이음(C.J) 위치가 도시되지 않아 시공할 수 없는 구조도면은 불완전 설계다. 하중전이 부재는 책임구조기술자의 판단으로 최적의 분리타설을 계획하여 검토와 보강설계를 제시하고 시공이음(C.J) 위치를 표시해야 한다. 시공자의 공사계획이 설계와 다른 경우 반드시 책임구조기술자의 검토를 받도록 해야 한다.

설계도서에 누락된 사항이 있는 경우, 건축공사 감리세부기준(국토교통부고시 제2020-1011호, 2020. 12. 24) 2.4.2에 따라 설계도서중 누락 사항을 건축주에게 보고하여 설계를 하도록 하거나, 주택건설공사 감리업무 세부기준[국토교통부고시 제2020-438호, 2020. 6. 11] 제8조 제2항에 따라 그 내용을 사업주체에게 통보하여야 한다.

다음은 하중전이부재를 지지하는 하부층의 구조평면과 부재설계 사례다.

<그림 2.9b> 하중전이 슬래브의 하부층(지지층) 구조일람

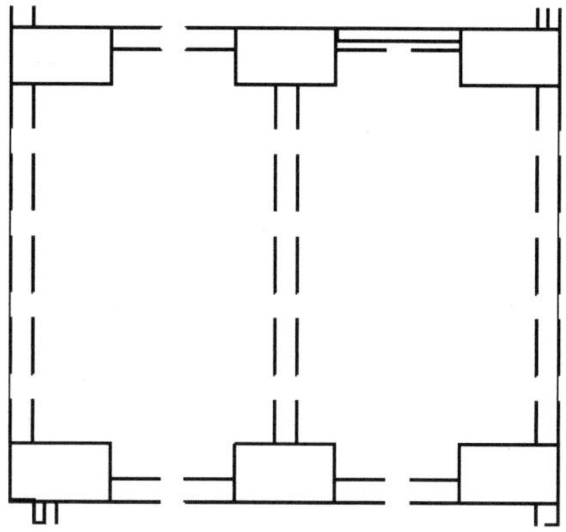

*표기 없는 SLAB 기본배근

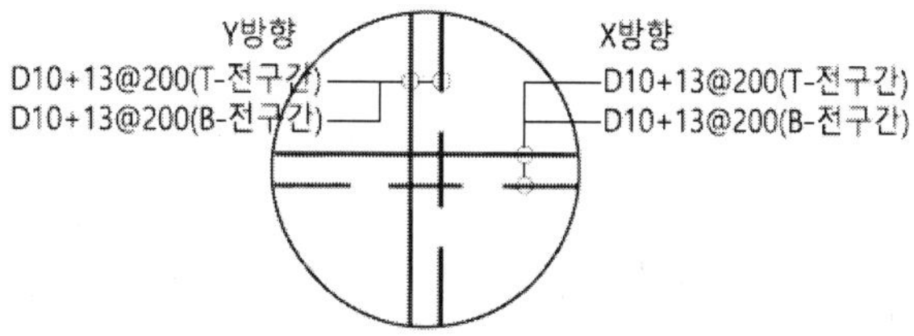

NAME	END(INT.)	CENTER
−1G1 .... (400×600)	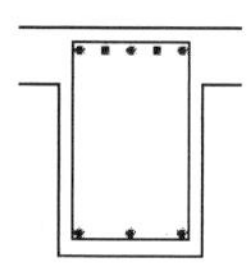	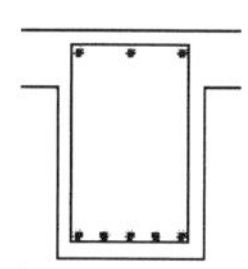
TOP BAR	5−D19	3−D19
BOT BAR	3−D19	5−D19
STIRRUP	D10@120	D10@250
SKIN BAR	−	−
COMMENT		

하부층 슬래브(두께 200mm, fck=35MPa, fy=500MPa)가 부담할 수 있는 시공하중은 12kN/m^2 정도다. 2.5m 두께의 콘크리트 하중은 2.5×24=60kN/m^2이므로 지지층이 한 번에 부담할 수 없다. 하부층 슬래브의 두께와 배근량을 늘리면 부담할 수 있는 시공하중이 다소 증가하지만 상부층을 한 번에 타설할 수는 없다.

2.5m 두께의 하중전이슬래브를 타설하려면, 지지층이 부담할 수 있는 정도의 두께를 1차 타설한 후, 1차 타설한 슬래브가 부담할 수 있는 정도의 두께를 2차 타설하고 잔여부분이 있으면 3차 타설한다. 각각의 타설층 사이는 수평전단을 검토하고 필요한 경우 전단보강을 해야 한다.

콘크리트 타설시 지지층은 콘크리트가 소요강도에 도달해야 하고, 타설하중을 부담할 수 있도록 서포트를 설치해야 한다. 필요하면 지지층의 하부층까지 2개층 이상 서포트를 설치해야 하고, 지지층과 하부층의 강성(두께등)이 다르면 지지층과 하부층의 하중분담을 검토해야 한다. 또한 서포트의 재설치(reshoring)는 바람직하지 않으나 재설치하는 경우에는 완전히 밀착하도록 유의해야 한다.

상기 사례는 200mm 두께의 지지층 콘크리트 강도가 24MPa에 도달할 때 500mm 두께($12kN/m^2$)를 1차 타설하고, 500mm 두께의 1차 타설 슬래브의 허용 시공하중은 $48kN/m^2$ 이상이므로 콘크리트 강도가 24MPa에 도달할 때 잔여 2m를 2차 타설한다. 도면에 표시할 시공이음(C.J) 위치, 시공 유의사항 작성예는 다음과 같다. 전단보강은 별도의 검토가 필요하며 2.5m 높이의 D16@200×200 전단보강근은 적정하지 않다.

<그림 2.9c> 하중전이 슬래브 C.J 위치 및 주기

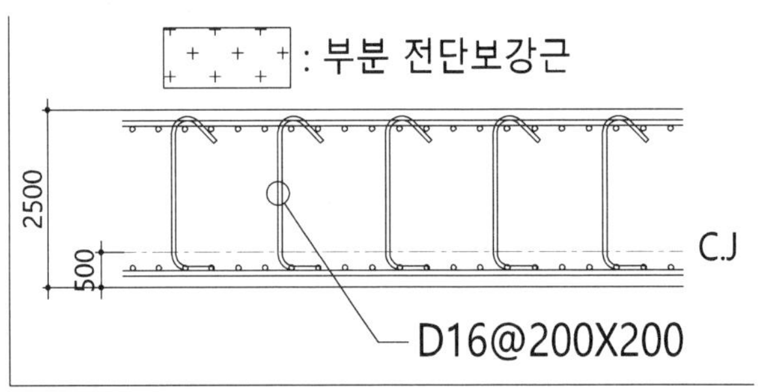

주기 1) : 1층 타설시 지하1층 콘크리트 강도는 24MPa 이상
서포트는 설치계획서에 따라 설치할 것
타설면은 깊이 6mm의 요철을 형성할 것
2차(2.0m) 타설시 1차 타설 콘크리트 강도는 24MPa 이상일 것
매스콘크리트 공사는 KCS 14 20 42에 따를 것

주기 2) : 상기와 달리 시공하거나 2차(2.0m)를 분리타설 하는 경우, 책임구조기술자의 검토를 받을 것

2.10 지하외벽의 수평철근 철근량은 적정한가?(권장)

주차장 지하외벽은 수직균열이 자주 발생한다. 벽체배수판 마감에 가려 보이지 않지만 지하외벽의 균열은 구조물의 내구성에 심각한 손상을 야기한다. 이러한 결함은 수평철근 부족이 원인으로 판단된다. 수평철근이 〈표 2.10a〉보다 적은 경우 책임구조기술자의 확인을 받아야 한다.

전단벽의 최소수평철근비는 fy=400MPa일 때 벽체단면적의 0.25%다. 지하외벽은 전단벽이 아니라 슬래브와 같이 토압과 수압을 받는 휨부재다. 휨부재는 KDS 14 20 20 4.2.2에 따라 균열모멘트의 1.2배를 받을 수 있는 철근을 배근해야 한다. 감리원이 이해하기는 어렵지만, 계산해 보면 fy=400MPa일 때 인장측(편측) 철근비만 0.2%를 넘는다.

<표 2.10a> 지하외벽의 벽체두께에 따른 최소 수평철근

휨부재의 최소 철근량 - KDS 14 20 20(콘크리트구조 휨 및 압축 설계기준)

$f_r = 0.63\lambda\sqrt{f_{ck}}$ $\quad M_{cr} = \dfrac{f_r I_g}{y_t}$ $\quad Req'd\,A_s(cm^2) = \dfrac{0.85 f_{ck}}{f_y}\left(1-\sqrt{1-\dfrac{2.77 M_u(kNm)\times 10^6}{f_{ck} b d^2 (N,mm)}}\right) bd/100$

fy= 400MPa fck= 24MPa

THK	1.2Mcr	As	ρ(%)	D10	D13+D10	D13	D16+D13	D16	D19+D16
				71㎟	99㎟	127㎟	163㎟	199㎟	243㎟
200	25	467.6	0.23	@152	@212	@272	@349	@426	@520
250	39	555.1	0.22	@128	@178	@229	@294	@359	@438
300	56	644.5	0.21	@110	@154	@197	@253	@309	@377
350	76	735.0	0.21	@97	@135	@173	@222	@271	@331
400	99	826.0	0.21	@86	@120	@154	@197	@241	@294
450	125	917.4	0.20	@77	@108	@138	@178	@217	@265
500	154	1009.0	0.20	@70	@98	@126	@162	@197	@241
550	187	1100.9	0.20	@64	@90	@115	@148	@181	@221
600	222	1192.8	0.20	@60	@83	@106	@137	@167	@204

fy= 500MPa fck= 24MPa

THK	1.2Mcr	As	ρ(%)	D10	D13+D10	D13	D16+D13	D16	D19+D16
				71㎟	99㎟	127㎟	163㎟	199㎟	243㎟
200	25	374.1	0.19	@190	@265	@340	@436	@532	@650
250	39	444.1	0.18	@160	@223	@286	@367	@448	@547
300	56	515.6	0.17	@138	@192	@246	@316	@386	@471
350	76	588.0	0.17	@121	@168	@216	@277	@338	@413
400	99	660.8	0.17	@107	@150	@192	@247	@301	@368
450	125	733.9	0.16	@97	@135	@173	@222	@271	@331
500	154	807.2	0.16	@88	@123	@157	@202	@247	@301
550	187	880.7	0.16	@81	@112	@144	@185	@226	@276
600	222	954.2	0.16	@74	@104	@133	@171	@209	@255

해설 2.10

아파트는 벽체가 지진하중, 풍하중등 수평하중에 저항하므로 수직하중과 함께 전단력이 작용한다. 아파트와 같이 벽체가 전단력을 받는 구조를 전단벽구조라고 하고, 전단력을 부담하는 수평철근의 최소 철근량은 '콘크리트구조 전단 및 비틀림 설계기준' – KDS 14 20 22에 따라 fy=400MPa일 때 벽체 단면적의 0.25%, fy=500MPa일 때 0.2%다.

> 콘크리트구조 전단 및 비틀림 설계기준- KDS 14 20 22
> 4.9 벽체에 대한 전단 설계
> **4.9.3 최소 철근량 및 배치**
> (2) 콘크리트의 전체 수직단면적에 대한 수평전단철근 단면적의 비 ρ_h는 전단철근의 설계기준항복강도가 400 MPa 이하인 경우 0.0025 이상, 400MPa 초과인 경우 $0.0025 \times 400/f_y$ 이상으로 하여야 한다. 다만, 이 단면적비의 계산에서 f_y는 500 MPa를 초과할 수 없다.

지하외벽은 전단벽과 달리 토압 및 수압에 대해 휨응력이 발생하는 휨부재다. 따라서 지하외벽은 '콘크리트구조 휨 및 압축 설계기준'– KDS 14 20 20에 따라야 한다.

> **4.2.2 휨부재의 최소 철근량**
> (1) 해석에 의하여 인장철근 보강이 요구되는 휨부재의 모든 단면에 대하여 다음 (2)와 (3)에 규정된 경우를 제외하고는 설계휨강도가 식 (4.2-1)의 조건을 만족하도록 인장철근을 배치하여야 한다.
>
> $$\phi M_n \geq 1.2 M_{cr} \qquad (4.2\text{-}1)$$
>
> 여기서, M_{cr}은 휨부재의 균열휨모멘트로 KDS 14 20 30(식 (4.2-2))에 따라 계산한다.
>
> (2) 부재의 모든 단면에서 해석에 의해 필요한 철근량보다 1/3 이상 인장철근이 더 배치되어 식 (4.2-2)의 조건을 만족하는 경우는 상기 (1)의 규정을 적용하지 않을 수 있다.
>
> $$\phi M_n \geq \frac{4}{3} M_u \qquad (4.2\text{-}2)$$

〈그림 2.10b〉은 두께 550mm 지하외벽 설계 사례로 수평철근은 내외측 각각 D13@200으로 설계되어 있다. KDS 14 20 20에 따르면 〈표 2.10a〉와 같이 D16+13@150 또는 D16@180을 배근해야 한다.

<그림 2.10b> **지하외벽 설계 사례**

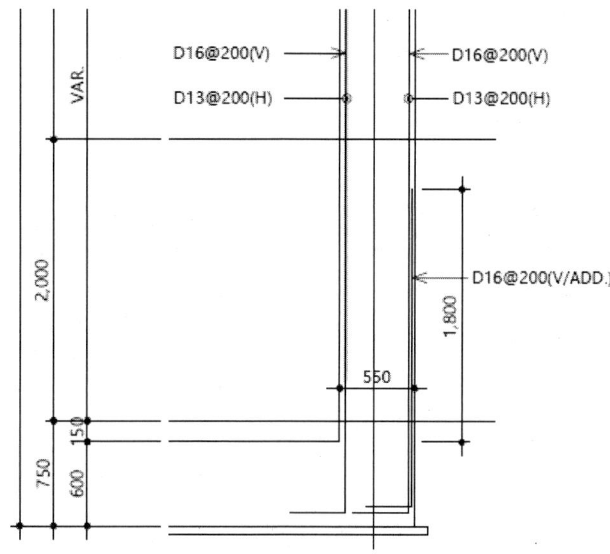

2.11 지하외벽의 수평철근은 교차하는 벽체에 정착되어 있는가?

구조일반사항에는 대부분 벽체단부 보강상세가 도시되어 있는데, 이는 지진하중에 대해 전단벽이 단부와 일체로 거동하기 위한 것이다. 그러나 지하외벽은 토압 또는 수압에 의해 휨모멘트가 발생하므로 벽체단부(교차부) 보강은 필요 없고, 휨을 받는 수평철근을 교차하는 벽체에 갈고리로 정착해야 한다. 갈고리 정착길이가 부족하거나 교차하는 벽체가 90도가 아니면 L-bar로 인장이음을 해야 한다.

<사진 2.11a> 수평철근의 갈고리 정착길이가 확보되지 않은 지하외벽

〈사진 2.11a〉의 수평철근은 갈고리 정착이 되지 않아 적합하지 않다. L자형 철근(L=1,100+250=1,250mm)을 수평철근의 모서리에 보강해야 하는데 피복두께를 확보할 수 없어 보강할 수 없다. 수평철근을 외측에 조립했으면 보강에 문제가 없었을 것이다.

해설 2.11

대부분의 구조기술자는 전단벽과 지하외벽을 구분하지 못하고, 대부분의 구조도면에는 지하외벽의 수평철근 정착 및 이음이 도시되지 않았으며, 대부분의 현장은 이런 상세의 시공상세도를 작성하지 않는다. 그리고 대부분의 감리는 이런 문제를 모르고, 대부분의 현장에는 이를 확인할 수 있는 구조기술자가 없다.

지하외벽의 수평철근 단부는 교차하는 벽체에 갈고리로 정착해야 한다. 갈고리 정착길이(l_{dh})는 fck=24MPa, fy=500MPa, 수평철근 D16, 피복두께가 50mm일 때 $l_{dh} = 0.4 \times 61.2 \times 16 \times 0.7$(보정계수)=280mm다.

<그림 2.11b> 수평철근을 갈고리로 정착한 지하외벽 모서리 상세

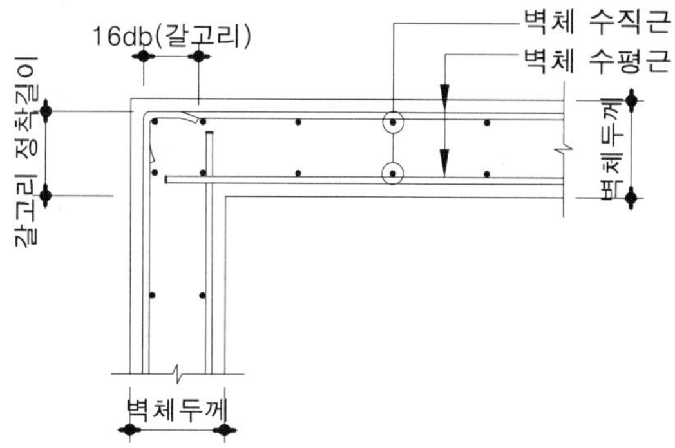

교차하는 벽체의 두께는, 갈고리 정착길이 280mm에 피복두께 50mm를 더하면 330mm 이상이 되어야 한다. 갈고리 정착길이가 부족하면 인장 B급 이음길이가 확보된 코너 철근(L−bar, $l_{d(D16)} = 61.2 \times 16 \times 0.8 \times 0.6 = 470mm$)을 배치해야 한다.

<그림 2.11c> 수평철근 단부를 L-bar로 이음한 지하외벽 모서리 상세

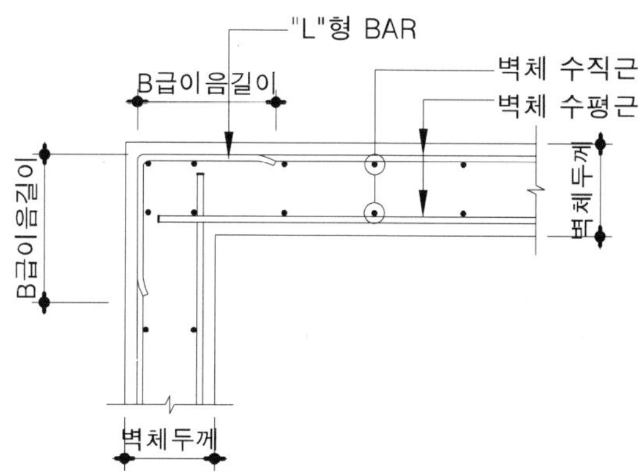

토압에 대한 휨내력 때문에 수직철근을 외측에 배치하는 경우가 많은데, 지하외벽에 자주 발생하는 수직균열을 고려하면 수평철근을 외측에 배치하는 것이 바람직하고 주근은 피복두께가 큰 것이 내구성에 더 유리하다. 지하외벽의 수평철근은 수직철근의 외측에 배치하고, 피복두께는 50mm를 적용하는 것이 바람직하다.

<그림 2.11d> 수직철근을 외측에 배치한 지하외벽 배근도

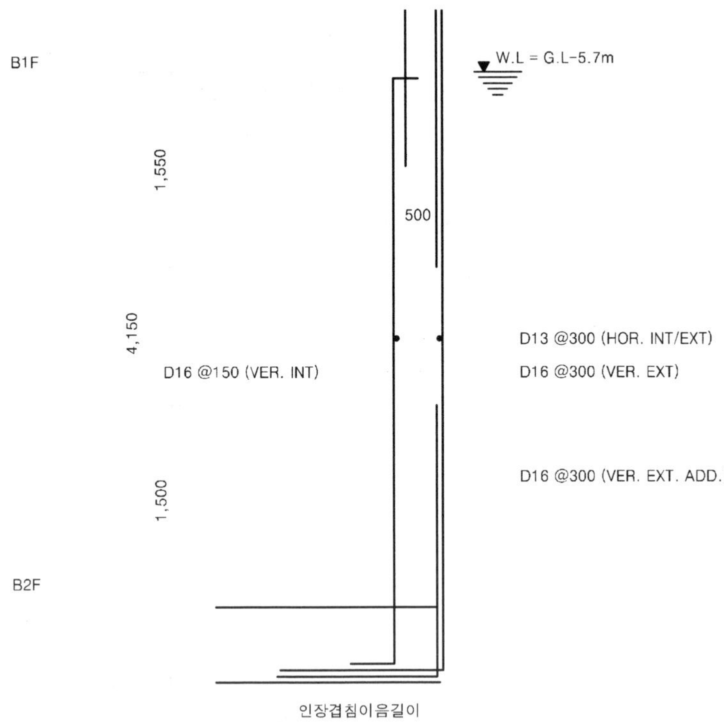

2.12 절곡지붕은 배근상세가 있는가?

절곡지붕은 다음과 같이 절곡부분의 배근상세를 도시해야 한다. 절곡지붕의 배근은 상세 (a)가 용이하고 하부근이 인장을 받는 경우에는 상세 (b)와 같이 인장정착 길이를 연장해야 한다.

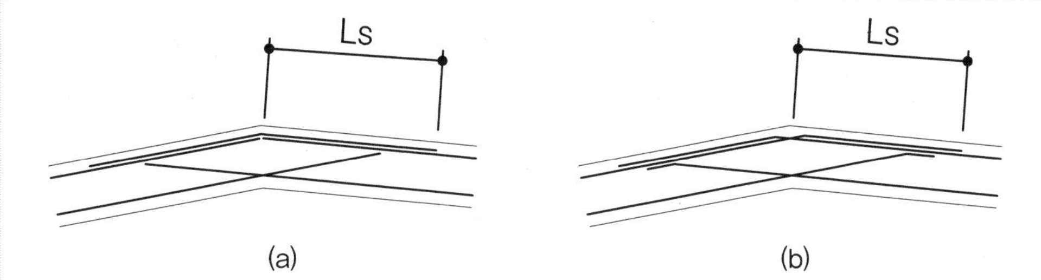

<그림 2.12a> **절곡지붕 배근상세**

해설 2.12

〈사진 2.12b〉는 절곡부 배근상세가 없는 절곡지붕에, 철근을 절곡하지 않고 배근한 사례다. 피복두께가 부족하거나 유효춤이 감소하여 휨내력이 부족하게 된다.

<사진 2.12b> **철근을 절곡하지 않은 절곡지붕**

2.13 지하주차장 PC기둥의 후설치 앵커는 적정한가?(권장)

〈그림 2.13a〉는 400×800단면에 18-D25로 설계된 지하주차장 PC기둥의 앵커 상세도인데, 240mm 깊이의 앵커 6-M25를 기초상부에 천공하여 후설치하는 것으로 도시되어 있다.

기둥철근에 인장력이 발생하면 앵커당 소요인발력이 80kN에 불과한 PC기둥의 후설치 앵커는 철근의 인장력 500×507/1,000=254kN에 크게 미달하여 적정하지 않고, 기둥철근이 모두 압축을 받는 경우에도 앵커 깊이(240mm)는 철근의 압축정착길이(640mm)에 비해 부족하므로 적정하지 않다.

PC기둥의 앵커 상세가 〈그림 2.13a〉와 같은 경우, RC기둥도 동일한 방법으로 시공해도 되는지 책임구조기술자의 확인이 필요하다.

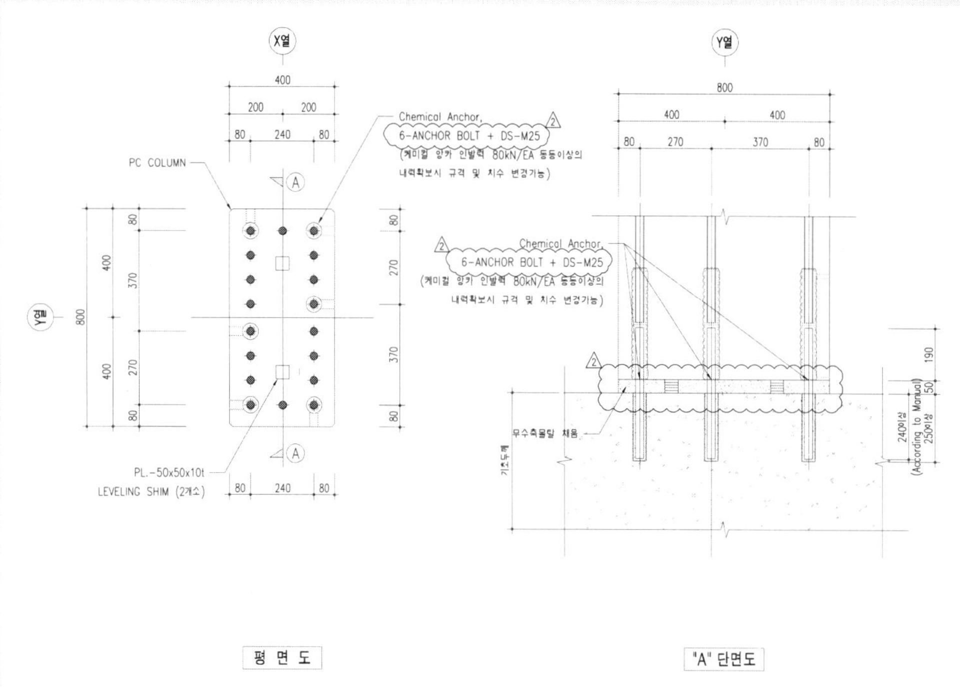

<그림 2.13a> 지하주차장 PC기둥 앵커 상세도

해설 2.13

후설치 앵커는 앵커 깊이가 짧아 '주요구조부재'에는 적합하지 않다. 기둥철근이 모두 압축을 받아 문제가 없다고 해도, 앵커 깊이를 240mm로 산정한 근거는 제시해야 한다. 필자는 구글에서 'precast column to foundation connection details'을 검색했으나, 후설치 앵커의 사례는 찾지 못했다.

〈그림 2.13b〉는 RC기둥 철근의 정착과 PC기둥 앵커를 비교한 것이다. 좌측 그림은 RC기둥의 18-D25 철근을 기초 하부근 위에 갈고리를 결속하여 정착한 것이고, 우측 그림은 기초콘크리트 양생후 PC기둥의 6-M25 앵커를 240mm 깊이로 후설치한 것이다. PC기둥 앵커가 훨씬 쉽고 빠르며 경제적이다. PC기둥 앵커에 문제가 없다면, RC기둥도 6-M25 후설치 앵커를 설치하여 겹침이음을 하거나 커플러 이음을 하면 될 것이다.

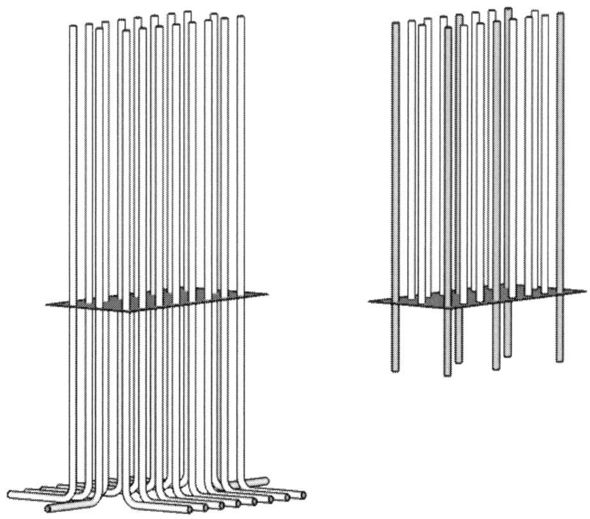

<그림 2.13b> RC기둥의 정착 철근(좌)과 PC기둥 앵커(우) 비교

6-M25 앵커를 240mm 깊이로 설치해도 된다면 18-D25 철근을 기초에 갈고리 정착하는 것이 잘못이고, 18-D25 철근을 기초에 갈고리 정착해야 한다면 6-M25 앵커를 240mm 깊이로 설치하는 것이 잘못이다.

240mm 깊이 앵커의 압축철근 정착내력이 640mm 철근의 압축정착 내력 이상임을 입증하지 않으면 〈그림 2.13a〉의 PC기둥 상세도는 사용할 수 없다. 〈그림 2.13c〉와 같이 640mm 깊이 이상의 선설치 앵커를 사용해야 한다. 단, 연결부 철근이 돌출하면 레미콘 통행로를 확보할 수 없으므로 기초면 위로 돌출하지 않는 상세가 필요하다.

<그림 2.13c> PC기둥 선설치 앵커(다우얼 철근)

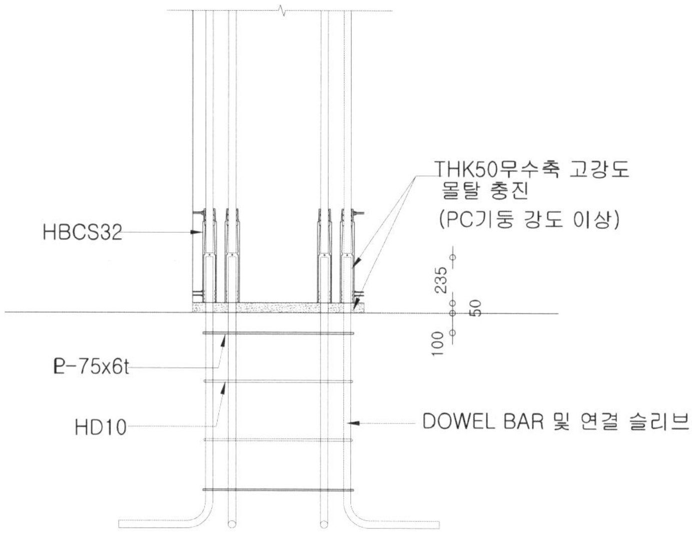

PC기둥의 또 다른 문제는 무수축몰탈이다. 무수축몰탈은 팽창제를 첨가하여 수축량을 조절한 것으로 수축량에 대한 확인이 필요하다. 그런데 슬래브와 함께 일반 콘크리트를 타설하는 PC기둥 사이는 콘크리트 수축이 발생한다. PC기둥 사이에 콘크리트가 완전히 충진되지 않으면 기둥의 역할을 할 수 없다. 공사를 하기 전에 PC기둥 사이의 콘크리트 수축에 대한 확인이 필요하다.

<사진 2.13d> PC기둥 사이의 일반콘크리트 충진 - 유튜브

〈사진 2.13e〉는 1987년 싱가포르 창이공항 제2청사 공사에 적용한 공법으로 RC기둥에 PS보를 설치한 것이다. PS보는 필자가 설계했다.

<사진 2.13e> PS보 제작 및 설치 – 싱가포르 창이공항 제2청사

Chapter 3
시공

Chapter 3 시공

필자는, 공사초기에 감리원, 시공회사 관계자, 철근작업자에게 합동교육을 실시한 바 있다. 시공을 잘못해서 발생하는 문제를 미연에 방지하고, 교육 내용을 공유하여 불필요한 다툼이 없도록 한 것이다. 나름대로 성과는 있었지만 만족스럽지 않았다. 다른 현장에 가면 똑 같은 교육을 반복해야 했고, 철근작업자가 현장을 철수하는 일도 있었다.

분기별 1회 또는 월 1회 방문하는 현장은 항상 시공결함이 발견됐고 발견된 시공결함은 보수보강을 해도 성능을 회복하기 어려운 경우가 많았다. 대부분의 원인은 구조도면이 부실하기 때문이었다. '도면대로 시공'하면 문제가 없는 고품질의 시공상세도가 없기 때문이었다. 부실한 구조도면을 확인할 수 있는 구조기술자가 현장에 없기 때문이었다.

최근에는 도면이 잘못되어 수정해야 할 부분, 도면에서 누락되어 추가해야 할 부분, 불필요하여 삭제해야 할 부분을 정리하여 교육했다. 당해 현장에 필요한 사항을 정리한 것이므로 교육성과는 매우 좋았다. 새로운 현장을 갈 때마다 도면 검토를 반복했지만 이렇게 하는 것이 최선인지 고민했다.

구조기술자가 상주하여 원칙대로 공사하는 현장도 있겠지만, 필자가 참여한 현장은 모두 원칙대로 공사할 수 없었다. 이런 현장에 필자가 책임감리원으로 상주하면 공사를 수행할 수 있을까? 단언컨대 불가능하다. 공사를 못하던지, 필자가 현장을 쫓겨나던지 둘 중 하나다. 문제는 철근작업자가 현장을 떠나 공사를 진행할 수 없는 것인데, 지시하는 대로 작업하지 않아도 되는 현장이 있기 때문이다. 공사 지연으로 피해가 발생하는 공종별 업체의 반발 때문이다. 결과적으로 기일내에 준공하지 못하는 문제가 발생하기 때문이다.

적지 않은 건설관계자가 지금 괜찮으면 앞으로도 괜찮을 것이라 생각한다. 덮어버리면 그만이라고 생각한다. 그러나 오늘 괜찮다고 내일도 괜찮은 건 아니다. 무엇이 잘못되었는지 모두가 알기 전에는, 그리하여 어느 현장을 가도 그렇게 일을 해야 하는 세상이 되기 전에는 바뀌지 않을 것이다.

이 책을 쓰게 된 이유다. 이 책으로 세상을 바뀌기를 기대한다. 그렇게 바뀌어야 한다. 그런 현장에 구조기술자를 배치하여 골조공사를 감독하도록 하면, 골조는 더욱 안전하게 시공될 것이다.

이 책의 체크리스트에 따라 도면을 보완하고 공사를 한다면, 지금까지의 부실공사는 대부분 개선될 것이다. 3장에서는 시공상세도를 포함하여 시공과 관련되는 항목에 대한 검토를 제시한다.

3.1 시공상세도의 품질은 적정한가?(권장)

시공자가 작성하는 시공상세도는 건설공사 시공상세도 작성지침(국토해양부, 2010.6)에 따라야 한다. 작성지침의 예시는 토목구조물 위주로 작성되어 건축구조물에는 다소 미흡하지만 작성원칙과 작성기준은 동일하다.

> 2.1 기본원칙
>
> **2.1.1 시공상세도 작성**
>
> (1) 시공상세도 작성은 실시설계도면을 기준으로 각 공종별, 형식별 세부사항들이 표현되도록 현장여건을 반영하여 상세하게 작성하여야 한다.
>
> (2) 각종 구조물의 시공상세도는 현장 여건과 공종별 시공계획을 최대한 반영하여 시공시 문제점이 발생하지 않도록 작성하여야 한다.
>
> (3) 시공상세도 작성시 주철근의 경우 안정성에 문제가 발생할 소지가 있으므로 철근의 길이나 겹이음의 위치 등 철근상세에 관한 변경이 필요할 경우 반드시 전문기술사의 검토·확인을 거쳐 책임감리원의 승인을 거쳐야 한다.
>
> (4) 가시설공의 시공상세도 및 상세도의 승인 요청시에는 구조계산서가 첨부되어야 하며, 관련기술사의 서명날인이 포함되어야 한다.
>
> (5) 시공계획서와 중복되는 부분은 감리원과 협의하여 시공상세도 작성을 아니 할 수도 있다.
>
> (6) 본 지침에 수록된 설계기준은 개정된 최신 설계기준을 따른다.

PC 제작상세도(부록5 참조) 수준의 시공상세도가 가장 바람직하나, 국내 현실은 시공자에게 이렇게 수준 높은 시공상세도를 기대하기 어렵다.

시공상세도의 품질은 '배근상세-제4판'의 배근시공도 이상이 되어야 한다.

※ 상세시공도, 배근시공도, 제작상세도, shop drawing등은 모두 시공상세도와 같은 뜻으로 사용하고 있으나, shop drawing은 철골의 공장제작도면을 뜻하므로 철근가공도를 shop drawing라고 하는 것은 적절하지 않다. 철근가공도는 영어로 Bar Bending Schedule이며 '철근가공일람'이라고 하는 것이 맞다. 같은 이유로 제작상세도도 적절한 용어가 아니며, '배근상세-제4판'의 '배근시공도'와 '상세시공도'는 모두 시공상세도로 통칭해야 한다. 해외공사는 시공상세도가 따로 없고 'FOR CONSTRUCTION' 스탬프를 찍은 도면에 승인권자의 서명이 있어야 시공할 수 있다. 국내공사는 건설기술진흥법 시행규칙 제34조에 따라 감리단장이 요청한 경우, 기술지원 기술인(비상주감리)이 승인한 시공상세도로 공사를 해야 하는 것과 같다. 요청이 없는 경우 시공상세도는 상주감리원이 승인한다.

해설 3.1

1장과 2장에서 살펴본 바와 같이 대부분의 시공 결함은 부실한 구조도면에 원인이 있으며, 이는 '도면대로 시공'하면 되는 수준 높은 시공상세도가 없기 때문이다. 필자가 국내공사에서 본 적정한 시공상세도는 지하주차장 PC 제작상세도(Shop Drawing)가 유일하다.(부록5 참조)

필자는 1984년 리비아 발전담수화 공사 설계에 참여하고 현장에 근무한 적이 있고, 1986년 싱가포르 창이공항 제2청사 공사에 참여하고 현장에 근무한 적이 있다. 구조설계를 담당한 구조기술자로 시공상세도 작성에 참여하여 검토한 경험이 있다. 1986년에 해외공사에서 작성한 〈사진 3.1a〉의 PC보 제작상세도는, 2024년에 작성한 국내 지하주차장 PC보 제작상세도(부록5)와 다르지 않다.

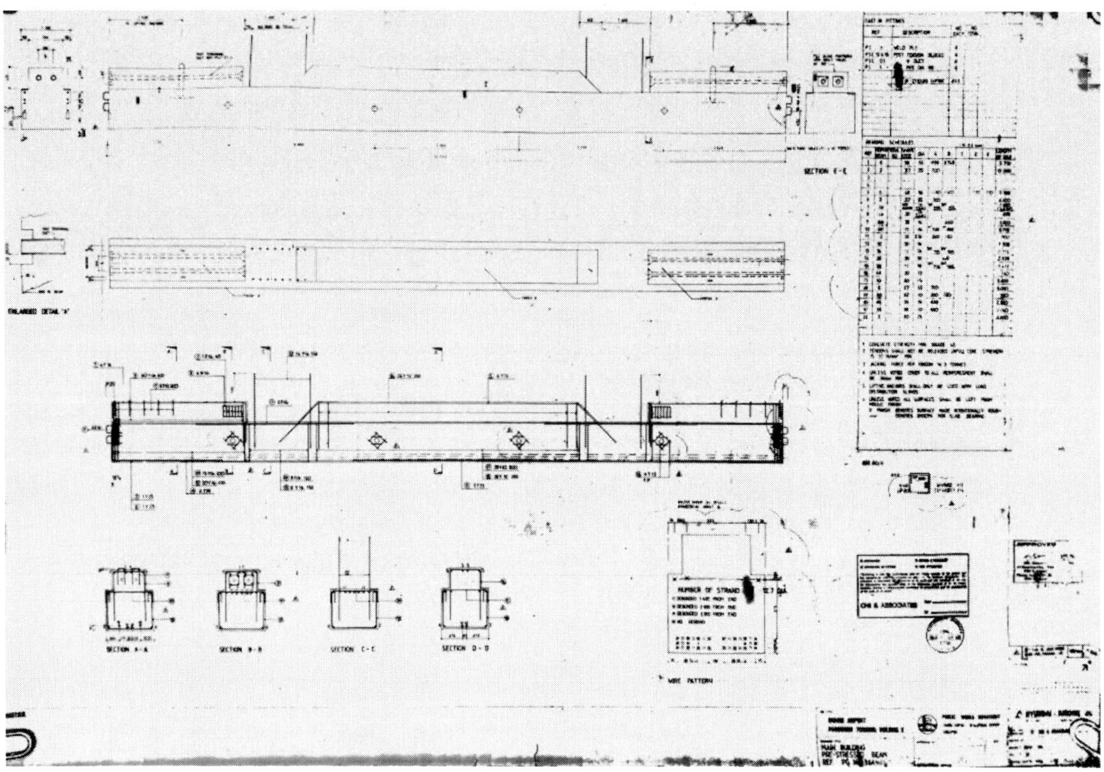

<사진 3.1a> 싱가포르 창이공항 제2청사 PS보 제작상세도 - 필자 설계

국내외를 막론하고, 도면은 현장기술인이 쉽게 이해하여 안전하고 정확하게 시공할 수 있도록 상세히 작성해야 한다.(건설기술진흥법 시행규칙 제40조)

공장의 일정한 작업조건에서 반복적으로 생산하는 PC부재보다, 변수가 많은 현장에서 시공하는 RC부재의 시공상세도 수준이 더 높아야 한다. 그러나 국내 건축공사는 PC 제작상세도 수준의 시공상세도를 작성하지 않는다. 시공자는 수준 높은 시공상세도를 작성할 인력도, 능력도 없다.

BIM 설계를 적용하면 상당히 해소될 것으로 생각할 것이나, BIM 설계 능력이 있고 배근상세를 이해하는 기술자가 배근정보를 입력해야 하므로 많은 인력이 소요될 뿐만 아니라, 현장 관계자가 모두 BIM 설계를 운용할 수 있어야 하므로 쉽지 않을 것으로 생각된다. 또한 오토데스크 레빗의 경우 1인당 연간 480만원에 이르는 높은 프로그램 비용은 BIM 진입의 근본적인 장벽으로 보인다. 부분적인 철근간섭이나 구조부재와 배관간섭등을 확인할 때는 매우 유용하지만 전면 도입은 어려울 것으로 예상된다.

시공상세도는 어느 정도의 품질이 되어야 하는가? 필자의 경험과 판단으로는 〈그림 3.1b〉와 같이 '배근상세-제4판'의 배근시공도 이상은 되어야 한다.

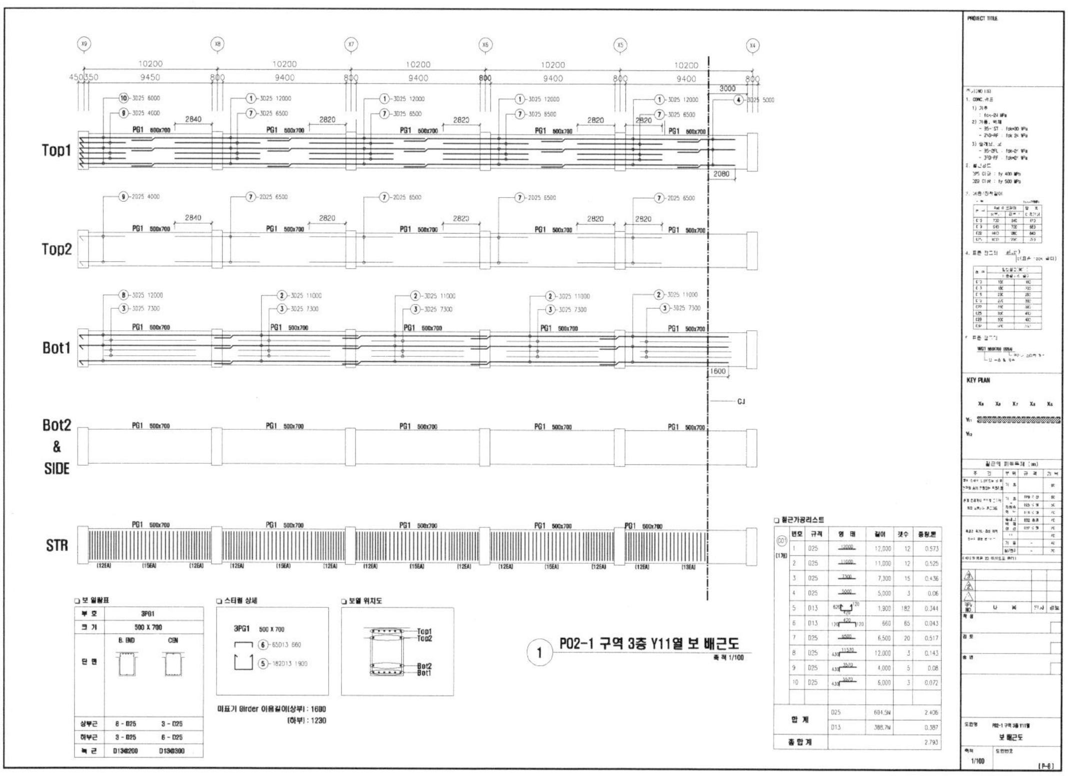

<그림 3.1b> 보의 배근상세도 - '배근상세-제4판' 349쪽

〈그림 3.1c〉는 국내공사의 RC 보 시공상세도(shop drawing)의 작성사례다. 철근가공도인데 현장기술인이 쉽게 이해할 수 없어 공사용 도면이라고 할 수 없다. 시공상세도의 구성과 작성은 건설공사 시공상세도 작성지침(국토해양부, 2010.6)에 따라야 한다.

<그림 3.1c> RC 보의 'shop drawing'

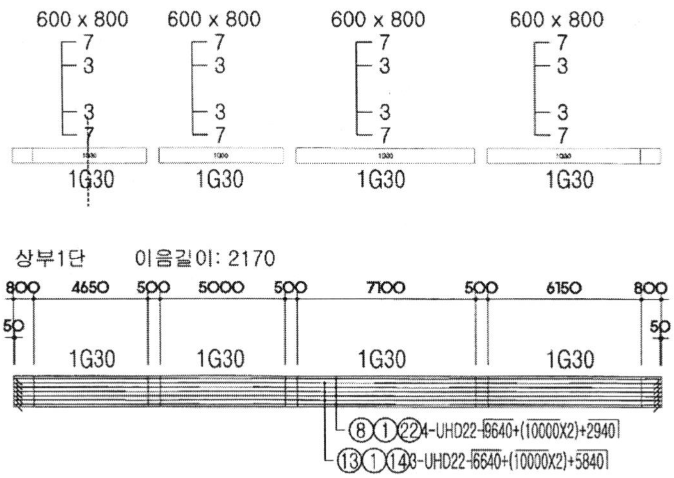

필자가 현장에서 잘못 조립된 배근에 대해 지적을 했더니, 시공자는 감리가 승인한 도면으로 작업을 했으므로 책임이 없다고 했다. 앞으로 철근가공도 검토를 비상주 감리원인 필자가 하겠다고 하자 태도를 바꿨다. 감리가 철근가공도를 승인했으니 그대로 하겠다는 시공자의 태도는 매우 부적당하고, 공사를 잘못한 시공자의 책임은 어떤 경우에도 면책되지 않는다. 건축현장에 구조기술자가 배치되지 않은 제도적 문제는 있으나, 이런 일이 없도록 감리도 최선의 노력을 다 해야 한다.

'배근상세-제4판'의 배근시공도 수준의 시공상세도를 제출할 때 까지 승인을 하지 않겠다고 하면 공사를 진행할 수 없다. 공사에 매우 중요한 사항이므로 반드시 공사착수 전에 시공자와 협의하여 시공상세도의 수준을 정해야 하고 시공자가 동의하지 않으면 발주처에 보고해야 한다.

시공상세도는 "현장기술인이 쉽게 이해하여 안전하고 정확하게 시공할 수 있도록 상세히 작성"해야 한다.(건진법 시행규칙 제40조) 키플랜, 구조평면과 단면, 철근의 개수와 간격, 피복두께, 철근가공도, 시공이음 위치, 시공 유의 사항 등을 빠짐없이 도시해야 한다. 시공상세도의 작성예는 「철근콘크리트 배근상세-제4판(한국건축구조기술사회/한국콘크리트학회, 2022)」에 도시되어 있고, 보다 상세한 작성방법은 ACI Detailing Manual을 참조한다.

이와 같은 시공상세도는 구조기준을 잘 이해하는, 경험있는 기술인이 작성해야 하는데 건설사업자는 시공상세도를 직접 작성하지 않고 철근 업체에게 작성하도록 하고 있다. 대부분의 철근 업체는 건설기술인이 이해하기 어려운 철근가공도(shop drawing)를 감리단에 제출하고, 대부분의 감리는 철근가공도에 어떤 문제가 있는지 모르고 승인한다. 그렇게 조립된 철근이 기준에 적정한지는 철근작업자도, 공사관계자도, 감리도 모른다. 그렇게 골조공사를 하고 있다. 일부는 공사중에 무너졌고, 일부는 준공후 문제가 나타났지만 쉬쉬했고, 대부분은 문제가 있는지도 모르고 사람이 살고 있다.

제출된 시공상세도에 대한 승인은 건설공사 시공상세도 작성지침(국토해양부, 2010.6)에 따라 다음과 같이 처리한다.

시공상세도 승인자는 책임감리원(발주청)이며, 승인은 다음과 같이 3가지 등급으로 처리된다.

(1) 시공상세도 승인 : 작성된 시공상세도가 문제가 없을 경우 "승인"에 체크하여 지체없이 시공자에게 통보하여야 한다.

(2) 권고사항 이행을 전제로 조건부 승인 : 시공상세도 수정사항이 경미하여 계약사항을 만족시켜 발주청의 요구대로 작성된 경우 "권고사항 이행을 전제로 조건부 승인" 에 체크하여 시공자에게 통보하며, 시공자는 권고사항을 수정하여 감리원의 확인을 득한 후 공사를 수행 하여야 한다.

(3) 권고사항과 함께 불허 : 작성된 도면이 계약요구조건들로부터 현격히 벗어났거나, 내용의 부적절, 도면판독 불가, 적절한 치수의 결여, 설계도면과의 상충되는 정보 등으로 인해 시공에 중대한 오류나 변경을 초래할 경우에는 "권고사항과 함께 불허"에 체크하여 시공자에게 통보하며, 시공자는 해당 도면의 권고사항을 모두 수정하여 책임감리원에게 제출하고 "승인"을 얻어야 한다.

시공상세도의 수준이 미흡하고 승인이 불가피한 경우에는, 제출된 도면에 권고 사항을 모두 기재하고 조건부 승인을 하여야 한다.

시공상세도와 관련된 규정은 다음과 같다.

건설기술진흥법 제48조 제4항에 따라 골조공사는 시공자가 작성하고 감리가 승인한 시공상세도에 따라 공사를 해야 한다.

④ 건설사업자와 주택건설등록업자는 건설공사의 품질 향상과 정확한 시공 및 안전을 위하여 다음 각 호의 사항을 발주자가 선정한 건설사업관리를 수행하는 건설기술인 또는 제49조에 따른 공사감독자의 검토 · 확인을 받은 후 단계별로 시공하여야 한다. 〈개정 2018. 8. 14., 2019. 4. 30.〉

1. 건설공사의 진행 단계별로 요구되는 시공 상태
2. 건설사업자와 주택건설등록업자가 작성하여야 하는 시공상세도면

주택법 제8조 제1항에는 시공상세도면의 작성 의무를 위반하거나 건설사업관리를 수행하는 건설기술인 또는 공사감독자의 검토 · 확인을 받지 아니하고 시공한 경우 주택건설사업의 등록을 말소하거나 1년 이내의 기간을 정하여 영업의 정지를 명할 수 있다.

제8조(주택건설사업의 등록말소 등)

① 국토교통부장관은 등록사업자가 다음 각 호의 어느 하나에 해당하면 그 등록을 말소하거나 1년 이내의 기간을 정하여 영업의 정지를 명할 수 있다. 다만, 제1호 또는 제5호에 해당하는 경우에는 그 등록을 말소하여야 한다.

6. 다음 각 목의 어느 하나에 해당하는 경우
   가. 「건설기술 진흥법」 제48조제4항에 따른 시공상세도면의 작성 의무를 위반하거나 건설사업관리를 수행하는 건설기술인 또는 공사감독자의 검토 · 확인을 받지 아니하고 시공한 경우

건축법 제25조 5항에 따르면 "대통령령으로 정하는 용도 또는 일정규모 공사(연면적 5천 제곱미터 이상인 건축공사)의 공사감리자는 필요하다고 인정하면 공사시공자에게 시공상세도면을 작성하도록 요청할 수 있다." 건축법 현장은 반드시 시공상세도면을 작성하도록 시공자에게 요청해야 한다. 시공상세도면을 작성하지 않고 공사를 하는 것은 있을 수 없다.

제25조(건축물의 공사감리)

⑤ 대통령령으로 정하는 용도 또는 규모의 공사의 공사감리자는 필요하다고 인정하면 공사시공자에게 상세시공도면을 작성하도록 요청할 수 있다. 〈개정 2016. 2. 3.〉

3.2 가설울타리(방음벽) 설계는 안전한가?(권장)

건축감리원은 가설울타리 설계가 안전한지 알 수 없고, 설계의 안전여부 검토는 감리 업무에 포함되지 않는다. 감리가 알 수 없는, 감리 업무에 포함되지 않는 가설울타리 설계의 안전여부를 구조감리 체크리스트에 올린 이유는, 가설울타리가 강풍에 넘어가 사람이 다치거나 공사에 지장이 발생하면 안 되고, 감리가 건설현장의 최종 검토자이기 때문이다.

LH 현장의 일부 구조도면에는 가설울타리 표준도면(부록 참조)이 포함되어 있고, 표준도면이 없는 경우 시공자는 건축구조기술사(또는 토목구조기술사)가 설계하고 날인한 구조계산서와 도면을 제출한다. 감리의 업무는 도면의 지주 간격을 확인하고 도면대로 설치되었는지 검토하는 것이다.

시공자가 제출한 가설울타리의 안전여부는, 가설울타리 표준도면(부록4 참조)의 설치중량과 비교해 보면 알 수 있다. H-175×175×7.5×11 단면은 통상 생산하는 단면은 아니지만 단위중량이 40kg/m이므로 설치중량은 비교할 수 있다.

[가설울타리(H=6.0m)]

기본 풍속 / 지표면조도구분	25m/s	30m/s	35m/s	40m/s	비고
A	I	I	II	II	
B	I	I	II	III	
C	I	II	III	IV	
D	I	II	III	IV	

범 례	
모든지주 H-175X175X7.5X11(I 제외), 모든횡대 (Φ48.6x2.3t)	
I	지주 H-150X150X7X10@2500 횡대간격@950(7EA)
II	지주간격@2000 횡대간격@1140(6EA)
III	지주간격@1500 횡대간격@1425(5EA)
IV	지주간격@1500 횡대간격@1140(6EA)

※설계기본풍속(Vo), 지표면조도구분(노풍도)은 구조도면(개요)을 참고하시기 바랍니다.

<그림 3.2a> 가설울타리 표준도면

표준도면의 단위 m당 설치물량과 설계 단면의 단위 m당 설치물량을 비교하여 차이가 있다면 재검토를 지시해야 한다.

해설 3.2

LH 현장에 적용하는 가설울타리 표준도면은 책임구조기술자가 확인한 것인데, 건축구조기술사(또는 토목구조기술사)가 설계하고 시공자가 제출한 구조계산서와 비교해 보면 차이가 매우 큰 경우가 있다.

설계기본풍속 40m/s, 노풍도 B, 울타리높이 6m 경우, LH 현장의 가설울타리 표준도면의 지주는 H-175×175×7.5×11@1,500, 근입깊이는 3.0m로 지주 물량은 단위중량×(설치높이+근입장)/설치간격 =40.0×(6.0+3.0)/1.5= 242kg/m이다.

제출된 가설울타리 구조계산서는 H-148×100×6×9@2,500, 근입깊이 2.0m로
물량은 21.1×(6.0+2.0)/2.5= 67.5kg/m로 표준도면의 28%에 불과하다.

표준도면이 맞다면 구조계산서의 설계결과는 안전하지 않은 것이고, 구조계산서가 맞다면 표준도면은 지나치게 과다설계된 것이다. 어느 설계가 맞는가? 필자가 검토해 본 결과, LH 현장의 가설울타리 표준도면이 비교적 안전측이며 상기 사례는 구조계산서가 적정하지 않은 것으로 판단된다.

LH 현장의 가설울타리 표준도면과 건축구조기술사(또는 토목구조기술사)가 설계하고 시공자가 제출한 구조계산서가 다른 이유는 무엇인가? 가설울타리는 풍하중산정과 부재설계등의 설계과정에 있어서, 설계자에 따라 적용기준과 계수에 대한 이해와 판단이 다르기 때문이다.

설계자에 따라 달리 적용하는 기준과 계수는 무엇이고 그 결과는 어떻게 다른가? 감리가 알 필요 없는 기준과 계수까지 설명하는 이유는, 골조공사에 대해 이해하고자 하는 구조기술자와 학생도 이 책을 참고할 것이기 때문이다. 태풍 때문에 가설울타리가 쓰러지는 것이 아니라 설계 결함으로 가설울타리가 쓰러지기 때문이다. 태풍에 가설울타리가 쓰러져 사상자가 발생하면 안 되기 때문이다. 구조기술사도 설계결함으로 사람을 위험하게 할 수 있기 때문이다. 구조기술사에게 맡겨진, 가설울타리의 안전에 대한 공론화가 필요하기 때문이다.

설계자에 따라 다르게 적용하는 기준과 계수에 대해 살펴본다. 감리원이 알아야 할 사항은 아니므로 읽지 않아도 무방하다. 그러나 구조기술자는 반드시 읽어보기를 권장한다.

1) 풍하중

가설울타리의 풍하중은 비계 및 안전시설물 설계기준(KDS 21 60 00 1.5.4)에 따라 다음과 같이 산정한다.

(1) 이 기준에서 규정한 사항 이외의 경우에는 건축물 설계하중 - KDS 41 12 00에 따른다.

(2) 중요도계수는 거푸집 및 동바리 설계기준 - KDS 21 50 00 (1.6.4)에 따른다. - 풍하중은 중요도계수의 제곱에 비례한다.

$I_w = 0.56 + 0.1\ln(T)$ ⇨ 1년 이내는 0.6(건축물 설계하중은 0.9)

여기서, $T = \dfrac{1}{1 - 0.6^{1/N}}$

(3) 풍력계수는 다음과 같이 산정한다.

$$
\begin{aligned}
C_f &= (0.11 + 0.09\gamma + 0.945 C_0 \cdot R) \cdot F \\
&= 0.11 + 0.945 \times 2.0 \times 0.6 \\
&= 1.24
\end{aligned}
$$

풍력계수는 충실율에 비례하는데, 건축물 설계하중 - KDS 41 12 00 표 5.7-13에서 충실율 0.9 이상일 때의 풍력계수 1.2는 1.8의 오기로 판단된다.

풍하중에 대한 하중계수는, 가시설물 설계 일반사항 - KDS 21 10 00 (3.3.1)은 0.8W이고, 건축물 설계하중 - KDS 41 12 00 (1.7.2)는 0.65W으로 규정되어 있어 어느 것을 적용할지 혼선이 있다.

※ 필자는 2024.10 KDS 41 12 00(건축물 설계하중) 표 5.7-13에서 $\varnothing \geq 0.9$ 일 때 풍력계수 C_D=1.8로 개정할 것을 학회에 제안했다.

건축물 설계하중에 따른 계수와 풍하중, 가시설물 설계기준에 따른 계수와 풍하중, 설계사례의 계수와 풍하중은 각각 다음과 같다.(존치기간 1년 이하)

	건축물 설계하중	가시설물 설계기준	설계 사례
중요도계수	0.9^2=0.81	0.6^2=0.36	0.6^2=0.36
풍력계수	1.8	1.24	1.2
하중계수	0.65	0.8	0.65
풍하중	2.20×0.65 =1.43kN/m^2	0.67×0.8 =0.54kN/m^2	0.64×0.65 =0.42kN/m^2

풍하중은 중요도계수의 제곱에 비례하며 존치기간 1년 이하는 0.6으로 규정되어 있다. 존치기간 1.1년이면 0.66, 1.2년이면 0.67인데 1년 이하는 0.6이므로 비례에 맞지 않다. 예를 들어 존치기간 1년으로 설계한 가시설물이 하루라도 초과하면 0.66^2=0.44가 되므로 0.6^2=0.36은 부족하다. 0.65^2=0.42가 타당할 것으로 판단된다.

하중계수는 허용응력설계법의 하중조합에 따라 0.8을 적용하는 것이 타당하고, 풍력계수는 건축물 설계하중에 따라 1.8을 적용하는 것이 타당하다.

기준개정 제안에 따른 계수와 풍하중은 다음과 같다.

	기준개정 제안
중요도계수	0.65^2=0.42
풍력계수	1.8
하중계수	0.8
풍하중	1.15×0.8=0.92kN/m^2

위에서 살펴본 바와 같이, 설계자에 따라 기준과 계수를 다르게 적용하면 풍하중의 크기가 달라지고 부재의 물량이 달라진다.

※ 필자는 2024.10 KDS 21 60 00(비계 및 안전시설물 설계기준) 1.5.4에서 표 5.7-13에서 중요도계수만 남기고 모두 건축물 설계하중에 따르도록 할 것과, KDS 21 50 00 (1.6.4)에서 존치기간 1년 이하의 중요도계수를 0.6에서 0.65로 개정할 것을 학회에 제안했다.

2) 부재설계에 대한 검토

(1) 횡지지길이(L_b)

풍하중을 받는 가설울타리 지주는 압축이 발생하는 플랜지가 〈그림 3.2b〉의 우측 그림과 같이 휘어서 쓰러진다. 압축측 플랜지가 좌굴하기 때문이다. 이때 압축측 플랜지에 수평재를 연결하면 압축측 플랜지가 휘지 않아 더 많은 풍하중을 받을 수 있다.

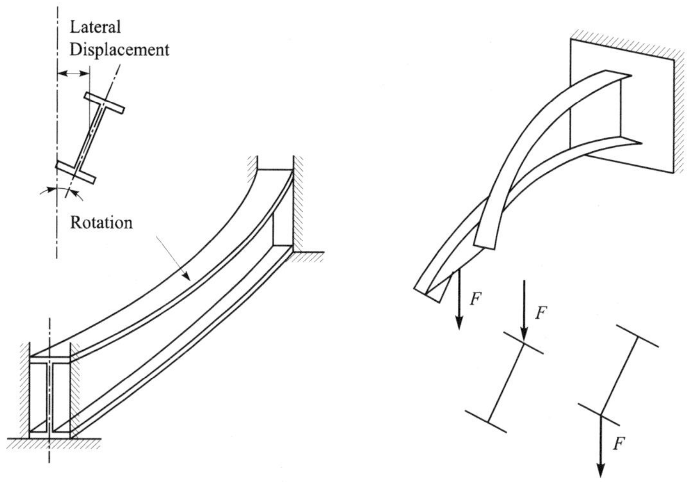

<그림 3.2b> 보의 횡비틀림좌굴 - 인터넷

풍하중을 받는 가설울타리 지주의 횡지지길이(L_b)는, 바람이 현장에서 바깥쪽으로 불 때는 횡대(수평재) 간격이 되고 바람이 바깥에서 현장쪽으로 불 때는 별도의 상세가 없는 한 지주의 전체 높이가 된다. 그럼에도 불구하고 횡지지길이(L_b)를 횡대(수평재) 간격으로 하여 허용휨응력도를 잘못 산정한 경우가 많다. 〈그림 3.2c〉는 철골구조물의 샛기둥(stud) 횡지지 상세다. 가설울타리 지주의 파이프 수평재는 강성이 작아 브레이싱을 설치해도 압축플랜지의 횡지지가 어렵다.

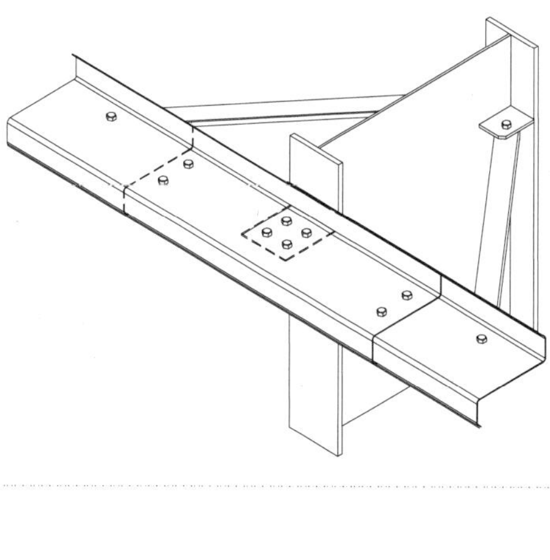

<그림 3.2c> 샛기둥(stud)의 횡지지 상세

(2) 유효길이계수(K)

단순보는 〈그림 3.2b〉의 좌측 그림과 같이 보의 양단을 지점으로 중앙부 압축측 플랜지가 좌굴한다. 보의 길이와 플랜지가 좌굴하는 길이가 같다. 이를 유효길이계수라고 하고 단순보는 1.0이다. 우측 그림은 캔틸레버로 압축측 플랜지가 좌굴하는 길이가 단순보 보다 길다. 가설울타리 지주와 같은 캔틸레버 경우 BS5950(영국 강구조기준)은 〈그림 3.2d〉와 같이 1.4를 제시하고 있다. 가시설물의 설계 풍하중이 감소함을 감안하면, 가설울타리 지주는 유효길이계수 1.4를 적용해야 한다.

TABLE 5.3 Effective length L_E for cantilevers without intermediate restraint.

Restraint conditions		***Loading conditions***	
At support	***At tip***	***Normal***	***Destabilizing***
(a) Continuous, with lateral restraint to top flange 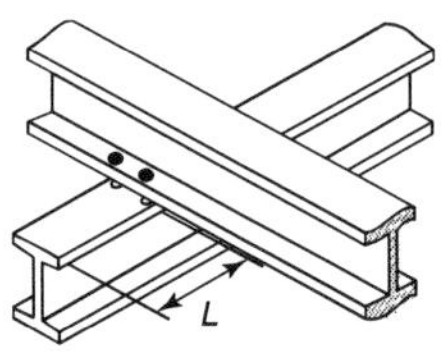	(1) Free	3.0L	7.5L
	(2) Lateral restraint to top flange	2.7L	7.5L
	(3) Torsional restraint	2.4L	4.5L
	(4) Lateral and torsional restraint	2.1L	3.6L
(b) Continuous, with partial torsional restraint 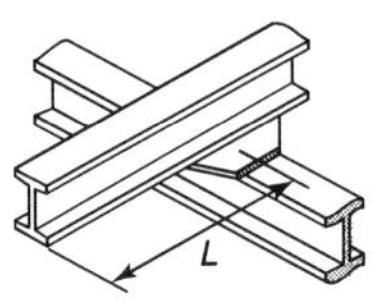	(1) Free	2.0L	5.0L
	(2) Lateral restraint to top flange	1.8L	5.0L
	(3) Torsional restraint	1.6L	3.0L
	(4) Lateral and torsional restraint	1.4L	2.4L
(c) Continuous, with lateral and torsional restraint 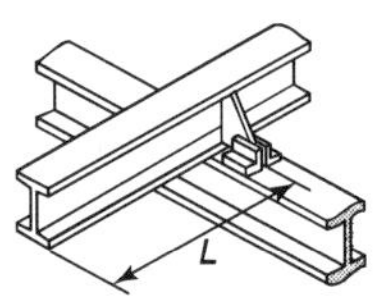	(1) Free	1.0L	2.5L
	(2) Lateral restraint to top flange	0.9L	2.5L
	(3) Torsional restraint	0.8L	1.5L
	(4) Lateral and torsional restraint	0.7L	1.2L
(d) Restrained laterally, torsionally and against rotation on plan 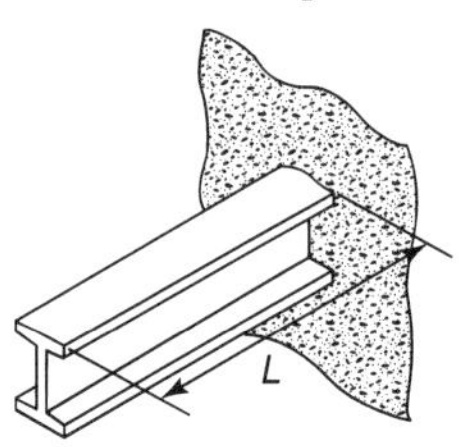	(1) Free	0.8L	1.4L
	(2) Lateral restraint to top flange	0.7L	1.4L
	(3) Torsional restraint	0.6L	0.6L
	(4) Lateral and torsional restraint	0.5L	0.5L

Tip restraint conditions

<그림 3.2d> BS5950 Table 5.3 유효길이계수

– 40B 조건의 가설울타리 풍하중 및 지주 설계예

중요도계수 0.65(존치기간 1년), 풍력계수 1.8, 하중계수 0.65(허용응력증가계수 1.54), 유효길이계수 (K) 1.4 적용

3.1 풍하중 (건축물 설계하중 - KDS 41 12 00)

지면조도: D(해안), C(저층), B(고층), A(도심)

Vo = **40** m/s, 기본풍속　　Exp = **B** , 지표면조도(노풍도)

대기경계층높이	기준경도풍높이	풍속고도분포지수	
Zb = 15	Zg = 450	a = 0.22	<표 5.5-3>

Kzt = 1.0 , 지형계수(평탄)

Iw = 0.65 , 중요도계수(표 5.5-5)　$I_w = 0.56 + 0.1\ln(T)$　$T = \frac{1}{1-(P)^{\frac{1}{N}}}$　존치기간 1.0년

Kzr = 0.81 , 풍속고도분포지수(표 5.5-2)

V_H = 21.1 m/s , 설계풍속　$V_H = V_0 K_D K_{zr} K_{zt} I_W(T)$

q_H = 0.272 kN/m² , 설계속도압　$q_H = \frac{1}{2}\rho V_H^2$

I_H = 0.251 , 기준높이에서의 난류강도　$I_H = 0.1\left(\frac{Z_b}{Z_g}\right)^{-\alpha-0.05}$

γ_D = 0.413 , 풍속변동지수　$\gamma_D = \left(\frac{3+3\alpha}{2+\alpha}\right) I_h$

L_H = 100 , 기준높이에서의 난류스케일　k = -0.33

B_D = 0.661 , 비공진계수　$B_D = 1 - \left[\frac{1}{\left\{1+5.1\left(\frac{L_H}{\sqrt{HB}}\right)^{1.3}\left(\frac{B}{H}\right)^{k}\right\}^{\frac{1}{3}}}\right]$

G_D = 2.343 , 가스트영향계수　$G_D = 1 + 4\gamma_D\sqrt{B_D}$

C_D = 1.8 , 풍력계수(표 5.7-13) - 충실률 0.9 이상 펜스

w_D = 1.15 kN/m² , 설계풍압　$W_D = q_h G_D C_D A$

3.2 POST 검토　　**SS235**

H = 6.0 m , 울타리 높이　　B = 50.0 m

h = 0.0 m , 분진망 높이　　K = 1.4 , 유효길이계수

@ = 1.5 m , 지주간격　　M = 30.9 kNm　　W = 242.2

Use => **H - 175 175 7.5 11**　　r = **13**　　w = 40.4

A = 51.43　　Ix = 2,892　　Sx= 330.5

$a_w = \frac{h_c t_w}{b_{fc} t_{fc}}$ = 0.49　　$r_T = \frac{b_f}{\sqrt{12(1+a_w/6)}}$ = 4.86

Fb = 108.7 Mpa　　$F_b = \frac{83,000\,C_b}{L \cdot d/A_f} \le 0.60F_y$

fb = 93.6 Mpa

fb/Fb = 0.86 < 1.54 O.K

구조설계는 설계자의 적용기준과 계수에 대한 이해와 판단에 따라 설계결과가 다르다. 필자의 판단이 틀릴 수도 있다. 그러나 가설울타리가 안전해야 한다는 필자의 생각은 결코 틀리지 않았을 것이다. 설계물량이 적다면 왜 적은지, 설계는 적정한지 살펴봐야 한다.

3.3 파이프서포트, 시스템서포트 및 시스템비계 설계는 적정한가?(권장)

공사가 시작되면 시공자는 건축 또는 토목구조기술사가 설계하고 날인한 거푸집 및 동바리 구조계산서를 제출한다. 감리원이 구조계산서를 검토하기는 어렵고 사실상 검토할 필요도 없다. 그러나 감리가 살펴봐야 할 사항이 있다. 필자가 작성한 기술검토의견서를 게재한다.

– 기술검토의견서

1) 강관동바리(결합형 파이프서포트) 구조계산서

① 파이프서포트의 최대 압축하중을 40kN으로 검토하였으나 이는 KS F 8001의 "평누름에 의한 압축성능"에 따른 것으로, 건설현장에 설치하는 파이프서포트(V4)는 평누름에 의한 압축성능과 같은 양단고정 조건으로 설치할 수 없으므로 파이프서포트(V4, 4m 이하)의 최대 압축하중은 40kN에 도달할 수 없음. 따라서 40kN에 안전율 3을 나눈 허용압축하중 13.3kN은 적정하지 않음

② 건설현장에 설치하는 파이프서포트(V4, 4m 이하)는 KS F 8001에 표시된 바와 같이 반드시 나이프에지 누름에 의한 압축성능으로 시험하여 평균값이 9.59kN 이상임을 확인하고, 안전율(3)을 나눈 3.2kN을 허용압축하중으로 설계해야 함. 단, 평누름에 의한 압축성능으로 시험하여 평균값이 39.2kN 이상이면, 나이프에지 누름에 의한 압축성능(평균값 9.59kN 이상)으로 간주할 수 있음

<표 3> 파이프 서포트의 성능

항목	종류	성능		시험방법
		평균값 N	개개값 N	
나이프 에지 누름에 의한 압축하중	1종	16,850 이상	15,330 이상	8.2
	2종	14,530 이상	13,220 이상	
	3종	10,970 이상	9,980 이상	
	4종	9,590 이상	8,730 이상	
평누름에 의한 압축 하중		39,200 이상	35,300 이상	8.3

③ 거푸집 및 동바리 설계기준 – KDS 21 50 00에 의하면 동바리의 설계는 가설흙막이 설계기준 – KDS 14 30 00에 따른다고 되어 있으나 이는 KDS 14 30 00은 아직 정비되지 않았으며, 상기 기준의 모태가 되는 종전의 가설공사표준시방서(2016) 제4장(거푸집 및 동바리) 4.1(1)에 따르면 "원칙적으로 허용응력설계법에 따른다"고 되어 있으므로 파이프서포트의 허용하중은 허용응력설계법에 따라 안전율 3을 적용하여 산정하고 나이프에지 누름에 의한 압축성능과 비교하여 안전측으로 설계해야 할 것임

2) 시스템서포트 구조계산서

① 조립도 누락

구조계산서 검토개요에 "안전성 검토는 제시된 도면 및 시공조건을 바탕으로 검토"한다고 기술하였으나 도면이 제시되지 않았고, 거푸집 및 동바리 설계기준 – KDS 21 50 00 3.2.3에 따라 작성하여야 하는 조립도가 누락됨

② 설치 주요사항 확인 불가

거푸집 및 동바리 설계기준 – KDS 21 50 00 3.2.3(4)에 따라, 동바리의 전체 좌굴을 방지하기 위해 시스템 동바리의 설치높이는 조립되는 동바리 단변 폭의 3배가 넘지 않아야 하는데 조립도가 제출되지 않아 확인할 수 없음

3) 시스템비계 구조계산서

① 풍하중 관련

- 조립도에 순간최대풍속 16m/s 이상이면 보호망을 제거해야 한다는 표시와 현장관리자가 순간최대풍속 16m/s를 확인하는 방법을 설명하고, 현장에는 관계자가 알 수 있도록 상기 내용을 게시할 것
- 보호망 제거후 설계기본풍속이 40m/s가 아닌 28m/s(영주)로 풍하중이 산정되어 있으니 수정할 것

② 앵커위치 표시

시스템비계 앵커(버팀대)는 25㎡당 1개 이상이 되도록 계산하여 조립도에 위치를 표시할 것

해설 3.3

파이프서포트의 허용압축하중은 3.2kN으로 검토해야 한다.

시스템서포트의 허용하중은 수직재 높이의 압축성능에 안전율 2.5를 적용한다. 연결부의 수가 증가하면 허용하중이 감소할 것이 분명한데, 수직재 단수에 관계없이 동일하게 적용하는 문제가 있다. 층고가 높을 때는 매우 신중하게 검토해야 한다.

시스템서포트는 잘 무너지지 않는다. 콘크리트를 타설할 때 형틀목수가 밑에서 지켜보다가 이상 징후가 있으면 타설을 중단시키고, 보완 후 속개하기 때문이다. 그렇다고 무너지지 않는 것은 아니다. 서포트 붕괴는 매우 급격하게 발생하기 때문이다. 아래는 콘크리트 타설중 슬래브가 붕괴된 현장의 사진이다. 바닥의 단차 부분에 설치된 서포트의 불안정이 사고의 원인으로 추정된다.

<사진 3.3> 콘크리트 타설중 슬래브 붕괴현장

※ 필자는 2024.10 KDS 21 50 00 (2.6.1)에서 (1)항은 'KS F 8001에 적합하여야 하며 KS 표준의 종류별 압축성능은 나이프에지 누름에 의한 압축하중으로 하고, (2)항은 모두 삭제'하여 혼선이 없도록 개정할 것을 학회에 제안했다.

3.4 갱폼은 안전한가?(권장)

감리원이 갱폼 구조계산서에서 반드시 확인해야 할 사항은 콘크리트 측압을 결정하는 타설속도와 콘크리트 온도다. 설계조건의 타설속도보다 빨리 타설하거나 콘크리트 온도가 설계조건보다 낮으면 측압이 증가하여 안전하지 않다.

그 다음은 구조계산서와 제작도면이 일치하는지 확인해야 한다. 갱폼 제작도면에는 자재의 규격, 간격, 용접등이 표시되지 않아 확인할 수 없다. 시공자를 통해 갱폼 업체를 불러 관련사항을 확인하거나, 갱폼 공장을 방문하여 관련사항을 점검해야 한다. 판단이 어려우면 기술지원 기술인의 지원을 받고, 갱폼이 반입되면 자재의 규격, 간격, 용접등을 검수해야 한다.

갱폼에서 가장 중요한 사항은 갱폼을 지지하는 (최하단)앵커의 안전이다. 갱폼은 탈형과 인양이 동시에 이루어지므로 인양후 앵커볼트 체결시의 콘크리트 강도가 중요하다. 보, 기둥등의 측면 탈형 강도(KCS 14 20 12 표 3.3-1)는 5MPa 이상이나, 볼트 체결 강도는 규정이 없다. 볼트 체결시의 안전을 고려하면 탈형 강도는 10MPa 이상이 되어야 할 것으로 판단된다.

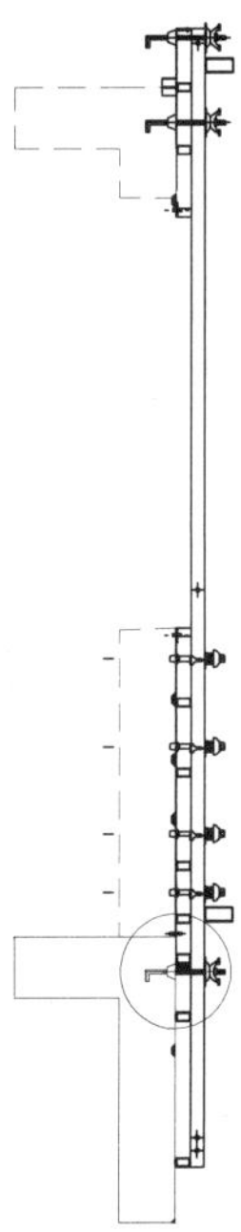

<그림 3.4a> 갱폼 단면 및 앵커볼트

해설 3.4

〈그림 3.4b〉는 갱폼 구조계산서의 설계조건 예로 타설속도 1.3m/h 이하, 콘크리트 온도는 18°C 이상이다.

측압은 $P = C_w C_c\left[7.2 + \dfrac{790R}{T+18}\right] = 1.0 \times 1.0\left[7.2 + \dfrac{790 \times 1.3}{18+18}\right]$

=35.7kN/m²이다.

<그림 3.4b> 갱폼 구조계산서의 설계조건 예

콘크리트 측압계산 타설속도 (타설속도 2.1m/hr 이하, 4.2m 미만)

P = Cw × Cc × (7.2+(790R/(T+18)))   Cw = 1.0
                                                                  Cc = 1.0

= 35.7728 kN/m² = 3.64 t/m²

타설속도(R) = 1.30 m/h
콘크리트온도(T) = 18℃
타설높이 = 2.91 m

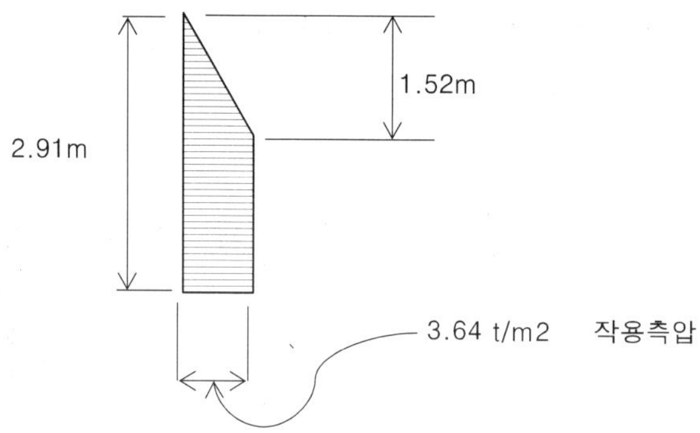

아파트 층고는 2.6m 이상이므로 3회로 나누어 타설해야 하고, 벽체의 콘크리트 온도가 외기와 같다면 18°C 이하일 때 보양을 해야 한다. 이와 같은 조건으로는 공사를 수행하기 매우 어렵다.

층고가 2.9m일 때 콘크리트 측압의 최대 값은 $P = WH = 24.0 \times 2.9$ =69.6kN/㎡이며 타설속도와 콘크리트 온도에 상관이 없다. 갱폼은 최대 측압에 적정하게 설계하거나, 그렇지 않으면 설계조건에 따라 콘크리트를 타설해야 한다.

타설속도와 콘크리트 온도에 따른 콘크리트 측압(kN/m²)의 최대값은 다음과 같다.

T(°C) / R(m/h)	5	10	15	20	25
2.9	69.6	69.6	69.6	67.5	60.5
2.7	69.6	69.6	69.6	63.3	56.8
2.5	69.6	69.6	67.0	59.2	53.1
2.3	69.6	69.6	62.3	55.0	49.5
2.1	69.6	66.5	57.5	50.9	45.8
1.9	69.6	60.8	52.7	46.7	42.1
1.7	65.6	55.2	47.9	42.5	38.4
1.5	58.7	49.5	43.1	38.4	34.8
1.3	51.9	43.9	38.3	34.2	31.1

갱폼은 〈사진 3.4c〉와 같이 제작한 판넬을 하부층 벽체에 고정하고 실내측은 알폼을 폼타이로 조립하여 외벽 콘크리트를 타설하기 위한 가설구조다. 갱폼 판넬의 외부에는 폼타이 인양과 해체 작업을 위한 케이지와, 하부에는 견출 작업을 위한 케이지와, 분진망을 붙여 설치한다.

<사진 3.4c> 갱폼 판넬 - 유튜브

구조계산서의 철판두께는 4t인데 3.2t로 제작된 경우도 있고, 각관은 설계단면이 50×30×1.6인데 50×30×1.4로 제작한 경우도 있다.

앵커볼트를 해체하여 인양하는 방법외에, 타워크레인 부담을 줄이고 안전을 확보하기 위해 케이지에 레일을 설치하는 RCS(Rail Climbing System), 자주식 인양이 가능한 ACS(Automatic Climbing System), 케이지의 안전성을 보강한 SWC(Safety Working Cage)등이 있다.

<그림 3.4d> **갱폼 입체도 및 단면도**

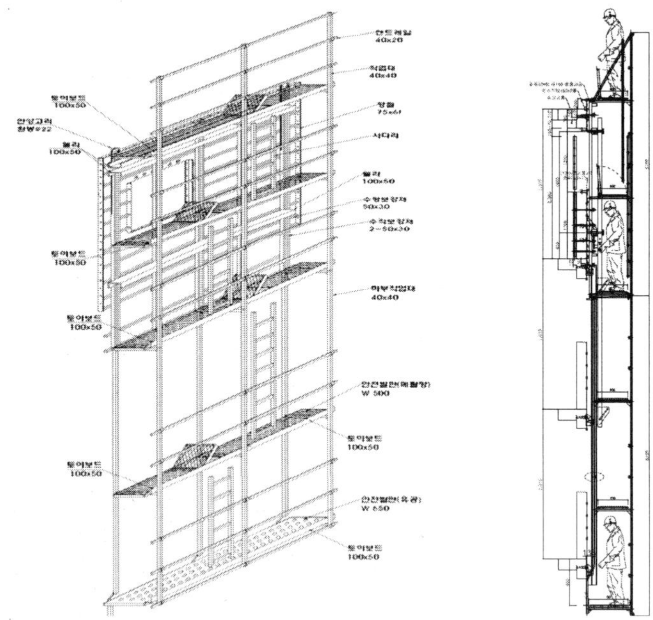

갱폼 작업시 가장 유의해야 할 사항은 앵커의 해체다. 인양 전에 앵커를 해체하던 위험은 인양고리와 함께 안전 고리가 올라가야 앵커를 해체할 수 있도록 개선됐다. 그러나 인양 직전에 해체하는 1열(최상단) 앵커(폼타이)는 인양후 체결하는 앵커 볼트와 다르므로 갱폼을 지지할 수 있는지 확인해야 한다.

갱폼 해체가 용이하도록 콘크리트를 타설한 당일 밤에 폼타이를 풀어놓는 경우도 있다. 붕괴의 위험이 있고 벽체 콘크리트 강도에 심각한 영향을 주므로 주의를 주고 확인해야 한다. 동절기 공사는 갱폼 보양 막의 성능과 밀실여부를 확인하고 벽체 외부에서도 보양온도를 계측해야 하며 공시채 양생도 벽체 외부(갱폼 보양막)에서 해야 한다.

3.5 이질기초에 대한 판단은 적정한가?(권장)

고층부의 주동과 저층부의 지하주차장이 연결된 건축구조물의 경우 지반이 모두 암반이면 독립기초, 지내력이 모두 연약하면 파일기초로 설계한다. 일반적으로 지내력이 200KPa 이상이면 고층부는 파일, 저층부는 직접기초(독립기초 또는 매트기초)로 설계한다. 저층부는 설계하중과 지하층 층수에 따라 더 큰 지내력이 필요할 수 있다.

저층부의 지내력이 소요지내력 이상이고 지내력이 일정하면 문제가 없다. 그러나 파일기초에 인접한 직접기초 구간이 연약지반일 때는 책임구조기술자의 확인을 받아 연약지반을 소요지내력 이상이 되도록 개량하거나, 온통기초로 변경하거나, 소요지내력 위치까지 직접기초를 내리거나, 파일기초로 변경해야 한다.

해설 3.5

일반적으로 지내력이 충분하지 않은 직접기초는 연약층의 깊이가 3m 이상이면 파일기초, 2m 이상이면 내림기초, 2m 이내면 치환하는 것이 경제적이다. 1m 미만이면 무근콘크리트를 타설할 수 있고, 부등침하로 응력집중이 예상되는 연약층의 상부는 강성이 큰 매트기초를 적용할 수 있다. 치환을 할 때는 200mm 높이로 살수와 다짐을 해야 하고 평판재하시험으로 지내력을 확인해야 한다.

이러한 판단은 터파기 전에는 알 수 없으므로 일반적으로 기초지정 공사비는 공사 후 정산을 해야 한다. 심도 16m로 설계된 파일이 시항타에서 23m로 확인되었는데, 감독관은 16m만 박으면 안 되느냐고 했다. 이런 감독관도 있다. 파일공사는 설계와 다른 경우가 자주 발생하므로 공사 후에 정산해야 한다.

파일기초는 재하시험을 하여 지지력을 확인해야 하고 독립기초는 평판재하시험으로 지내력을 확인해야 한다. 파일재하시험은 말뚝수의 1% 또는 구조물별 1회(구조물기초 설계기준 5.4.4-2016), 말뚝 250개당 1개 또는 구조물별 1회-(LH전문시방서-2012)이상 실시해야 하고 직접기초는 평판재하시험을 실시하여 설계지내력 이상임을 확인해야 한다.

3.6 파일의 중심간격은 2.5D 이상, 연단거리는 1.25D 이상인가?

다수의 파일로 하중을 지지하는 무리말뚝 기초에 있어서 파일이 서로 근접하면 주면 마찰력이 중복되어 지지력이 감소한다. 따라서 구조물 기초설계기준 – KDS 11 50 15 4.1.5.2에 파일의 최소중심간격을 2.5D 이상, 기초측면에서 파일중심까지의 거리는 1.25D 이상으로 규정하고 있다.

항타기 기사는 신호수의 확인에 따라 지반에 표시된 천공위치(항심)에 오거를 내리고 천공한다. 흔들리는 오거가 천공위치를 벗어나거나, 파일 주변의 배토 또는 항심 유실로 확인되지 않은 위치에 천공하거나, 수직으로 천공하지 못하거나, 측량오류로 항심이 잘못된 경우, 최소간격(2.5D)으로 설계된 파일은 어떤 경우에도 크던 작던 최소간격을 절대로 유지할 수 없다.

문제는, 기준에 최소간격은 허용오차가 없다는 것이다. 유지할 수 없는 최소간격으로 시공하도록 설계한 것이다. 파일의 최소간격은 최소한으로 확보해야 하는 간격을 의미하며, 최소간격으로 설계하라는 의미가 아니다. 따라서 파일간격은 3.0D, 연단거리는 1.5D로 설계하는 것이 바람직하다.

공사 착수 전에 책임구조기술자에게 파일의 중심간격과 연단거리의 허용오차를 확인 받아야 하며, 별도의 확인이 없으면 최소간격이 확보되지 않은 파일은 모두 구조안전 확인을 받아야 한다. 파일간격은 항타후 즉시 확인하고 필요한 경우 검토와 보완을 해야 한다. 항타기가 철수하면 보완할 수 없다.

해설 3.6

1) 파일의 중심간격은 2.5D 이상인가?

<사진 3.6a> **파일항타가 종료된 현장**

중심간격이 2.5D일 때 파일 외경의 사이는 1.5D이므로, 파일과 파일 사이에 파일 1.5개가 들어갈 수 있는지 살펴보면 멀리서도 파일간격의 적정여부를 쉽게 알 수 있다. 사진에서 원으로 표시된 파일은 최소간격이 확보되지 않는 것으로 보인다. 관측점에 따라 다르게 보일 수 있으므로 다른 각도에서 다시 확인해야 한다.

2) 파일의 연단거리는 1.25D 이상인가?

<사진 3.6b> 연단거리가 확보되지 않은 파일

파일 중심에서 기초 외단까지의 최소연단거리는 1.25D이므로 파일의 외경에서 연단까지의 거리는 1.25-0.5=0.75D가 된다. 이는 파일 직경의 3/4이므로 현장에서 육안으로도 쉽게 판단할 수 있다. 상기 사진의 파일은 ∅400이므로 파일의 외경에서 연단까지의 거리는 파일 직경의 3/4(300mm) 이상이 되어야 하는데 연단거리가 파일 직경의 1/4(100mm)에 불과하므로 적절하지 않다.

상기 결함은 기초 외단을 200mm 이상 후퇴해야 한다.

3) 설계위치를 벗어난 파일의 영향

<그림 3.6c> 설계위치를 벗어난 파일의 응력 검토

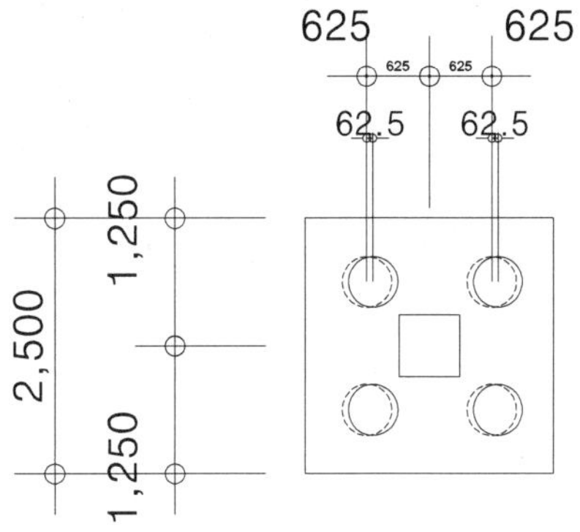

〈그림 3.6c〉와 같이 파일이 모두 우측으로 62.5mm(기둥중심에서 파일까지 거리의 10%) 밀려서 설치되었다면, 기둥중심에 가까워 진 파일의 반력은 10% 증가한다. 파일의 설계지지력이 1,600kN이면 파일의 반력은 160kN이 증가한 1,760kN이 된다. 파일의 설계 최대반력이 지지력보다 10% 적은 1,455kN으로 설계하지 않은 한, 파일의 허용지지력을 초과하게 된다.

파일위치가 모두 밀리는 것은 측량을 잘못한 경우로 흔하지 않으나 일부 파일 위치가 설계위치를 벗어나면 기둥중심에 가까운 파일은 설계반력이 증가하여 허용지지력을 초과할 수 있으므로 반드시 구조안전 확인을 받아야 한다.

3.7 기둥의 다우얼 철근은 정위치에 조립되어 있는가?

건축공사에서 가장 빈번하게 발생하는 시공결함중 하나는 다우얼 철근(또는 기둥 철근)이 기둥위치를 벗어나거나 피복두께가 맞지 않는 것이다. 다우얼 철근(또는 기둥 철근)이 기둥 위치를 벗어나는 근본적인 이유는, 버림콘크리트에 표시한 기둥먹으로부터 100mm 이상 높은 곳에 다우얼 철근을 조립하기 때문이다. 작업자의 숙련도가 떨어지면 시공결함이 더욱 증가한다.

이로 인한 시공결함을 예방하려면, 조립할 철근의 위치를 표시한 '가이드 철근'을 기초철근 위에 결속하고 그 위에 다우얼 철근을 설치하면 된다.

<사진 3.7a> 다우얼 철근 설치를 위한 '가이드 철근'

기둥철근의 위치가 맞지 않을 때 발생하는 문제를 설명하고 기초 상부에 다우얼 철근 위치를 표시하라고 지시했는데, 현장소장이 〈사진 3.7a〉와 같은 '가이드 철근'을 고안했다. 필자의 지시에 대해 최상의 방법을 고안한 현장소장에게 각별한 감사의 인사를 드린다.

해설 3.7

일반적인 기둥의 다우얼 철근 조립은 〈사진 3.7b〉과 같다.

<사진 3.7b> 기둥의 다우얼 철근 설치 - 유튜브 캡쳐

기둥배근의 50%를 다우얼 철근으로 배근하는 경우, 기둥철근의 위치가 불규칙하여 설치결함이 발생할 수 있다. 이 경우에도 '가이드 철근'에 다우얼 철근의 위치를 표시하면 정확한 위치에 다우얼 철근을 조립할 수 있다.

〈사진 3.7b〉의 다우얼 철근 조립순서와 단계별로 예상되는 시공결함 원인을 살펴보면 다음과 같다.

1) 다우얼 철근의 위치는 기초 하부근의 상부며, 버림콘크리트의 기둥먹에서 100mm 높이 이상이다.

2) L자형 모서리 철근을 세우고 버팀대(D10)를 2방향으로 결속하여 자립한 후 45도 방향 갈고리를 기초철근에 결속(2개소)한다. 갈고리를 결속할 기초철근이 없으면 보조철근을 미리 배치해야 한다. 기둥 먹과 모서리 철근의 간격이 일정하지 않거나 결속이 느슨하면 결함의 원인이 된다.

3) 모서리 철근에 다우얼 철근 조립용(시공용) 띠철근을 끼운다. – 다우얼 철근 조립용 띠철근은 기둥철근의 띠철근보다 기둥철근직경x2 만큼 작아야 한다.(3.8항 참조)

3) 나머지 모서리에 다우얼 철근을 끼우고 조립용 띠철근을 결속한다. – 최하단 조립용 띠철근은 기초철근에서 가급적 100mm 이내 높이에 결속한다.

4) 각 변의 다우얼 철근을 끼우고 갈고리는 기초철근에 결속하여 수직부는 조립용 띠철근에 결속한다. – 기둥철근이 수직을 유지하지 못하면 결함이 발생한다.

5) 횡변위가 발생하지 않도록 가새 철근을 조립한다. – 다우얼 철근망이 충분히 튼튼하지 않으면 콘크리트 타설시 타설공이 철근망을 당기거나 주름관(자바라) 충격으로 변형이 발생한다. 철근반장은 다우얼 철근이 기둥위치를 벗어나는 주요 원인이 콘크리트 타설 때문이라고 주장하지만, 결속이 충분하면 절대로 철근망이 밀리지 않는다.

기둥철근이 배근위치를 벗어나는 결함의 사례는 다음과 같다.

<사진 3.7c> 다우얼 철근이 한쪽으로 밀려 피복두께 부족

<사진 3.7d> 한쪽으로 밀린 다우얼 철근을 임의로 절곡

3.8 기둥 다우얼 철근의 시공용 띠철근 규격은 적정한가?

기둥의 다우얼 철근은 〈그림 3.8〉의 단면 A-A에서 보는 바와 같이 기둥철근의 내측으로 올라가야 한다. 그래야 기둥철근을 제 위치에 조립할 수 있다. 대부분의 기둥철근 시공결함은 다우얼 철근의 조립이 잘못됐기 때문이다. 다우얼 철근은 반드시 '가이드 철근'을 설치하고 조립해야 한다.

기둥철근 조립시 확인해야 할 사항은 다우얼 철근의 시공용 띠철근 규격이다. 띠철근의 내측 치수는 기둥 폭에서 피복두께와 띠철근을 뺀 값인데, 다우얼 철근의 시공용(고정용) 띠철근은 여기에 기둥철근 직경의 2배(45~50mm)를 뺀 치수가 되어야 한다. 그렇게 해야 다우얼 철근이 기둥철근의 안쪽으로 올라갈 수 있다.

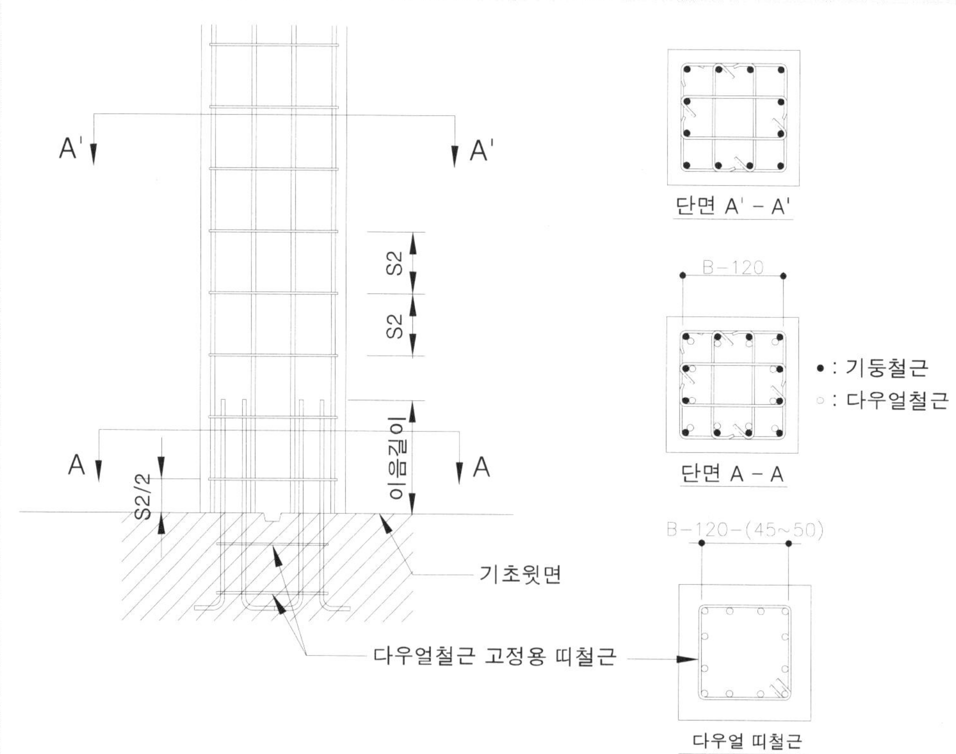

<그림 3.8> 기둥 다우얼 철근의 시공용 띠철근

3.9 벽체철근의 배근위치는 적정한가?

건축공사에서 가장 일반적인 시공결함은 벽체 철근이 설치 위치를 벗어나거나 피복두께가 맞지 않는 것이다.

<사진 3.9> 벽체 철근이 설치 위치를 벗어나 임의로 절곡한 시공결함

벽체 철근을 정확한 위치에 조립하지 못하는 이유는, 버림콘크리트 위에 표시된 벽체 먹에서 100mm 높이의 기초 하부근 위에 벽체 철근을 조립하기 때문이다. 3.7항과 같이 벽체철근도 '가이드 철근'을 설치하고 추를 띄워 먹 위치를 확인해야 한다.

3.10 슬래브와 보 공법은 적정한가?(권장)

〈사진 3.10〉은 탈형데크 하부에 나타난 균열 결함을 보수한 사진이다. 슬래브 하부가 철판으로 가려진 일체형데크라면 슬래브의 균열 결함을 몰랐을 것이다. 보이지 않는다고 결함이 없는 것은 아니다. 시공자가 구조부재에 철판을 존치하는 공법을 제안하면, 〈사진 3.10〉과 같은 경우 보가 괜찮은지, 보의 결함을 알 수 있는 방법이 무엇인지 확인하고 승인해야 한다.

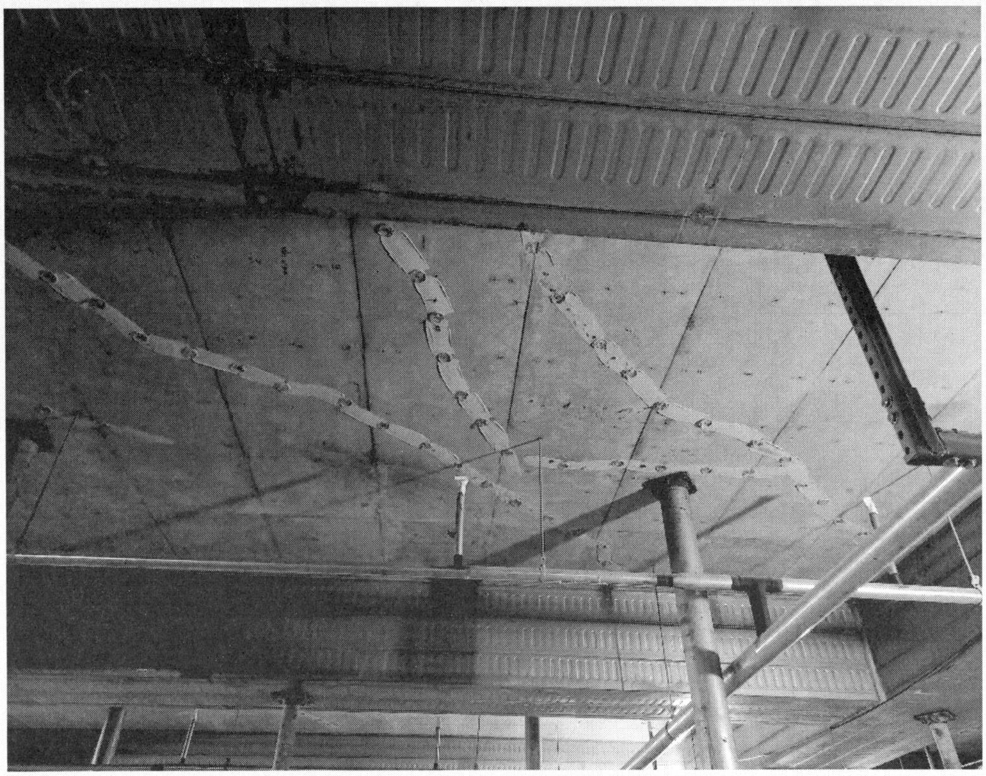

<사진 3.10> 탈형데크 하부의 균열 보수

사진에서 슬래브는 결함이 발견돼 보수했지만 보는 괜찮은지 알 수 없다. 보의 콘크리트 표면이 강판에 가려져 보이지 않기 때문이다. 철판을 존치하면 구조부재의 결함과 구조적 거동을 알 수 없으므로 구조부재를 가리는 공법은 어떤 경우에도 적정하지 않다. 뿜칠 마감을 하면 보이지 않는다고 주장하는 경우도 있으나 뿜칠 마감도 적정하지 않다. 다만, 뿜칠 마감을 하기 전에는 결함을 발견할 수 있고 필요한 경우 뿜칠은 제거할 수 있으나, 철판은 제거할 수 없다.

3.11 무단히 절곡한 철근은 없는가?

콘크리트구조 철근상세 설계기준 - KDS 14 20 50 (4.1.3)에 따르면 콘크리트에 묻혀 있는 철근은 무단히 절곡하면 안 된다.

> **4.1.3 철근 구부리기**
>
> (1) 책임구조기술자가 승인한 경우를 제외하고 모든 철근은 상온에서 구부려야 한다.
>
> (2) 콘크리트 속에 일부가 묻혀 있는 철근은 현장에서 구부리지 않도록 하여야 한다. 다만, 설계도면에 도시되어 있거나 책임구조기술자가 승인한 경우에는 콘크리트 속에 묻혀 있는 철근을 구부릴 수 있다.

부득이 절곡해야 하는 경우에는 책임구조기술자의 확인을 받아야 한다. 〈사진 3.11〉은 단면을 벗어난 기둥철근을 무단히 가열하여 구부리고 겹침이음을 한 것이다. 콘크리트를 300mm 깊이로 파취하고 철근을 절단하여 커플러 이음을 하도록 지시했다. 월 2회 현장을 점검해도, 이런 결함은 예방할 수 없고 모르고 지나가는 경우도 다반사다.

<사진 3.11> 무단히 가열하여 구부린 기둥철근

해설 3.11

콘크리트 속에 일부가 묻혀 있는 철근을 구부리면 어떤 문제가 발생하는가? 네이버 CLOVA X(AI)에 물어봤다.

콘크리트 속에 일부가 묻혀 있는 철근을 구부리면 다음과 같은 문제가 발생할 수 있습니다.

철근의 정착 문제 : 철근이 구부려져 있으면 철근의 정착 길이가 짧아져 정착이 제대로 되지 않을 수 있습니다. 철근이 정착되지 않으면 구조물의 내구성이 떨어지고, 붕괴 위험이 증가할 수 있습니다.

콘크리트 균열 발생 : 구부려진 철근으로 인해 콘크리트에 균열이 발생할 수 있습니다. 철근과 콘크리트는 서로 부착되어 있어야 하는데, 구부려진 철근으로 인해 부착력이 감소하면 균열이 발생할 가능성이 높아집니다.

철근 부식 : 구부려진 철근이 콘크리트 외부에 노출되면 부식이 발생할 수 있습니다. 철근이 부식되면 부피가 팽창하면서 콘크리트를 밀어내고, 이로 인해 콘크리트에 균열이 발생하거나 철근이 빠져나올 수 있습니다.

구조물의 안정성 저하 : 구부려진 철근으로 인해 구조물의 안정성이 저하될 수 있습니다. 철근은 구조물의 하중을 지탱하는 역할을 하는데, 구부려진 철근으로 인해 하중 전달이 제대로 이루어지지 않으면 구조물의 안정성이 떨어질 수 있습니다.

시공 난이도 증가 : 구부려진 철근을 시공하는 것은 쉽지 않으며, 시간과 비용이 더 많이 소요될 수 있습니다.

따라서 철근을 구부릴 때는 위와 같은 문제가 발생하지 않도록 적절한 조치를 취해야 하며, 전문가의 조언을 듣는 것이 좋습니다.

3.12 콘크리트 타설 중단에 대한 준비가 되어 있는가?(권장)

레미콘 수급이 원활하지 않으면 콘크리트 타설이 불시에 중단될 수 있다. 이때 아무런 대책이 없으면 〈사진 3.12〉와 같이 타설하다가 중단하는 경우가 있다. 이 상태에서 추가로 타설하면 이음면이 분리되므로 보는 수평전단 내력을 확보할 수 없고, 보나 슬래브는 휨내력을 확보할 수 없으며, 사용중에 콘크리트가 박락할 위험이 있다. 사진과 같은 시공결함은 깨끗이 제거하여 사진으로 기록을 남긴 후 공사를 속개해야 한다. 이런 현장을 고발하는 작업자도 있다.

<사진 3.12> 콘크리트 타설이 중단된 현장

콘크리트는 시공상세도에 도시한 타설구획에 따라 타설해야 한다. 콘크리트 타설이 중단될 경우를 대비하여 시공상세도에 이에 대한 대책을 도시해야 한다. 계속해서 타설할 레미콘이 도착하지 않았다면 지체없이 콘크리트 막음조치를 해야 하고, 레미콘 공급이 재개되면 이어치기를 하면 된다.

3.13 철골구조의 가볼트 조임은 적정한가?

다음은 철골지붕의 조립 현황으로 육안으로 보의 처짐이 관측되고, 접합부(표시 부분)를 확대해 보면 웨브는 가볼트가 없고 플랜지는 본볼트를 불규칙하게 조립하여 매우 부적절하다.

<사진 3.13a> 철골지붕 조립

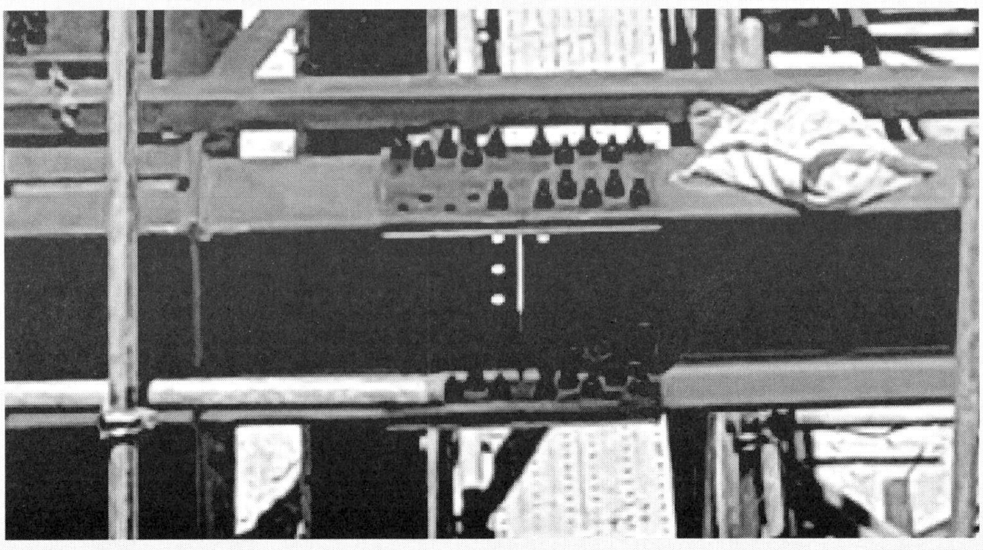

<사진 3.13b> 철골지붕 접합부 확대

해설 3.13

철골구조의 가볼트 조임은 건축물 강구조공사 현장시공 – KCS 41 31 45 3.5.6에 따라야 한다.

> **3.5.6 현장 가볼트 조임**
>
> (1) 가볼트는 손상이 없어야 하며, 유분 등의 불순물이 부착되지 않도록 청소한다.
>
> (2) 고장력볼트를 외부환경에 노출시키면 변질될 우려가 있으므로, 본 접합용 볼트를 가볼트로 겸용해서는 안 된다.
>
> (3) 그림 3.5-1 (a)~(c)와 같이 일반적인 고장력볼트 이음은 가볼트로 일반볼트를 이용하고, 볼트 1군에 대해 소요 볼트의 1/3 이상이며 2개 이상의 가볼트를 웨브와 플랜지에 적절하게 배치하여 조인다.
>
> (4) 그림 3.5-1 (d)와 같이 혼용접합 혹은 병용접합은 가볼트로 일반볼트를 이용하고, 볼트 1군에 대해 소요 볼트의 1/2 이상이며 2개 이상의 가볼트를 적절하게 배치하여 조인다.
>
> (5) 그림 3.5-2와 같이 용접접합에서 이렉션피스에 사용하는 가볼트는 모두 고장력볼트로 조인다.
>
> (6) 상기의 각 항을 적용하지 않은 경우, 풍하중과 지진하중, 적설하중 등에 대해 접합부의 안전성 검토를 한 후 책임기술자의 승인을 받는다.
>
> 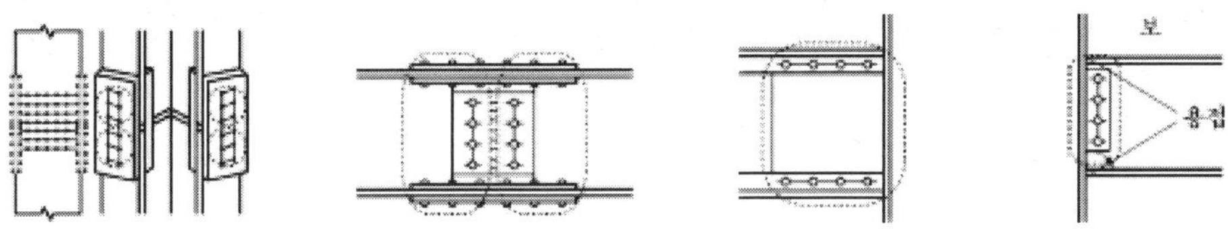
>
>
> (a) 기둥이음의 경우 (b) 보이음의 경우 (c) 보 거셋 접합의 경우 (d) 플랜지 용접, 웨브고장력볼트의 경우
>
> <그림 3.5-1> 가볼트 조임에서 볼트 1군의 개념

〈그림 3.13b〉는 웨브 편측에 각각 2개 이상의 가볼트를 배치하지 않아 플랜지 커버플레이트에 변형이 발생했다. 커버플레이트가 변형하면 웨브의 볼트 홀이 맞지 않아 리밍(reaming, 확공)해야 하고, 붕괴의 우려가 있다. 가볼트 조임은 편측에 소요볼트의 1/3 이상, 플랜지와 웨브에 각각 2개 이상을 배치해야 한다. 가볼트는 일반볼트로 사용하고 본 볼트로 교체해야 하는데 〈그림 3.14b〉는 본볼트(TS볼트)로 가조임하여 적정하지 않다.

3.14 용접한 철근은 없는가?

이 책에서 건축감리원이 가장 쉽게 답할 수 있는 문항으로 모든 건설기술인이 알고 있는 사항이다. 당연한 항목을 체크리스트에 올린 이유는, 당연하지 않기 때문이다. 콘크리트구조 철근상세 설계기준 - KDS 14 20 50 4.2.1(4)의 규정은 다음과 같다.

> 4.2 철근 배치
>
> **4.2.1 원칙**
>
> (4) 철근조립을 위해 교차되는 철근은 용접할 수 없다. 다만, 책임구조기술자가 승인한 경우에는 용접할 수 있다.

용접이 가능한 철근(SD400W, SD500W)도 있으나 책임구조기술자의 승인이 있어야 용접할 수 있다.

<사진 3.14> 승인이 없는 철근용접

무단히 철근을 용접한 경우에는, 철근이 손상된 만큼 철근을 보강해야 한다.

3.15 보 하부에서 기둥을 시공이음(C.J.)하지 않았는가?

시공자가 “OO공법”이라며 보 하부에서 기둥의 시공이음(C.J.)을 승인해 달라고 하는데 어떻게 해야 하느냐고 필자에게 물었다. 안될 것 같은데 왜 안 되는지 설명을 못하겠다고 했다. 대부분의 건축감리원이 겪는 어려움이다.

분리타설(C.J)은 분리면이 형성되어 전단에 취약하므로 가급적 일체로 타설하는 것이 바람직하다. 그러나 골조를 일체로 타설할 수 없으므로 슬래브 상부에서 시공이음(C.J.)을 한다.

보 하부에서 시공이음(C.J.)을 추가하면 기둥은 2조각이 되고, 시공이음(C.J.)에 의한 분리면은 지진에 매우 취약하므로 책임기술자의 승인 없이 보 하부에서 분리타설을 하면 안 된다.

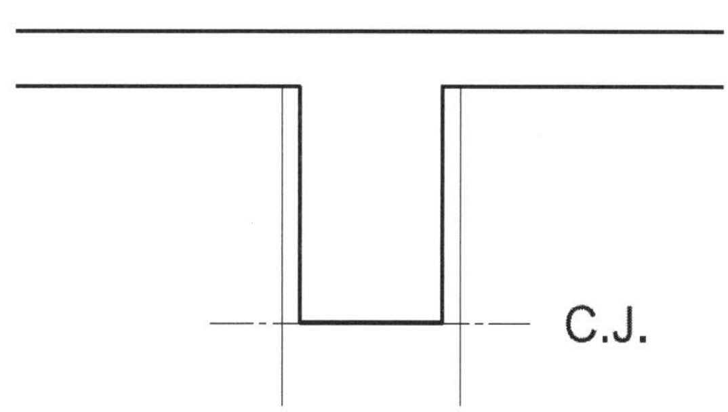

<그림 3.15> 적절하지 않은 보 하부에서의 시공이음(C.J.)

3.16 무단히 조적을 RC벽체로 변경하지 않았는가?

1층 보 상부에 조적이 있다면, 조적은 1층 보에 작용하는 하중이다. 그런데 조적을 RC 벽체로 변경하면, 변경한 RC벽체 하중외에 2층 보의 시공하중이 1층 보에 작용한다.

2층 RC벽체와 3층 보의 시공하중은, 일체가 된 1층 보와 RC벽체와 2층 보에 작용한다. 이후 1층 보에 작용하는 하중이 누적되어 (RC벽체와 상부층 보 하중)×(1+1/2+1/3....1/n층)이 된다.

10개 층이면, RC벽체와 상부층 보 하중의 3배가 1층 보에 작용하므로 1층 보 설계하중의 5배가 넘는다. 조적을 RC벽체로 변경하면 안 되는 이유다. 필자는 이로 인한 결함을 본 적이 있다.

조적을 RC벽체로 변경하는 이유는 RC벽체의 공사비가 조적의 1/3 정도로 싸고 공정에도 유리하기 때문이다. 그러나 이러한 변경은 구조안전에 심대한 문제를 야기할 수 있다. RC벽체를 조적으로 변경하는 경우는 없지만, 착오로 RC벽체를 누락하거나 RC 벽체의 시공이 부실하여 RC벽체 역할을 하지 못하는 경우에도 구조적 결함이 발생할 수 있다.

3.17 되메우기는 다짐을 했는가?

지하층 공사가 끝나면 되메우기를 하는데, 반드시 다짐을 해야 한다. 다짐을 하지 않으면 시간 경과에 따라 침하가 발생한다. 가장 일반적인 침하는 1층 출입구에서 발생하며, 흙막이 벽체 사이를 충분히 다짐하지 않으면 인접 구조물에 심대한 장애가 발생할 수 있다. 건축공사표준시방서(2015)는 다음과 같이 규정하고 있다.

> 03000 토공사
>
> **3.6.2 되메우기 및 흙쌓기**
>
> 가. 제자리에서 취한 재료가 명시된 요건을 만족하면 그 재료를 되메우기에 사용할 수 있다.
>
> 나. 되메우기는 모든 지중구조물의 주위에 요구되며 쓰지 않는 공동, 수직갱구, 통기공, 수평갱구, 구멍 및 기타 빈 공간은 모두 메워야 한다.
>
> 다. 지하구체공사 종료 후 되메움 시기는 흙의 반입방법, 다짐방법, 콘크리트 강도 등을 고려하여 구조물에 손상이 없도록 결정한다.
>
> 라. 되메우기에 앞서 구조체에 붙어 있는 거푸집 등은 완전히 제거한다.
>
> 마. 되메우기 흙의 재료는 공사시방서에 따른다. 공사시방서에 그 내용이 없는 경우에는 담당원의 승인을 얻어 사질토 또는 굴착된 흙 중에 체가름하여 잡석이나 다짐에 방해되는 이물질을 제거한 흙을 사용한다.
>
> 바. 모래로 되메우기할 경우 충분한 물다짐을 실시하고, 일반 흙으로 되메우기할 경우에는 두께 약 300 mm마다 다짐밀도의 규정 또는 공사시방서에서 요구하는 다짐밀도로 다진다. 다짐밀도의 규정 또는 공사시방서에 명기되어 있지 않을 경우에는 다짐밀도 95% 이상으로 다진다.
>
> 사. 되메우기 시 충분한 다짐(상대다짐도 95%)을 하여 건물 완성 후 건물 주위의 흙이 침하하여 묻혀 있는 가스관, 상하수도관, 전기통신설비등에 영향이 없도록 한다.
>
> 아. 방수처리가 된 구조물 주위에 되메우기할 때에는 변위나 되메우기 재료에 섞인 돌이나 다른 단단한 물건에 의한 손상 등을 방지하기 위하여 필요하면 보호덮개를 하여 구조물이나 방수공을 보호하여야 한다.
>
> 자. 바닥 콘크리트 밑의 되메우기 재료 및 다짐방법은 공사시방서에 따른다.

일반 흙으로 되메우기 할 때는 두께 약 300 mm마다 다짐밀도 95% 이상으로 다짐을 해야 한다.

3.18 하이아트호텔(켄사스) 붕괴사고를 알고 있는가?(권장)

건축물 붕괴사고에 있어서 교훈을 주는 매우 중요한 사건으로, 사소한 착각이 불러 온 재앙에 대해 감리원이라면 꼭 기억하기를 권장한다.

1) 붕괴개요

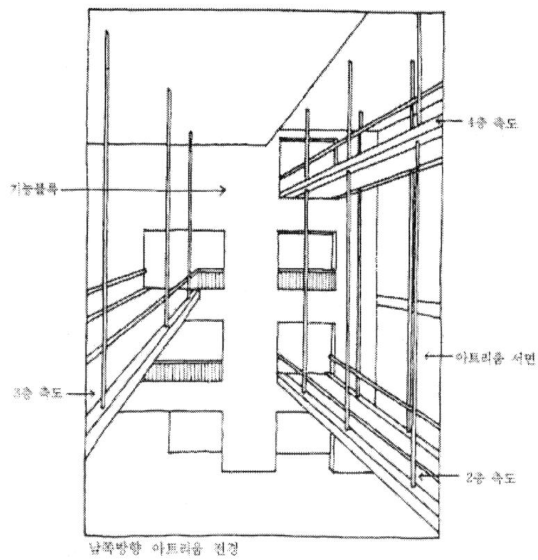

1980년 준공 40층 철골구조
1981년 7월 17일
개장1주년 댄스경연대회중 복도 붕괴
사망 114명 부상 200명 이상

붕괴원인 :
설계결함 - 복도 지지방식 부적정
변경결함 - 지지방식 변경 부적정

복도 전경

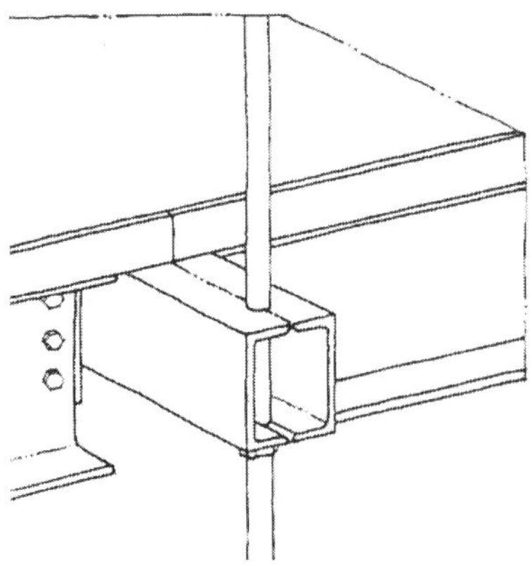

설계

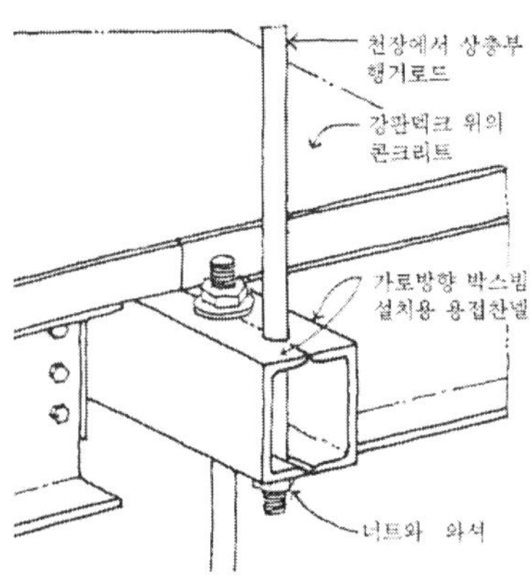

설계변경 및 시공

2) 사고원인

시공자는 강봉의 단부만 나사를 가공하여 층별로 나누어 받치는 것을 제안했고, 감리는 동일한 것으로 착각하고 승인하였다. 대부분의 붕괴사고는 복합적인 원인이 있는데 이 사고는 단 하나의 원인으로 발생한 대형 사고다.

3) 구조적 원인 및 파괴 양상

각 층의 하중만 받도록 설계된 너트가 아래층 하중까지 받게 되었고, 찬넬의 플랜지 끝에 하중이 작용하여 너트가 뚫고 들어가면서 복도가 추락하였다.

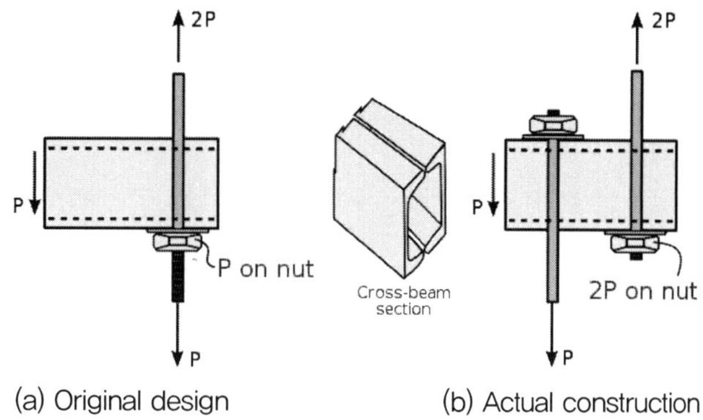

〈출처 : 위키백과〉

4) 교훈

- 공사 착수전 적정성 확인 필요
- 공법변경 승인시 주의 필요
- 찬넬의 웨브가 맞닿는 “back to back” 방식이 너트 지지에 유리
- 너트 사이에 오버사이즈 와셔를 설치하여 응력 분산 필요

판단에 의문이 있으면 기술지원 요청

Appendix
부록

부록 1 구조감리 체크리스트

– 권장 항목에 대한 판단은 적합 또는 조치사항에 'N/A'[1], '변경지시'등을 기재

체크사항	적합	부적합	조치사항
1.0 구조일반사항			
1.1 fck=24MPa, fy=500MPa, D22 보, 기둥철근의 이음길이는 1,760mm, 보 상부철근은 2,280mm인가?			
1.2 fck=24MPa, fy=500MPa, D10 슬래브 하부철근(피복두께 20mm)의 이음길이는 390mm인가?			
1.3 fck=24MPa, fy=500MPa, D19 기초 하부철근(피복두께 50mm)의 이음길이는 730mm, 상부철근(피복두께 50mm)의 이음길이는 950mm인가?			
1.4 fck=24MPa, fy=500MPa, D22, 갈고리가 있는 보 철근의 정착길이는 540mm인가?			
1.5 설계기준항복강도가 550MPa를 초과하는 철근의 정착 및 이음길이는 피복두께 및 철근간격 제한이 표시되어 있는가?			
1.6 슬래브, 벽체의 최소피복두께는 30mm, 보, 기둥은 50mm, 기초는 60mm 인가?(권장)			
1.7 슬래브 배근상세에 cut bar(절단형 배근) 상세가 있는가?(권장)			
1.8 슬래브 개구부의 보강상세는 적정한가?(권장)			
1.9 슬래브 갈고리철근의 정착상세는 적정한가?(권장)			
1.10 보 배근 일반상세는 적용해야 할 상세만 도시되어 있는가?			

1) Not Applied, 적용하지 않음

체크사항	적합	부적합	조치사항
1.17 기초에 기둥배근의 50%를 다우얼 철근으로 배치하는 경우 다우얼 철근이 별도로 도시되어 있는가?(권장)			
1.18 원형기둥의 띠철근 상세는 적정한가?			
1.19 기둥과 보가 만나는 구간의 기둥 띠철근(joint hoop) 상세는 적정한가?			
1.20 슬래브, 벽체의 배관매립 상세가 도시되어 있는가?			
1.21 벽체 개구부의 보강상세는 적정한가?(권장)			
1.22 기초 하부철근의 정착길이 상세는 적정한가?			
1.23 파일의 두부정리 상세는 강선남김 방식인가?(권장)			

체크사항	적합	부적합	조치사항
2.0 구조도면			
2.1 중간 및 특수모멘트 골조 시스템의 주철근은 내진철근인가?			
2.2 구조도면에 단면도, 단차표시등이 적정하게 도시되어 있는가?(권장)			
2.3 지하층의 층수 표기는 적정한가?(권장)			
2.4 기둥과 직교하지 않는 보는 없는가?			
2.5 보 철근은 기둥 철근 사이로 배근이 가능한가?			
2.6 원형기둥에 연결되는 보의 철근은 배근이 가능한가?			
2.7 무량판슬래브의 전단보강근 배근상세는 적정한가?(권장)			
2.8 무량판구조는 각 방향으로 2개 이상의 주열대 하부근이 기둥 위를 지나 외부받침부에 정착되어 있는가?			
2.9 하중전이 부재는 시공이음(C.J) 위치와 시공 유의사항이 도시되어 있는가?			
2.10 지하외벽의 수평철근 철근량은 적정한가?(권장)			
2.11 지하외벽의 수평철근은 교차하는 벽체에 정착되어 있는가?			
2.12 절곡지붕은 배근상세가 있는가?			
2.13 지하주차장 PC기둥의 후설치 앵커는 적정한가?(권장)			

체크사항	적합	부적합	조치사항
3.0 시공			
3.1 시공상세도의 품질은 적정한가?(권장)			
3.2 가설울타리(방음벽) 설계는 적정한가?(권장)			
3.3 파이프서포트, 시스템서포트 및 시스템비계의 설계는 적정한가?(권장)			
3.4 갱폼은 안전한가?(권장)			
3.5 이질기초에 대한 판단은 적정한가?(권장)			
3.6 파일의 중심간격은 2.5D 이상, 연단거리는 1.25D 이상인가?			
3.7 기둥의 다우얼 철근은 정위치에 조립되어 있는가?			
3.8 기둥 다우얼 철근의 띠철근 규격은 적정한가?			
3.9 벽체철근의 배근위치는 적정한가?			
3.10 슬래브와 보 공법은 적정한가?(권장)			
3.11 무단히 절곡한 철근은 없는가?			
3.12 콘크리트 타설 중단에 대한 준비가 되어 있는가?(권장)			
3.13 철골구조의 가볼트 조임은 적정한가?			
3.14 용접한 철근은 없는가?			
3.15 보 하부에서 기둥을 시공이음(C.J.)하지 않았는가?			
3.16 무단히 조적을 RC벽체로 변경하지 않았는가?			
3.17 되메우기는 다짐을 했는가?			
3.18 하이야트호텔(켄사스) 붕괴사고를 알고 있는가?(권장)			

부록 2

상주 공사감리 체크리스트
- 건축공사 감리세부기준[별표 1]

<table>
<tr><th colspan="3">공종별 감리 체크리스트</th><th>문서번호</th><th colspan="3"></th></tr>
<tr><td colspan="2">공종</td><td>가설공사</td><td>세부공종</td><td colspan="3">–</td></tr>
<tr><td colspan="2">부위</td><td>층</td><td>위치</td><td colspan="3"></td></tr>
<tr><td colspan="2" rowspan="2">구분</td><td rowspan="2">검사 항목</td><td rowspan="2">기준, 참고사항</td><td colspan="2">검사결과</td><td rowspan="2">조치사항</td></tr>
<tr><td>적합</td><td>부적합</td></tr>
<tr><td rowspan="27">기본업무</td><td rowspan="5">부지상황확인</td><td>대지경계 확인</td><td></td><td></td><td></td><td></td></tr>
<tr><td>건축물, 공작물, 지하매설물(가스관, 전선, 케이블, 급수관 등) 확인</td><td></td><td></td><td></td><td></td></tr>
<tr><td>배수로 및 배수관 확인</td><td></td><td></td><td></td><td></td></tr>
<tr><td>부지주변상황과 설계도서 비교 확인·검토</td><td></td><td></td><td></td><td></td></tr>
<tr><td>대지의 고저차 설계도서 확인·검토</td><td></td><td></td><td></td><td></td></tr>
<tr><td rowspan="3">줄쳐보기</td><td>발주자(건축주), 감리자, 도급자의 3자 입회하에 평면적, 입체적(건물상호 간격, 경계선, 도로부터의 거리)으로 확인·검토하고 결과기록 확인</td><td></td><td></td><td></td><td></td></tr>
<tr><td>대지경계 확인</td><td></td><td></td><td></td><td></td></tr>
<tr><td>법규상제약(사선제한, 연소의 우려가 있는 부분, 인동간격, 피난거리 등) 확인·검토</td><td></td><td></td><td></td><td></td></tr>
<tr><td rowspan="2">벤치마크(BM)</td><td>기준점의 확인·검토</td><td></td><td></td><td></td><td></td></tr>
<tr><td>BM위치에 대한 확인</td><td></td><td></td><td></td><td></td></tr>
<tr><td rowspan="2">규준틀</td><td>설치위치 및 깊이 확인·검토: 관입깊이 30cm 이상 여부</td><td></td><td></td><td></td><td></td></tr>
<tr><td>먹매김 확인</td><td></td><td></td><td></td><td></td></tr>
<tr><td rowspan="2">지내력</td><td>설계지내력의 육안 또는 서류 확인·검토</td><td></td><td></td><td></td><td></td></tr>
<tr><td>과거의 자료(인근 우물의 샘플 등)에 의거한 지지층의 두께 확인·검토</td><td></td><td></td><td></td><td></td></tr>
<tr><td rowspan="4">가설울타리</td><td>가설울타리의 기둥간격 확인·검토</td><td></td><td></td><td></td><td></td></tr>
<tr><td>출입문의 위치 확인·검토</td><td></td><td></td><td></td><td></td></tr>
<tr><td>재료하치장, 가설작업장, 기타 가설건축물에 대한 확인·검토</td><td></td><td></td><td></td><td></td></tr>
<tr><td>비계 계획도의 확인·검토</td><td></td><td></td><td></td><td></td></tr>
<tr><td rowspan="6">가설점검</td><td>공사현장에서의 확인필 표시의 확인</td><td></td><td></td><td></td><td></td></tr>
<tr><td>비계 적합성 여부의 확인·검토</td><td></td><td></td><td></td><td></td></tr>
<tr><td>가설물에 대한 매월점검·매주점검·매일점검 실시 확인</td><td></td><td></td><td></td><td></td></tr>
<tr><td>비계의 허용적재하중의 표시 확인</td><td></td><td></td><td></td><td></td></tr>
<tr><td>쓰레기장·재료하치장의 정리, 정돈, 청소여부의 확인</td><td></td><td></td><td></td><td></td></tr>
<tr><td>가설구조물의 구조적 안전성 확인·검토
(해당건축물에 한함)</td><td></td><td></td><td></td><td></td></tr>
<tr><td colspan="2" rowspan="2">시공자점검일</td><td rowspan="2">년 월 일</td><td>총괄 시공 책임자</td><td colspan="3">(인)</td></tr>
<tr><td>공종별 시공 관리자</td><td colspan="3">(인)</td></tr>
<tr><td colspan="2" rowspan="2">감리자점검일</td><td rowspan="2">년 월 일</td><td>총괄 감리 책임자</td><td colspan="3">(인)</td></tr>
<tr><td>건축사보
(공종별 감리 책임자)</td><td colspan="3">(인)</td></tr>
<tr><td colspan="2">첨부자료</td><td colspan="5"></td></tr>
</table>

공종별 감리 체크리스트			문서번호			
공종		토공사	세부공종	–		
부위		층	위치			
구분		검사 항목	기준, 참고사항	검사결과		조치사항
				적합	부적합	
기본업무	터파기	기초깊이가 동결선 이하인지 확인				
		터파기 깊이 확인·검토				
		바닥면의 토질상태 확인·검토				
	터파기 계획	터파기 관련 도서 확인·검토				
		경사면의 상황, 구배, 치수의 적합성 확인·검토				
		흙막이와 굴착방법의 관련 확인·검토				
		흙막이 계획도(흙막이계산서) 확인·검토				
		출수 예상 경우 터파기전 배수계획 확인·검토				
		바닥면이 연약지반인 경우에는 히빙대책 확인·검토				
		주위지반에 적합한 터파기 계획 확인·검토				
		잔토처리장소 확인·검토				
		굴착방법(근린에 대한 진동, 소음등) 확인·검토				
		도로 파손의 대책 확인·검토				
	흙막이	비상시의 연락계통 확인·검토				
		흙막이 붕괴가 발생시 대책 확인·검토				
		터파기에 앞서 흙막이공법, 시공계획서등(구조계산서, 흙막이 설계도서)의 확인·검토				
	터파기 바닥	벤치마크로서 바닥높이 확인				
		터파기 저면층 및 바닥면의 토질 확인				
		–직접기초의 경우 보링데이터 또는 시험굴착에 의한 샘플 확인·검토				
	잔토처리	장외처리의 경우 반출토량 및 반출시기, 잔토처리장소 등 확인				
	되메우기·성토	되메우기하는 부분의 구조체에 대한 방수상태 확인				
		되메우기, 성토용 흙은 기와조각, 나무부스러기, 바위덩어리 등 이물질을 제거하였는지 확인				
	대지정리 바닥고름	건물주위 대지정리의 확인				
시공자점검일		년 월 일	총괄 시공 책임자	(인)		
			공종별 시공 관리자	(인)		
감리자점검일		년 월 일	총괄 감리 책임자	(인)		
			건축사보 (공종별 감리 책임자)	(인)		
첨부자료						

공종별 감리 체크리스트			문서번호			
공종		지정 및 기초공사	세부공종	말뚝공사		
부위		층	위치			
구분		검사 항목	기준, 참고사항	검사결과		조치사항
				적합	부적합	
기본업무	말뚝박기 계획	말뚝박기 관련 도서 확인·검토				
		말뚝 사용시의 확인·검토사항				
		–말뚝선단저항력 확인·검토				
		–말뚝의 주위마찰저항력 확인·검토				
		배치도 확인·검토				
		–말뚝중심 확인·검토				
		–박기순서 확인·검토				
		–하루의 박기개수, 시공공정표 첨부 등 확인·검토				
		박기 요령(타격말뚝의 경우) 확인·검토				
		–지반 또는 터파기 바닥박기 여부 확인·검토				
		–침하량의 크기 확인·검토				
		공사개요(현장타설 콘크리트 말뚝의 경우) 확인·검토				
		–현장타설 공법의 종류 확인·검토				
		–말뚝지름, 말뚝길이 등 확인·검토				
		–콘크리트(콘크리트의 종류, 품질, 설계기준강도, 슬럼프 값) 확인·검토				
		–철근가공조립 확인·검토(배근, 철근굵기, 이음방법 피복두께, 형상 등)				
		–시공기록의 확인·검토				
	시험말뚝	타격말뚝–소정의 침하량 확인				
	말뚝박기	말뚝 시공완료상태 육안 확인				
		타격말뚝 공사의 확인				
		–제품검사 및 재령 확인				
		–이음처리 확인				
		–말뚝머리처리 확인				
		–최종침하량 확인				
		현장타설 콘크리트 말뚝공사의 확인				
		–세우기 확인				
		–슬라임(Slime)처리 확인				
		–최종타설 말뚝의 머리 확인				
		–수압 및 토압에 의해 콘크리트 굵기가 가늘어 질 불안은 없는지의 확인				
		–인접말뚝으로 콘크리트 경화중에 피해를 받을 우려는 없는지 확인				
시공자점검일		년 월 일	총괄 시공 책임자	(인)		
			공종별 시공 관리자	(인)		
감리자점검일		년 월 일	총괄 감리 책임자	(인)		
			건축사보 (공종별 감리 책임자)	(인)		
첨부자료						

<table>
<tr><th colspan="3">공종별 감리 체크리스트</th><th>문서번호</th><th colspan="3"></th></tr>
<tr><td colspan="2">공종</td><td>지정 및 기초공사</td><td>세부공종</td><td colspan="3">지정공사</td></tr>
<tr><td colspan="2">부위</td><td>층</td><td>위치</td><td colspan="3"></td></tr>
<tr><td colspan="2" rowspan="2">구분</td><td rowspan="2">검사 항목</td><td rowspan="2">기준, 참고사항</td><td colspan="2">검사결과</td><td rowspan="2">조치사항</td></tr>
<tr><td>적합</td><td>부적합</td></tr>
<tr><td rowspan="3">기본업무</td><td rowspan="2">자갈 쇄석 지정</td><td>바닥면의 레벨 확인</td><td></td><td></td><td></td><td></td></tr>
<tr><td>지정공사의 확인</td><td></td><td></td><td></td><td></td></tr>
<tr><td>밑창 콘크리트</td><td>밑창콘크리트의 배합, 두께 확인</td><td></td><td></td><td></td><td></td></tr>
<tr><td colspan="2" rowspan="2">시공자점검일</td><td rowspan="2">년 월 일</td><td>총괄 시공 책임자</td><td colspan="3">(인)</td></tr>
<tr><td>공종별 시공 관리자</td><td colspan="3">(인)</td></tr>
<tr><td colspan="2" rowspan="2">감리자점검일</td><td rowspan="2">년 월 일</td><td>총괄 감리 책임자</td><td colspan="3">(인)</td></tr>
<tr><td>건축사보
(공종별 감리 책임자)</td><td colspan="3">(인)</td></tr>
<tr><td colspan="2">첨부자료</td><td colspan="5"></td></tr>
</table>

<table>
<tr><th colspan="3">공종별 감리 체크리스트</th><th>문서번호</th><th colspan="3"></th></tr>
<tr><td colspan="2">공종</td><td>거푸집 공사</td><td>세부공종</td><td colspan="3">–</td></tr>
<tr><td colspan="2">부위</td><td>층</td><td>위치</td><td colspan="3"></td></tr>
<tr><td colspan="2" rowspan="2">구분</td><td rowspan="2">검사 항목</td><td rowspan="2">기준, 참고사항</td><td colspan="2">검사결과</td><td rowspan="2">조치사항</td></tr>
<tr><td>적합</td><td>부적합</td></tr>
<tr><td rowspan="19">기본업무</td><td rowspan="5">먹매김</td><td>각층 바닥 먹매김 확인</td><td></td><td></td><td></td><td></td></tr>
<tr><td>밑창콘크리트 각 포인트의 기본바탕 먹매김 확인</td><td></td><td></td><td></td><td></td></tr>
<tr><td>세우기시 철근기둥 네모서리의 평면 먹매김 여부 확인</td><td></td><td></td><td></td><td></td></tr>
<tr><td>아래층에서부터 내림추로 올라가는 먹매김 확인</td><td></td><td></td><td></td><td></td></tr>
<tr><td>각층 기준 먹매김에서부터 각 부재까지의 허용오차 확인</td><td></td><td></td><td></td><td></td></tr>
<tr><td rowspan="7">거푸집 조립</td><td>거푸집의 수직조립에 대한 확인·검토 (층 높이, 개구부 등)</td><td></td><td></td><td></td><td></td></tr>
<tr><td>–거푸집 안치수 확인·검토</td><td></td><td></td><td></td><td></td></tr>
<tr><td>스페이서의 크기와 거푸집 및 철근과의 간격확인·검토</td><td></td><td></td><td></td><td></td></tr>
<tr><td>제물치장 마감의 경우, 치장용 세퍼레이트의 배치위치 확인·검토</td><td></td><td></td><td></td><td></td></tr>
<tr><td>거푸집, 동바리, 시공도면 및 단면치수 허용오차 확인·검토</td><td></td><td></td><td></td><td></td></tr>
<tr><td>–각층의 기준 먹매김에서부터 각부재까지 거리의 허용오차 확인·검토</td><td></td><td></td><td></td><td></td></tr>
<tr><td>–바닥판, 보 밑의 레벨 확인·검토
(층높이, 판두께, 단차, 단면, 수평도, 중앙부풀음)</td><td></td><td></td><td></td><td></td></tr>
<tr><td rowspan="3">타설시 거푸집 동바리</td><td>동바리, 거푸집검사에 대한 확인</td><td></td><td></td><td></td><td></td></tr>
<tr><td>–거푸집의 흡수나 휨 상태 / 이음면 / 상단면</td><td></td><td></td><td></td><td></td></tr>
<tr><td>–이어치기 마감주위의 페이스트가 새는지의 확인</td><td></td><td></td><td></td><td></td></tr>
<tr><td rowspan="2">거푸집 존치기간</td><td>지주의 거푸집 제거 시 콘크리트 강도확인</td><td></td><td></td><td></td><td></td></tr>
<tr><td>존치일수확인(이 경우도 강도시험은 반드시 확인)</td><td></td><td></td><td></td><td></td></tr>
<tr><td rowspan="7">기본외업무</td><td rowspan="6">거푸집 자재</td><td>합판, 박리제 검사 등의 확인</td><td></td><td></td><td></td><td></td></tr>
<tr><td>합판두께의 확인 (재사용 경우 상태 확인)</td><td></td><td></td><td></td><td></td></tr>
<tr><td>박리제의 종류 확인</td><td></td><td></td><td></td><td></td></tr>
<tr><td>제물치장용 합판검사–도료의 종류 및 바르기 확인</td><td></td><td></td><td></td><td></td></tr>
<tr><td>각 마감에 적합한 거푸집확인</td><td></td><td></td><td></td><td></td></tr>
<tr><td>합판두께 / 마감바탕 / 콘크리트 표면 확인</td><td></td><td></td><td></td><td></td></tr>
<tr><td>거푸집 해체</td><td>거푸집 해체시기의 확인 / 해체후 콘크리트면 확인</td><td></td><td></td><td></td><td></td></tr>
<tr><td colspan="2" rowspan="2">시공자점검일</td><td rowspan="2">년 월 일</td><td>총괄 시공 책임자</td><td colspan="3">(인)</td></tr>
<tr><td>공종별 시공 관리자</td><td colspan="3">(인)</td></tr>
<tr><td colspan="2" rowspan="2">감리자점검일</td><td rowspan="2">년 월 일</td><td>총괄 감리 책임자</td><td colspan="3">(인)</td></tr>
<tr><td>건축사보
(공종별 감리 책임자)</td><td colspan="3">(인)</td></tr>
<tr><td colspan="2">첨부자료</td><td colspan="5"></td></tr>
</table>

공종별 감리 체크리스트			문서번호			
공종		철근 콘크리트 공사	세부공종	-		
부위		층	위치			
구분		검사 항목	기준, 참고사항	검사결과		조치사항
				적합	부적합	
기본업무	철근 조립 · 배근	철근배근의 확인사항				
		-개수, 철근지름, 피치 확인				
		-정착길이와 굽힘정착 깊이 확인				
		-이음위치와 이음길이 확인				
		결속선의 위치 및 간격유지 확인				
		-철근의 좁히기(offset bend)가공에 대한 양부 확인				
		-철근상호 간격 확인				
		-띠철근, 스터럽의 위치, 간격, 결속상태 확인				
		-기둥과 보 교차점의 띠철근 위치 확인				
		-큰보와 작은보 교차점의 늑근 확인				
		-피복두께 등 간격 유지근 등 확인				
		배근검사 후 처리 확인				
		-보강부분 확인				
		-보강근의 개수, 지름, 길이, 방법 확인				
		-재검사 여부 확인				
	철근 규격 증명서	규격품, 제조업체, 재료시험의 필요여부 확인				
		KS마크 또는 시험성적증명서에 의해 KS규격제품인지를 확인				
	콘크리트 배합	KS 규격공장의 레디믹스트 콘크리트인지 확인				
		레미콘 배합보고서 및 송장 확인				
	타설 준비	구조체(기둥, 보, 내력벽, 슬래브 두께 등) 확인				
		단열재의 시공장소(지붕슬래브, 보, 벽) 확인				
		설비용매설물(건축, 전기, 설비공사) 확인				
		통풍, 환기슬리브 확인				
		설비배관 및 덕트 관통슬리브 부분의 아무림 확인				
		천장보밑 배관구배의 공간 확인				
	콘크리트 강도 시험	28일 압축강도 확인·검토				
		콘크리트 압축강도 시험의 확인·검토				
		-시험채취의 시기 확인·검토				
		-시험채취량 확인·검토				
	콘크리트 상태 확인	이어치기면의 확인				
		-기둥, 보, 바닥판, 벽 / 방수처리면 확인				
		-이어치기면의 보수방법 확인				
	철근 조립·배근	철근조립 배근 관련 도서 확인				
		스페이서, 달철물 등의 견본품의 확인 (제물치장 콘크리트 마감시 특히 유의)				

공종별 감리 체크리스트			문서번호			
공종		철근 콘크리트 공사	세부공종	–		
부위		층	위치			
구분		검사 항목	기준, 참고사항	검사결과		조치사항
				적합	부적합	
기본외업무	철근 가공도 확인·검토	이음, 형식의 확인·검토				
		–겹침이음 확인·검토				
		–Ø19이상 가스압접, 겹침이음 확인·검토				
		철근 가공도를 가공 전에 확인·검토하고, 특수부분은 현치도 확인·검토				
		철근가공도의 확인·검토				
		–가공형상과 필요길이				
		–철골기둥, 보와 철근의 맞춤				
		–이음의 위치와 방법				
		–콘크리트 구조도면과 대조				
		–정착길이				
		–보강근, 보조근의 요령				
		철근 시공도의 확인·검토				
		–이음의 위치, 겹침길이, 철근갈고리방향				
		–매달기 철근의 위치 표시				
		기둥, 보근의 가공도 및 시공도의 확인·검토				
		–기준가공도와 확인·검토				
		–X·Y방향의 확인·검토				
		–기둥·보의 부호 혼돈 여부 확인·검토				
		–철근 스터럽의 피치와 철골 구멍 뚫기				
		–주근의 개수와 굵기				
		–겹침이음과 압접이음				
		–기둥, 보 접합부 및 정착주근이 기둥중심선을 지나는지 여부				
		–겹침이음의 주근의 갈고리 확인·검토				
		–최상층 기둥주근의 아무림				
	가스 압점	시공요령서를 작성후 확인				
		압접의 형상은 샘플을 보며 사전협의				
		작업 시작 전 시험자료 및 절단부분 확인				
		편심량에 의해 절단, 재 압접의 필요여부 확인				
		–접합부의 부풀음이 지름의 1.3배 이하				
		–접합부에 현저한 줄흠이 남아 있는 것				
		–압접부에 갈라짐 등 결함이 생긴 것				
		콘크리트 타설 전 강도 확인				
		인장시험의 확인				
		–압접기				
		–압접면의 마감상황				
		–가열, 가압상태 등				

공종별 감리 체크리스트		문서번호			
공종	철근 콘크리트 공사	세부공종	–		
부위	층	위치			
구분	검사 항목	기준, 참고사항	검사결과		조치사항
			적합	부적합	
콘크리트 타설 계획서	공정상에 기후조건으로 인한 작업의 지연정도의 예상				
	타설구획, 타설량 확인·검토				
	이음타설부분 및 개구부 주위의 메탈라스(Metal lath)에 의한 보강 확인·검토				
	압송가동소요시간(콘크리트펌프차 시간당의 압송능력, 믹서차적재능력 6m3/대 등) 확인·검토				
	배차대수, 도로상황 확인·검토				
	펌프차의 붐(boom) 및 회전 반지름 등 확인·검토				
	타설 순서, 수송배관계획, 위치, 고정방법, 받침대, 깔판계획 여부 확인·검토				
	인원배치(각 직종의 인원수), 타설기구 배치 여부 확인·검토				
타설 준비	관련공사의 검사 확인(특히 설비공사)				
	날씨, 기온측정과 기록(타설 전후) 확인				
	철근, 배관재, 기타 매설물의 고정여부 확인				
	이음타설면의 막음판 등 틈새 확인				
	태핑(tapping) 마감부분(지붕아스팔트 방수마감 등) 확인				
	루프드레인(Roof drain) 타설부분과 수량 확인				
	바닥슬래브 콘크리트 타설시기 확인				
	–선타설의 경우 주각부의 배합보정 확인				
	–후타설의 경우 지주의 지지지반 보강 확인				
	바닥판의 고저단차, 바닥내림부분 확인				
	방화구획 및 바닥판 구멍메우기 확인				
	슬래브에 의한 구배(지붕, 발코니의 물구배 등) 확인				
	내림벽(Flontage wall)의 유무와 타설 이어치기의 치수 확인				
	제물치장 마감부분 확인				
	제물치장 마감 시 이어치기면의 방수 또한 단차로 인한 의장처리 확인				
	방수처리(앵커, 관통관, 물막이판의 종류와 고정 등)의 확인				
	익스팬션죠인트의 위치 및 아무림의 확인				
	피아노선, 수평실 등 거푸집의 부풀림 체크용 재료의 준비 확인				
	보양시트 및 가설재, 치올림판 보양재의 준비 확인(강우, 저온, 여름철의 일사량시 특히 유의)				
	수송관 받침대, 사다리, 달철물 및 작업원의 통로용 복공판의 준비 확인				
	타설 30분~1시간 전에 거푸집 내부 청소상태 확인				

<table>
<tr><th colspan="3">공종별 감리 체크리스트</th><th>문서번호</th><th colspan="3"></th></tr>
<tr><td colspan="2">공종</td><td>철근 콘크리트 공사</td><td>세부공종</td><td colspan="3">–</td></tr>
<tr><td colspan="2">부위</td><td>층</td><td>위치</td><td colspan="3"></td></tr>
<tr><td colspan="2" rowspan="2">구분</td><td rowspan="2">검사 항목</td><td rowspan="2">기준, 참고사항</td><td colspan="2">검사결과</td><td rowspan="2">조치사항</td></tr>
<tr><td>적합</td><td>부적합</td></tr>
<tr><td rowspan="26"></td><td rowspan="7">콘크리트 타설</td><td>콘크리트 타설 작업원 인원 확인</td><td></td><td></td><td></td><td></td></tr>
<tr><td>타설중지 마감(막음판, 줄눈막대 등)의 확인</td><td></td><td></td><td></td><td></td></tr>
<tr><td>가로설치배관이나 토출호스 받이틀의 상태 확인</td><td></td><td></td><td></td><td></td></tr>
<tr><td>압송도중(압송관)에 폐쇄사고에 대한 대응책 확인</td><td></td><td></td><td></td><td></td></tr>
<tr><td>슬럼프와 공기량의 확인</td><td></td><td></td><td></td><td></td></tr>
<tr><td>콘크리트 면고르기 확인</td><td></td><td></td><td></td><td></td></tr>
<tr><td>–나무흙손 누름 / 쇠흙손 누름</td><td></td><td></td><td></td><td></td></tr>
<tr><td rowspan="4">콘크리트 양생</td><td>콘크리트 양생 확인·검토</td><td></td><td></td><td></td><td></td></tr>
<tr><td>–타설 후 적재금지 및 보양 여부</td><td></td><td></td><td></td><td></td></tr>
<tr><td>–처음 중량물을 설치시 안전성</td><td></td><td></td><td></td><td></td></tr>
<tr><td>콘크리트 보온장치 및 적정온도 확인·검토(동절기 공사)</td><td></td><td></td><td></td><td></td></tr>
<tr><td rowspan="3">콘크리트 강도 시험</td><td>콘크리트 압축강도 시험기록의 확인·검토</td><td></td><td></td><td></td><td></td></tr>
<tr><td>–공시체 채취요령, 장소 확인·검토</td><td></td><td></td><td></td><td></td></tr>
<tr><td>–콘크리트 품질등급에 따른 압축강도 확인·검토</td><td></td><td></td><td></td><td></td></tr>
<tr><td rowspan="3">콘크리트 상태 확인</td><td>거푸집 해체시 보수부분 확인</td><td></td><td></td><td></td><td></td></tr>
<tr><td>–공동(空洞), 자갈노출, 균열 여부 확인</td><td></td><td></td><td></td><td></td></tr>
<tr><td>–철근 노출부 / 콘크리트 마감면 확인</td><td></td><td></td><td></td><td></td></tr>
<tr><td rowspan="9">프리캐스트 콘크리트</td><td>공장제작인지 현장제작인지 확인</td><td></td><td></td><td></td><td></td></tr>
<tr><td>공장도, 현척도의확인 및 견본품 확인</td><td></td><td></td><td></td><td></td></tr>
<tr><td>거푸집의 종류 · 형상 · 크기 확인</td><td></td><td></td><td></td><td></td></tr>
<tr><td>배근, 보강근, 인서트 등 확인</td><td></td><td></td><td></td><td></td></tr>
<tr><td>시멘트, 골재, 물 등의 품질 확인</td><td></td><td></td><td></td><td></td></tr>
<tr><td>배합에 대한 강도 및 슬럼프 시험반죽에 의해 확인</td><td></td><td></td><td></td><td></td></tr>
<tr><td>현장설치시 확인</td><td></td><td></td><td></td><td></td></tr>
<tr><td>–정착부의 볼트조임고정, 앵커용접에 의한 강도확인</td><td></td><td></td><td></td><td></td></tr>
<tr><td colspan="2" rowspan="2">시공자점검일</td><td rowspan="2">년 월 일</td><td>총괄 시공 책임자</td><td colspan="3">(인)</td></tr>
<tr><td>공종별 시공 관리자</td><td colspan="3">(인)</td></tr>
<tr><td colspan="2" rowspan="2">감리자점검일</td><td rowspan="2">년 월 일</td><td>총괄 감리 책임자</td><td colspan="3">(인)</td></tr>
<tr><td>건축사보
(공종별 감리 책임자)</td><td colspan="3">(인)</td></tr>
<tr><td colspan="2">첨부자료</td><td colspan="5"></td></tr>
</table>

<table>
<tr><th colspan="3">공종별 감리 체크리스트</th><th>문서번호</th><th colspan="3"></th></tr>
<tr><td colspan="2">공종</td><td>철골 공사</td><td>세부공종</td><td colspan="3">-</td></tr>
<tr><td colspan="2">부위</td><td>층</td><td>위치</td><td colspan="3"></td></tr>
<tr><td colspan="2" rowspan="2">구분</td><td rowspan="2">검사 항목</td><td rowspan="2">기준, 참고사항</td><td colspan="2">검사결과</td><td rowspan="2">조치사항</td></tr>
<tr><td>적합</td><td>부적합</td></tr>
<tr><td rowspan="26">기본업무</td><td rowspan="18">시공</td><td>강재 규격 • 치수의 확인·검토</td><td></td><td></td><td></td><td></td></tr>
<tr><td>설계도서와의 대조 • 확인·검토</td><td></td><td></td><td></td><td></td></tr>
<tr><td>-치수기준의 통일(안치수, 바깥치수 중 통일) 확인·검토</td><td></td><td></td><td></td><td></td></tr>
<tr><td>-설계도와 치수선 대조 확인·검토</td><td></td><td></td><td></td><td></td></tr>
<tr><td>-기둥, 보의 부호 및 부재단면 확인·검토</td><td></td><td></td><td></td><td></td></tr>
<tr><td>-앵커볼트의 배치, 베이스플레이트와 주근 개수 확인·검토</td><td></td><td></td><td></td><td></td></tr>
<tr><td>-철골과 철근의 접촉부 확인·검토</td><td></td><td></td><td></td><td></td></tr>
<tr><td>• 벽중심과 보중심이 일치된 경우 확인·검토</td><td></td><td></td><td></td><td></td></tr>
<tr><td>• 벽중심과 기둥중심이 일치하고 주근의 수가 홀수인 경우 확인·검토</td><td></td><td></td><td></td><td></td></tr>
<tr><td>• 가셋플레이트(Gusset plate)와 철근의 접촉여부 확인·검토</td><td></td><td></td><td></td><td></td></tr>
<tr><td>-철골접합 부분에 필러 설치여부 확인·검토</td><td></td><td></td><td></td><td></td></tr>
<tr><td>-철근, 덕트, 배관 등 각종 관통구멍의 위치 및 상세 확인·검토</td><td></td><td></td><td></td><td></td></tr>
<tr><td>-내화피복의 유무와 두께, 치수 확인·검토</td><td></td><td></td><td></td><td></td></tr>
<tr><td>-조립순서, 허용공차, 오차수정 확인·검토</td><td></td><td></td><td></td><td></td></tr>
<tr><td>제작도면(Shop drawing) 확인·검토</td><td></td><td></td><td></td><td></td></tr>
<tr><td>공장의 현치용인 것과 현장공사용의 테이프맞춤용인지 확인</td><td></td><td></td><td></td><td></td></tr>
<tr><td>현치도의 확인·검토(시공도와 치수)</td><td></td><td></td><td></td><td></td></tr>
<tr><td>공정, 수송, 양생, 세우기 순서에 대한 협의 • 확인·검토</td><td></td><td></td><td></td><td></td></tr>
<tr><td rowspan="4">앵커볼트</td><td>앵커볼트 주위에 배근이 있는 경우 베이스플레이트에 접촉되지 않도록 베이스플레이트의 크기와 철근의 위치 확인</td><td></td><td></td><td></td><td></td></tr>
<tr><td>앵커 볼트 상태 확인</td><td></td><td></td><td></td><td></td></tr>
<tr><td>-콘크리트 타설 전 / 후 확인</td><td></td><td></td><td></td><td></td></tr>
<tr><td>-세우기 전 확인</td><td></td><td></td><td></td><td></td></tr>
<tr><td rowspan="3">기둥밑 고르기</td><td>무수축 모르타르에 의한 그라우트 시공 여부 확인</td><td></td><td></td><td></td><td></td></tr>
<tr><td>-높이 조정 후 확인</td><td></td><td></td><td></td><td></td></tr>
<tr><td>-수평세우기 수정 후 확인</td><td></td><td></td><td></td><td></td></tr>
<tr><td>제작공장 (업자)</td><td>제조업자의 관련 자료 확인</td><td></td><td></td><td></td><td></td></tr>
<tr><td></td><td rowspan="2">강재 재질</td><td>강재의 재질 규격 확인</td><td></td><td></td><td></td><td></td></tr>
<tr><td></td><td>공공기관의 강재시험성적표 확인</td><td></td><td></td><td></td><td></td></tr>
</table>

<table>
<tr><td colspan="3">공종별 감리 체크리스트</td><td>문서번호</td><td colspan="3"></td></tr>
<tr><td colspan="2">공종</td><td>철골 공사</td><td>세부공종</td><td colspan="3">-</td></tr>
<tr><td colspan="2">부위</td><td>층</td><td>위치</td><td colspan="3"></td></tr>
<tr><td colspan="2" rowspan="2">구분</td><td rowspan="2">검사 항목</td><td rowspan="2">기준, 참고사항</td><td colspan="2">검사결과</td><td rowspan="2">조치사항</td></tr>
<tr><td>적합</td><td>부적합</td></tr>
<tr><td rowspan="12">기본업무</td><td rowspan="2">현장 세우기</td><td>세우기 조립 정도에 대한 확인·검토</td><td></td><td></td><td></td><td></td></tr>
<tr><td>허용되는 조립기울기의 범위내 인지 확인·검토 (KASS의 수치)</td><td></td><td></td><td></td><td></td></tr>
<tr><td rowspan="4">고장력 볼트 본조임</td><td>고장력 볼트의 조임 순서 지도</td><td></td><td></td><td></td><td></td></tr>
<tr><td>-볼트, 너트 규격품 확인</td><td></td><td></td><td></td><td></td></tr>
<tr><td>-나사정밀도 확인</td><td></td><td></td><td></td><td></td></tr>
<tr><td>-죄이기 순서 지도</td><td></td><td></td><td></td><td></td></tr>
<tr><td rowspan="2">현장 용접</td><td>용접봉 검시에 대한 확인·검토</td><td></td><td></td><td></td><td></td></tr>
<tr><td>스터드(Stud) 용접의 확인·검토</td><td></td><td></td><td></td><td></td></tr>
<tr><td rowspan="4">제품 공장 검사</td><td>확인 사항 확인·검토</td><td></td><td></td><td></td><td></td></tr>
<tr><td>-공장내의 사내 검사보고서의 수리 · 확인</td><td></td><td></td><td></td><td></td></tr>
<tr><td>-제품가조립 상태 확인</td><td></td><td></td><td></td><td></td></tr>
<tr><td>-철근관통 구멍뚫기 위치 확인</td><td></td><td></td><td></td><td></td></tr>
<tr><td>용접 공사 보고서</td><td>용접부 시험성적표의 확인·검토</td><td></td><td></td><td></td><td></td></tr>
<tr><td rowspan="10">기본외업무</td><td rowspan="4">제작 요령서</td><td>절단시 확인사항 확인·검토</td><td></td><td></td><td></td><td></td></tr>
<tr><td>-강재 가공방법 확인</td><td></td><td></td><td></td><td></td></tr>
<tr><td>-강재의 재질 확인</td><td></td><td></td><td></td><td></td></tr>
<tr><td>용접봉에 대한 확인</td><td></td><td></td><td></td><td></td></tr>
<tr><td rowspan="2">공장 가공</td><td>공장가공 제품의 확인</td><td></td><td></td><td></td><td></td></tr>
<tr><td>-공장 방청도장의 종류와 도장회수 확인</td><td></td><td></td><td></td><td></td></tr>
<tr><td>제품 공장 검사</td><td>가공한 철골의 조립용 표시(동서남북, X · Y 등 세우기 방향 명시, 통일성) 여부 확인</td><td></td><td></td><td></td><td></td></tr>
<tr><td rowspan="3">용접 공사 보고서</td><td>용접 전의 확인사항</td><td></td><td></td><td></td><td></td></tr>
<tr><td>-용접순서, 용접절차 시방서 확인</td><td></td><td></td><td></td><td></td></tr>
<tr><td>용접 후의 확인 사항</td><td></td><td></td><td></td><td></td></tr>
<tr><td colspan="2" rowspan="2">시공자점검일</td><td rowspan="2">년 월 일</td><td>총괄 시공 책임자</td><td colspan="3">(인)</td></tr>
<tr><td>공종별 시공 관리자</td><td colspan="3">(인)</td></tr>
<tr><td colspan="2" rowspan="2">감리자점검일</td><td rowspan="2">년 월 일</td><td>총괄 감리 책임자</td><td colspan="3">(인)</td></tr>
<tr><td>건축사보 (공종별 감리 책임자)</td><td colspan="3">(인)</td></tr>
<tr><td colspan="2">첨부자료</td><td colspan="5"></td></tr>
</table>

부록 3

[KSEA 저작권] 제4부 1장 철근콘크리트 구조일반사항 (KDS41)_230315(수정)

1. 구조 일반사항

1.1 개요

(1) 구조물 개요

항 목	내 용		
공 사 명	0000 신축공사		
건물위치	부산광역시 000		
건물규모	지하0층 / 지상00층		
건물용도	000		
중 요 도	중요도 (1)		
구조방식	구조종별	철근콘크리트구조	
	지진력저항 시 스 템	지상층	벽식구조
		지하층	RC Beam & Girder

(2) 설계적용기준

항 목	적 용 기 준
적용규준	- 국가건설기준 Korean Design Standard (국토교통부 2019) ① 건축구조기준 설계하중 (KDS 41 10 15) ② 건축물 내진설계기준 (KDS 41 17 00) ③ 건축물 기초구조 설계기준 (KDS 41 20 00) ④ 건축물 콘크리트구조 설계기준(KDS 30 00)
참고기준	ACI 318-11(철근콘크리트)

(3) 발주자가 필요하다고 인정하는 경우나 특별한 조사연구에 의할 경우 본 일반사항을 적용하지 않을 수 있다. 다만, 이러한 경우 그 근거를 명시하여 당해 업무별 책임구조기술자의 승인을 득하여야 한다.

1.2 사용재료의 종류 및 설계기준강도

재 료	설 계 기 준 강 도			비 고
콘크리트	KS F 2405 (재령 28일 압축강도)	전 층	fck = 27 MPa	전층 수직/수평재
		기 초	fck = 27 MPa	
철 근	KS D 3504	SD 400 (fy = 400 MPa)		HD16 이하
		SD 500 (fy = 500 MPa)		SHD19 이상
		SD 500S (fy = 500 MPa)		전이보, 전이기둥 주철근

1.3 기초형식 및 설계용 지하수위

기초 형식	지내력 기초	필요 지지력	fe = 350kN/m2 이상
지하수위	지반조사결과 조사심도 이하 (G.L-4.0m 적용하여 설계)		

1) 직접기초 적용시 : 기초공사전에 시공계획면까지 터파기를 완료한 후, 현장 평판재하시험 등의 적절한 방법을 통해 지반의 안정성 및 지반의 장기허용지내력을 확보하는지 여부를 확인하여야 한다.
2) 말뚝기초 적용시 : 기초공사전에 시항타 및 말뚝 재하시험 등의 적절한 방법을 통해 말뚝의 길이에 대한 검토 및 말뚝의 장기 허용지지력을 확보하는지 여부를 확인하여야 한다.
3) 상기 사항이 다를 경우 감독관 및 책임구조기술자의 승인을 얻어 필요한 조치를 하여야 한다.
4) 밑창(버림) 콘크리트
   1) 사용위치 : 기초, 지중보 및 지면에 닿는 슬래브 하부
   2) 설계기준강도 : 별도의 표기가 없는 경우 fck = 15 MPa 이상으로 한다.
   3) 두 께 : 도면에 표기가 없는 경우에는 60mm 이상으로 한다.

1.4 설계하중

(1) 고정하중

건축물 자체의 무게와 생애주기 중 지속적으로 작용하는 수직하중

(2) 활하중

각 실의 실제 사용 용도에 따라 기준의 최소등분포활하중 이상 적용

실 용 도	활 하 중 (kN/m^2)	실 용 도	활 하 중 (kN/m^2)
옥탑지붕	1.0	소화수조(옥탑층)	17.0
옥상조경(지붕층)	3.0	발 코 니	3.0
객 실	2.0	주 방	7.0
구내식당	5.0	램 프	6.0

(3) 풍하중

구 분	적용기준
기본풍속(V0)	38 m/sec
지표면조도구분	D (장애물이 거의 없는 지역)
중요도계수(Iw)	1.0
건물 형상비	H√(A) = 1.85 < 3.0

(4) 지진하중

구 분	적용기준	
유효지반가속도(S)	0.18	
지반종류	S2 (얕고 단단한 지반)	
반응수정계수(R)	지상층	R = 4.0 (내력벽시스템 - 철.콘 보통전단벽)
	지하층	R = 3.0 (지하외벽에 둘러싸인 지하구조시스템)
내진등급 / 중요도계수(Ie)	중요도(1) / 1.2	
내진설계범주	C	
내진능력 (MMI등급)	Ⅶ-0.2016g	

(5) 적설하중

구 분	적용기준
기본지상적설하중 (Sg)	0.5
중요도계수(Is)	중요도(1) / 1.1
노출계수(Ce)	0.8

* 발주자가 필요하다고 인정하는 경우나 특별한 조사연구에 의할 경우 본 일반사항을 적용하지 않을 수 있다. 다만, 이러한 경우 그 근거를 명시하여 당해 업무별 책임구조기술자의 승인을 득하여야 한다.

1.5 구조안전의 확인

(1) 시공상세도서의 구조안전 확인 - KDS 41 10 6.2 시공상세도서의 구조안전 확인

시공자가 작성한 시공상세도서 중 KDS 41 10 6.2 시공상세도서의 구조안전확인의 규정과 구조설계도서의 의도에 적합한지에 대하여 책임구조기술자로부터 구조적합성과 구조안전의 받아야 할 도서는 다음과 같다.

a. 구조체 배근시공도
b. 구조체 제작·설치도(강구조 접합부 포함)
c. 구조체 내화상세도
d. 부구조체(커튼월·외장재·유리구조·창호틀·천정틀·돌붙임골조 등) 시공도면과 제작·설치도
e. 건축 비구조요소의 설치상세도(구조적합성과 구조안전의 확인이 필요한 경우만 해당)
f. 건축설비(기계·전기비구조요소)의 설치상세도
g. 가설구조물의 구조체 시공상세도
h. 건설가치공학(V.E.) 구조설계도서
i. 기타 구조안전의 확인이 필요한 도서

(2) 시공 중 구조안전 확인 - KDS 41 10 6.3 시공 중 구조안전 확인

시공과정에서 구조적합성과 구조안전을 확인하기 위하여 책임구조기술자가 KDS 41 10 6.3 시공 중 구조안전 확인에 따라 수행해야 하는 업무의 종류는 다음과 같다.

a. 구조물 규격에 관한 검토·확인
b. 사용구조자재의 적합성 검토·확인
c. 구조재료에 대한 시험성적표 검토
d. 배근의 적정성 및 이음·정착 검토
e. 설계변경에 관한 사항의 구조검토·확인
f. 시공하자에 대한 구조내력검토 및 보강방안
g. 기타 시공과정에서 구조체의 안전이나 품질에 영향을 줄 수 있는 사항에 대한 검토

1.6 구조시공에 대한 일반사항

(1) 시공이음

1) 시공자는 끊어치기 위치, 구획 및 방법, 콘크리트 분할타설 계획에 대하여 사전에 책임기술자의 검토 및 확인 후 담당원의 승인을 받아야 한다.
2) 시공이음은 될 수 있는 대로 전단력이 작은 위치에 설치하고, 부득이 전단력이 큰 위치에 시공이음을 설치할 경우에는 시공이음에 장부 또는 홈을 두거나 적절한 강재를 배치하여 보강하여야 한다.
3) 캔틸레버 구조의 경우는 이어치기를 금한다.
4) 콘크리트 분할타설 구역의 구획 및 이어치기 시점은 콘크리트 건조수축 균열이 방지될 수 있도록 정하여야 한다.

(2) 지연 조인트 (DELAY JOINT)

1) 시공자는 현장여건상 콘크리트 분할타설에 의하여 콘크리트 건조수축 균열을 방지할 수 없는 경우 지연 조인트(Delay Joint)를 설치하여야 한다.
2) 시공자는 지연조인트 위치 및 상세에 대하여 사전에 책임기술자의 검토 및 확인 후 담당원의 승인을 받아야 한다.

(3) 지수판 설치

지하 외부옹벽, 외부에 노출된 옹벽 및 옹벽과 슬래브와의 접합부, 정화조 등 누수의 우려가 있거나, 지하수위 하부의 수압이 발생하는 부위의 이어치기 면에는 지수판을 설치한다.

(4) 기타사항

1) 도면상 표시된 치수와 표고는 특기사항이 없는 한 mm단위로 한다.
2) 다음의 일반사항 및 표준상세도는 철근콘크리트 설계기준에 준하였으며, 구조도면에 특별한 사항이 없는 한 모든 도면에 준한다.
3) 구조도면과 구조일반사항의 내용이 중복될 경우 구조도면을 우선 적용한다.
4) 시공자는 공사에 착수하기 전에 도면상의 모든 치수 및 현장 조건을 확인하여야 하며, 불합리한 부분 및 개선사항은 구조기술사의 승인 후 변경할 수 있다.
5) 시공자는 시공전 구조도면에 오류가 없는지 검토하여야 한다.
6) 도면상의 모든 길이는 표기도나 치수를 기준으로 하며 스케일(축척자)을 사용하여 읽지 않도록 한다.
7) 도면에 표현된 공사관련 사항과 특기시방은 최소 규준이다.
8) 도면들은 모든 해당 건축도면, 설비도면, 시방서와 연계해서 해석되어야 한다.
9) 공사 중 구조안정을 유지하기 위한 동바리와 가설공사 계획 및 설계의 책임은 시공자에게 있다.
10) 도면상에 표기된 모든 부재는 영구상태로 설계된 것이다.
시공시 구조물의 적절함의 판단 및 안전성 확보는 시공자의 책임이다.
특히, 지붕골조 시공시, 파사드 및 판넬 마감 등 타공정 도서를 상호 검토하여 골조 공사중 간섭이 발생하지 않도록 해야 한다.
11) 시공자에 의해 설치된 모든 설비 개구부는 공사 전 해당 기술자의 승인을 받아야 한다.
12) DECK SLAB는 현장에서 DECK 업체를 선정하여 시공할 경우 DECK 업체의 계산서 및 DECK 구조도면을 반드시 원설계자의 승인을 받은후 시공해야 한다.
13) 구조도면과 구조계산서가 상이할 시는 구조계산서의 내용을 우선시하며, 상이한 부분은 구조설계자에게 확인한다.
14) 다음 사항들은 건축도면을 참조한다.
   a. 문이나 창문의 크기와 위치
   b. 건물 실내의 모든 비내력벽의 크기와 위치
   c. 콘크리트 커브, 바닥 드레인(DRAIN), 경사로(SLOPE), 다른 레벨, 모접기(CHAMFER) 그루브(GROOVE), 인서트(INSERT) 등의 크기와 위치
   d. 모든 바닥과 지붕의 개구부
   e. 바닥과 지붕의 마감
   f. 구조 단면에 표시되지 않은 치수
15) 다음 사항들은 기계, 배관, 전기도면들을 참조한다.
   a. 파이프(PIPE), 슬리브(SLEEVE), 행거(HANGER), 트렌치(TRENCH), 벽과 슬래브 개구부 등
   b. 벽이나 슬래브의 전기 도관(CONDUIT), 아우트렛 박스(OUTLET BOX) 등
   c. 전기, 기계나 배관을 위한 콘크리트 인서트(INSERT)
   d. 기계나 장비의 베이스(BASE), 모터를 장착하기 위한 앵커볼트등의 크기와 위치

(5) 시공자는 상기 사항을 확인하고, 만약 현장상황이 상기 사항과 다를 경우나 구조설계를 변경하여 시공하여야 할 상황이 발생할 경우 감독관 및 책임기술자의 승인을 득한후 시공하여야 한다.

NOTE

REVISIONS		
7		
6		
5		
4		
3		
2		
1		
NO.	DATE	DESCRIPTION

PROJECT TITLE

DRAWING TITLE

철근콘크리트구조 일반사항-1

DATE	SCALE	A1	NONE
		A3	NONE
DRAWN BY			
CHECKED BY			
APPROVED BY			
DESIGNED BY			
DRAWING NO.	S - 001		

1. 구조 일반사항

1.7 철근의 간격제한

(1) 동일평면에서 평행하는 철근사이의 수평 순간격은 철근의 공칭지름(db), 25mm, 또한 굵은 골재의 공칭 최대 치수의 4/3이상으로 한다.

(2) 상단과 하단에 2단 이상으로 배근될 때, 상하 철근은 동일 연직면 내에 배근되어야 하며 이때 상하 철근의 순간격은 25mm이상으로 한다.

(3) 나선 철근과 띠철근 기둥에서 종방향 철근사이의 순간격은 40mm 이상, 철근 공칭지름 1.5배(db), 또한 굵은 골재의 공칭 최대 치수의 4/3이상으로 한다.

(4) 철근의 순간격에 대한 규정은 서로 접촉된 겹침이음 철근과 인접된 이음철근 또는 연속철근 사이의 순간격에도 적용하여야 한다.

(5) 휨 주철근의 간격은 슬래브의 경우 슬래브 두께의 2배 이하, 또한 300mm이하.
벽체의 경우 벽체 두께의 3배 이하, 또한 450mm이하로 하여야 한다.
(다만, 콘크리트 장선구조의 경우 이 규정이 적용되지 않는다.)

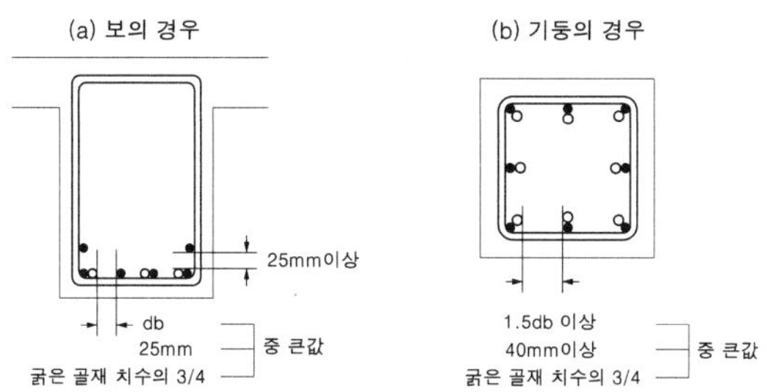

1.8 철근의 피복두께

1) 현장치기 콘크리트

표 면 조 건	부 재	철 근	피복두께(mm)
수중에서 타설하는 콘크리트	모든 부재	모든 철근	100
*흙에 접하여 콘크리트를 친 후 영구히 흙에 묻혀 있는 콘크리트	모든 부재	모든 철근	75
**흙에 접하거나 옥외의 공기에 직접 노출되는 콘크리트	모든 부재	D29 이상	60
		D19 ~ D25	50
		D16 이하 지름 16mm 이하 철선	40
옥외의 공기나 흙에 직접 접하지 않는 콘크리트	슬래브, 벽체, 장선	D35 초과	40
		D35 이하	20
	***보, 기둥	모든 철근	40
	쉘, 절판부재	모든 철근	20

* 흙에 접하여 콘크리트를 친 경우란 흙의 표면을 거푸집이나 버림콘크리트 등으로 마감하지 아니하고 콘크리트를 타설한 경우로 본다.
** 옥외의 공기에 직접 노출되는 콘크리트 란 옥외에 직접 노출되는 콘크리트뿐만 아니라 직접적인 누수,누출, 유사한 영향으로 건습상태가 반복적으로 발생하는 옥내의 콘크리트를 포함한다.
*** 콘크리트 강도가 fck= 40MPa 이상이면 규정된 값에서 10mm 저감시킬 수 있다.

2) 다발철근

(1) 다발철근의 피복두께는 다발의 등가지름 이상으로 하여야 한다.

(2) 다음 경우를 제외하고는 60mm 보다 크게 할 필요는 없다.

- 흙에 접하여 콘크리트를 타설하여 영구히 흙에 묻혀있는 경우 : 80 mm
- 수중에서 콘크리트를 타설한 경우 : 100 mm

3) 특수환경에 노출되는 콘크리트 및 철근

- 콘크리트 및 철근이 특수 환경에 노출되는 경우에는 피복두께를 적절히 증가시켜야 하며 구조 기술자와 협의하여 부재크기 및 피복두께를 조정하여야 한다.

1.9 표준갈고리의 구부림과 여장

(1) 주근에 대한 구부림 최소직경과 여장

그 림

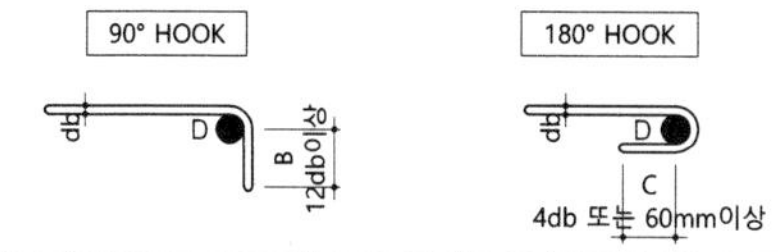

(단위 mm)

철근종류	철근직경	구부림 최소직경		여 장				비 고
		조 건	D	조 건	B	조 건	C	
D10	9.53	6db	60	12db	120	4db or 60mm 이상	60	
D13	12.7		80		160		60	
D16	15.9		100		195		70	
D19	19.1		115		230		80	
D22	22.2		135		270		90	
D25	25.4		155		310		110	
D29	28.6	8db	230		345		120	
D32	31.8		255		385		130	
D35	34.9		280		420		140	
D38	38.1	10db	385		460		155	
D42	41.3		415		500		170	

* 철근의 항복강도와는 무관함 db : 철근의 공칭지름

(2) 스터럽(Stirrup),띠철근(Hoop,Tie)에 대한 구부림과 최소직경과 여장

그 림

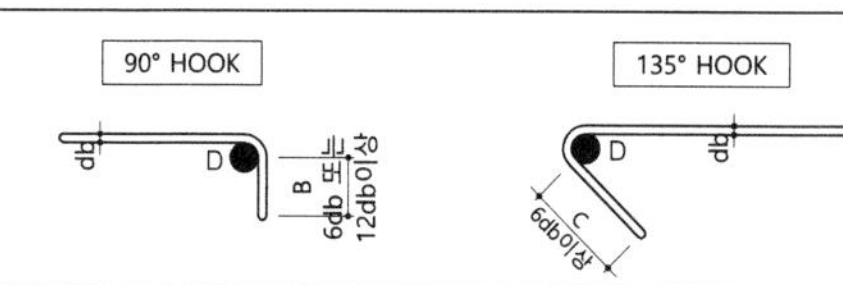

(단위 mm)

철근종류	철근직경	구부림 최소직경		표준갈고리				내진갈고리
		조 건	D	조 건	B	조 건	C	C*
D10	9.53	4db	40	6db	60	6db	60	75
D13	12.7		55		80		80	80
D16	15.9		65		100		100	100
D19	19.1	6db	115	12db	230		115	115
D22	22.2		135		270		135	135
D25	25.4		155		305		155	155

1.10 지하구조물의 연성상세 적용

지상구조와 연결되는 부위는 지상구조와 동일한 연성상세를 적용하여야한다. (KDS 41 17 00 : 14.3.3)

- CASE1. 저층구조물 지하매입

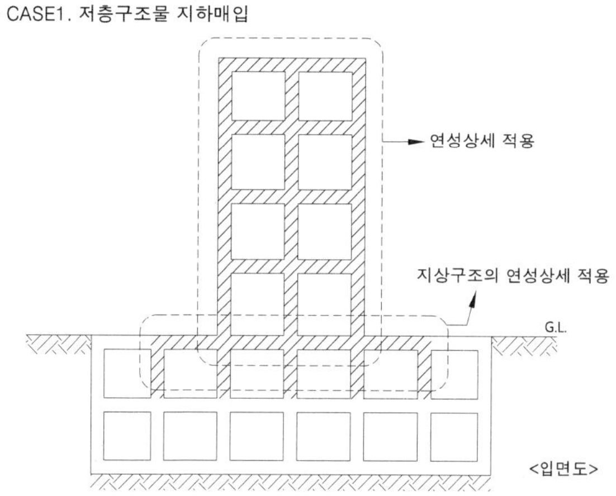

<입면도>

- CASE2. 저층구조물 지상부 노출

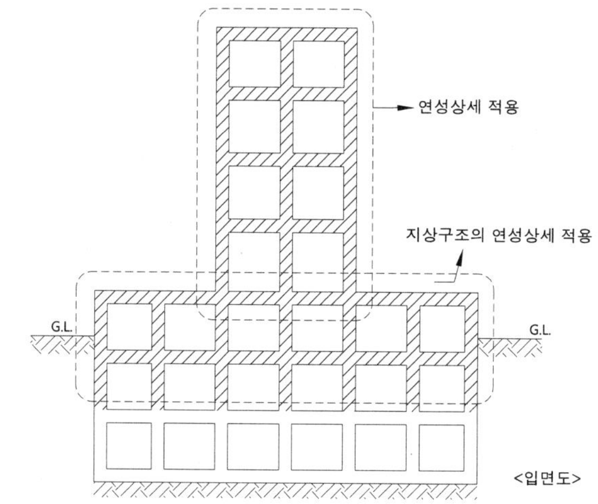

<입면도>

- CASE3. 저층구조물 지상부 편측 노출

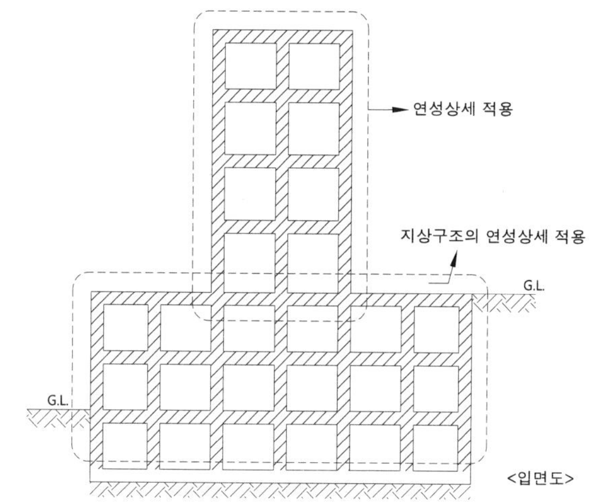

<입면도>

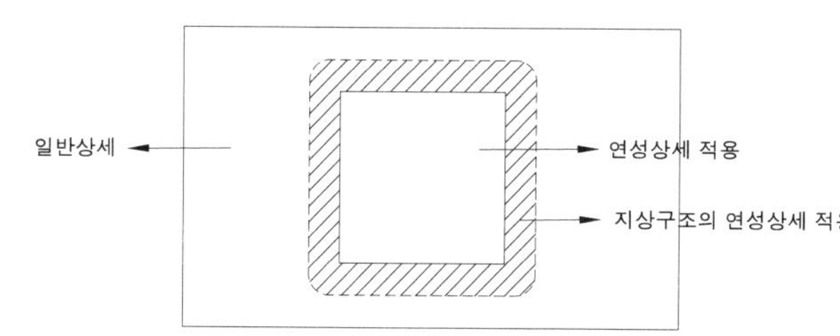

<평면도>

1) 지상구조 영역의 1Span 구간내의 보, 기둥(지하구조물)은 지상구조와 동일한 연성상세를 사용한다.

2) 지하구조물 1Span 구간내의 기둥이 지하외벽에 접할 경우에는 별도의 연성상세를 적용하지 않아도 무방하다.

3) 지하구조물의 지면노출 정도에 따라 연성상세 적용구간을 추가적으로 도면화 한다. (평면도, 단면도)

NOTE

REVISIONS		
7		
6		
5		
4		
3		
2		
1		
NO.	DATE	DESCRIPTION

PROJECT TITLE

DRAWING TITLE
철근콘크리트구조 일반사항-2

DATE	SCALE	A1	NONE
		A3	NONE

DRAWN BY

CHECKED BY

APPROVED BY

DESIGNED BY

DRAWING NO. S - 002

2. 철근의 정착 및 이음

2.1 철근의 정착길이

1) Ld (이형철근 정착길이) : 위험단면에서 Ld만큼 직선으로 연장하여 정착길이 확보

2) Ldh (표준갈고리를 갖는 인장 이형철근의 정착길이) : 직선으로 Ld가 확보되지 않을 경우 Ldh로 정착길이 확보

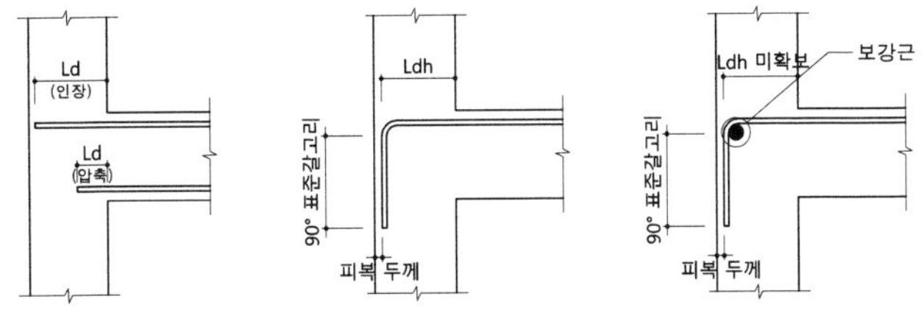

(a) CASE-1 (b) CASE-2 (c) CASE-3

2.2 철근의 정착

1) 인장철근의 정착길이

피복두께나 철근의 순간격이 규정보다 적을 경우는 인장철근 정착길이의 1.5배로 철근을 정착시킨다.

2) 표준갈고리를 갖는 인장이형철근의 정착

(1) 표준 갈고리를 갖는 인장 철근의 최소 정착 길이에 아래 (2)의 적용 가능한 보정계수를 곱하여 구한다.

(2) 보정계수

구 분		보정계수
콘크리트 피복두께	갈고리 평면에 수직방향인 측면피복두께가 70mm 이상이며, 90°갈고리에 대해서는 갈고리를 넘어선 부분의 철근 피복두께가 50mm 이상인 경우	0.7
띠철근, 스터럽	갈고리를 포함한 전체 정착길이 ldh 구간에 3 db 이하 간격으로 띠철근 또는 스터럽이 둘러싼 경우	0.8

3) 다발 철근의 정착

(1) 인장 또는 압축을 받는 다발철근 내에 있는 개개의 철근의 정착길이는, 다발철근이 아닌 경우의 각 철근의 정착길이에 3개의 철근으로 구성된 다발철근에 대해 20%, 4개의 철근으로 구성된 다발철근에 대해서 33%를 증가시켜야 한다.

(2) 다발철근의 정착길이 계산시 보정계수를 적절하게 선택하기 위해서는 다발철근 전체와 동등한 단면적과 도심을 가지는 하나의 철근으로 취급하여야 한다.

2.3 철근의 이음

1) 겹침이음

a. 이음의 위치는 응력이 큰 곳을 피하고 또한 되도록 같은 위치에 집중되지 않도록 한다.

b. HD35를 초과하는 철근은 겹침이음을 하지 않아야 한다.

c. 다발철근에서는 다발내의 개개 철근에 대한 겹침이음길이를 기본으로 하여 결정하며, 각 철근은 다발철근의 정착규정에 따라 겹침이음길이를 증가시켜야 한다.

또한, 한다발내에서 각 철근의 이음은 한군데에서 중복하지 않아야 하고, 두 다발철근을 개개 철근처럼 겹침이음을 하지 않아야 한다.

d. 휨부재에서 서로 직접 접촉되지 않게 겹침이음된 철근은 횡방향으로 소요 겹침이음길이의 1/5 또는150mm중 작은값 이상 떨어지지 않게 한다.

2) 용접이음 및 기계적 이음

a. 용접 이음과 기계적 연결은 철근의 설계기준항복강도 fy의 125% 이상을 발휘할 수 있어야 한다.

b.인장연결재의 철근이음은 750mm 이상 떨어져서 서로 엇갈리게 하여야 한다.

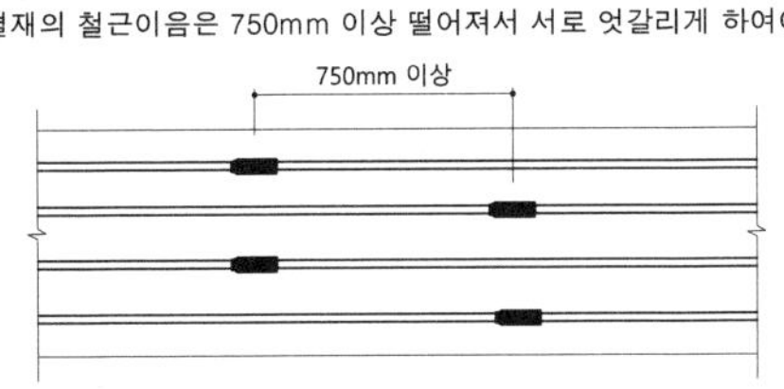

4) 인장철근의 이음길이

인장을 받는 이형철근의 겹침이음길이는 A급, B급으로 분류하며 다음값 이상으로 하여야 하며, 최소 30mm 이상이어야 한다.

- A급 이음 (인장청착길이 Ld)
  배근된 철근량이 이음부 전체 구간에서 해석에 의한 소요철근량의 2배 이상이고, 소요겹침길이 내 철근의 이음량이 50%이하인 경우
- B급 이음 (1.3 Ld)
  A급이음에 해당하지 않는 경우

* 별도의 언급이 없는 한 B급이음을 적용하는 것이 바람직하다.

실제 배근 철근량 / 소요 철근량	겹침이음 길이 내에서 최대이음 비율	
	≦ 50%	> 50%
≧ 2	A급 이음	B급 이음
< 2	B급 이음	B급 이음

5) 크기가 다른 철근의 이음길이

서로 다른 크기의 철근을 인장 혹은 압축 겹침이음하는 경우, 이음길이는 크기가 큰 철근의 정착길이와 크기가 작은 철근의 겹침이음길이 중 큰 값 이상이어야 한다.

6) 중간모멘트 골조 및 특별지진하중을 받는 골조의 보와 기둥의 소성힌지구간에서는 겹침이음과 용접이음이 허용되지 않는다. (KDS 41 17 00 : 9.3.2)

7) 특수모멘트 골조와 특수철근콘크리트구조 벽체의 기계식이음 및 용접이음은 KDS 14 20 80 : 4.1.6~7 에 따른다.

2.4 부위별 이음 위치

□ : 이음갯수가 반수이상 초과하지 않도록 할것.
단, 초과할 경우 『1.7 철근의 간격제한』을 만족하도록 할것.

▨ : 바람직한 이음 위치

(1) 지반력 및 수압을 받지 않는 슬래브 (자중>수압)

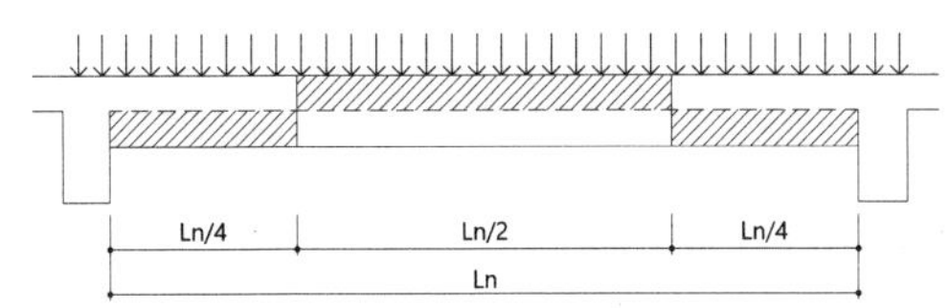

(2) 지반력 및 수압을 받는 슬래브 (자중<수압)

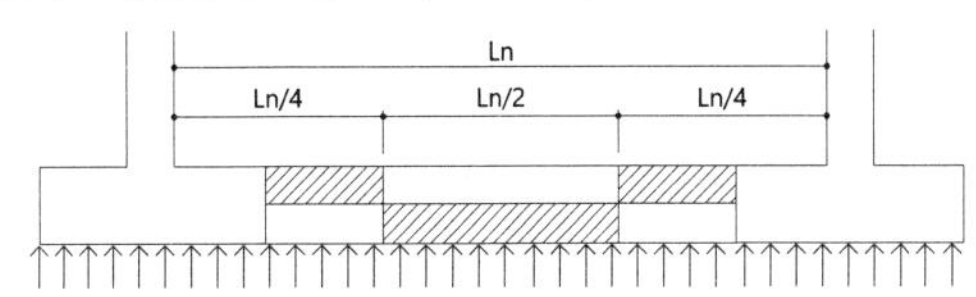

(3) 벽체

(a) 일반 칸막이벽 (a) 토압, 수압을 받는 벽

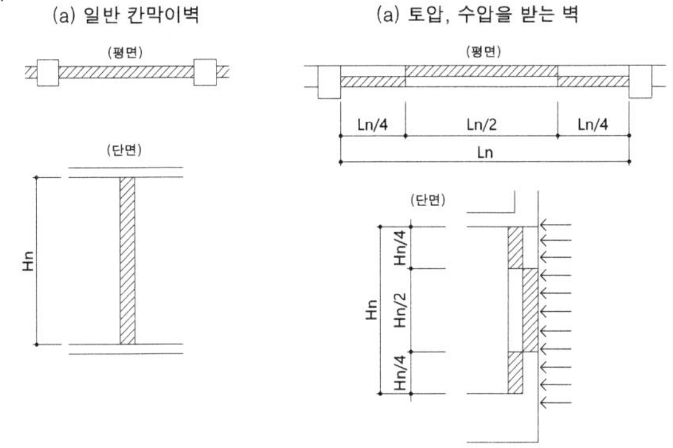

(4) 일반 보 (중간모멘트골조 및 특수모멘트골조 제외)

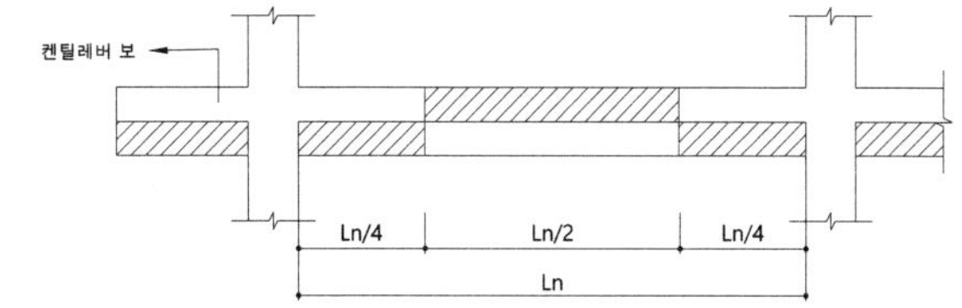

(5) 중간모멘트골조 및 특별지진하중 적용하는 보

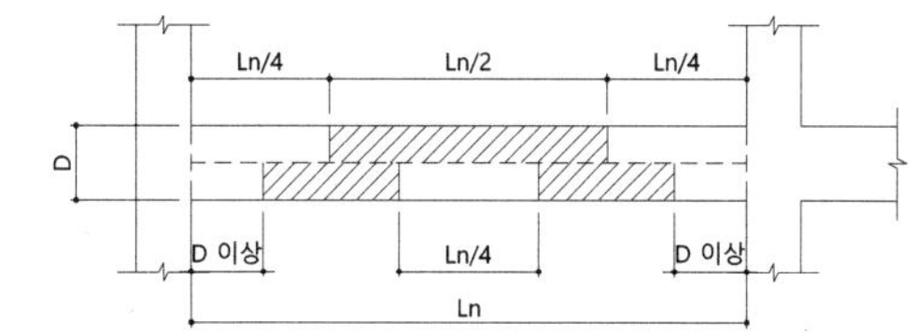

* 철근의 겹침이음은 기둥면에서 보춤(D)이상, 최소 1500mm 떨어진 구간에서 적용한다.

(6) 일반 기둥 (중간모멘트골조 및 특수모멘트골조 제외)

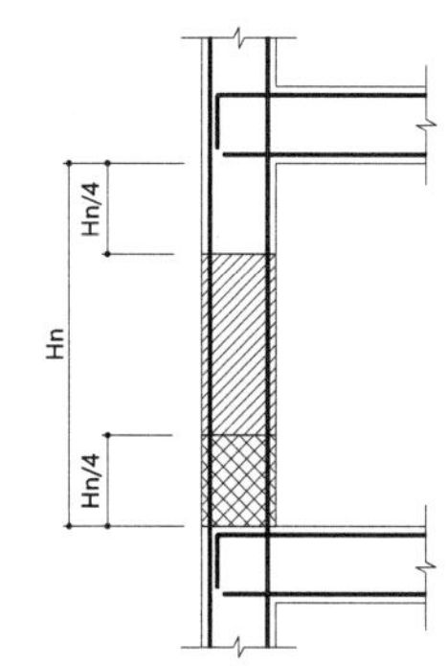

▨ 바람직한 이음 위치

▩ 이음 가능한 위치

□ 이음갯수가 반수이상 초과하지 않도록 할것. 단, 초과할 경우 『1.7 철근의 간격제한』을 만족하도록 할것.

(7) 중간 및 특별지진하중 적용하는 보

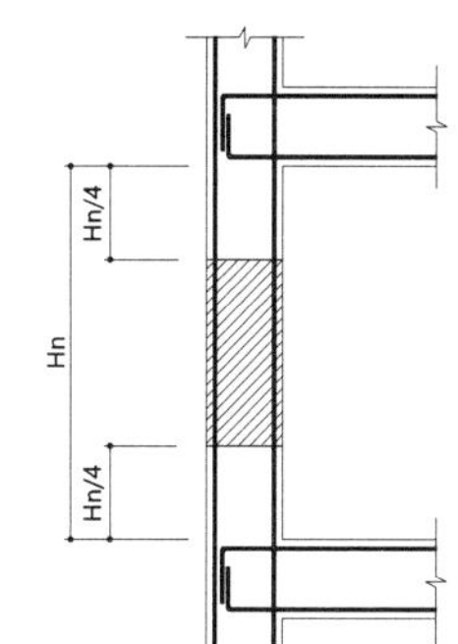

▨ 겹침이음 가능 위치

□ 기계식이음 가능위치(겹침이음 불가)
(KDS 41 17 9.3.2)
(KDS 14 20 80 4.1.6)

* 기계식 이음
: 커플러 및 유형2의 용접(fy의 125% 이상)

NOTE

REVISIONS		
7		
6		
5		
4		
3		
2		
1		
NO.	DATE	DESCRIPTION

PROJECT TITLE

DRAWING TITLE
철근콘크리트구조 일반사항-3

DATE	SCALE	A1	NONE
		A3	NONE

DRAWN BY

CHECKED BY

APPROVED BY

DESIGNED BY

DRAWING NO. S - 003

2.5.2 철근의 정착 / 이음길이 (fy = 500MPa 인 경우)

콘트리트 강도(MPa)	철근 직경	인장정착길이(fy = 500MPa 인 경우)						B급 인장이음길이(fy = 500MPa 인 경우)						압축정착 압축이음		표준갈고리를 갖는 인장정착	
		기 초		보, 기둥 기타부재		슬래브, 벽체 피복 20mm		기 초		보, 기둥 기타부재		슬래브, 벽체 피복 20mm		압축 정착길이	압축 이음길이	피복두께 미확보시	** 피복두께 확보시
		일반철근	상부철근	일반철근	상부철근	일반철근	상부철근	일반철근	상부철근	일반철근	상부철근	일반철근	상부철근				
21	D10	320	410	530	690	320	410	410	540	690	890	410	540	280	410	270	190
	D13	410	540	690	890	510	660	540	700	890	1160	660	850	360	540	350	240
	D16	510	660	840	1090	720	940	660	850	1090	1420	940	1220	440	660	420	300
	D19	600	780	1000	1300	970	1250	780	1010	1300	1690	1250	1630	520	780	500	350
	D22	960	1240	1450	1880	1540	2000	1240	1610	1880	2440	2000	2600	610	910	580	410
	D25	1230	1600	1640	2130	1890	2460	1600	2080	2130	2770	2460	3200	690	1030	660	460
	D29	1660	2150	1900	2470	2400	3120	2150	2800	2470	3210	3120	4050	800	1190	760	540
	D32	2020	2620	2100	2730	2800	3640	2620	3400	2730	3550	3640	4730	880	1320	840	590
	D35	2410	3130	2300	2980	3210	4180	3130	4070	2980	3880	4180	5430	960	1440	920	650
24	D10	300	390	490	640	300	390	390	500	640	830	390	500	260	410	250	180
	D13	390	500	640	830	470	610	500	650	830	1080	610	800	340	540	320	230
	D16	480	620	790	1020	680	880	620	800	1020	1330	880	1140	410	660	400	280
	D19	560	730	940	1220	900	1170	730	950	1220	1580	1170	1520	490	780	470	330
	D22	890	1160	1350	1760	1440	1870	1160	1510	1760	2280	1870	2430	570	910	540	380
	D25	1150	1500	1540	2000	1770	2300	1500	1950	2000	2590	2300	2990	640	1030	620	430
	D29	1550	2010	1780	2310	2240	2920	2010	2620	2310	3010	2920	3790	740	1190	720	500
	D32	1890	2450	1960	2550	2620	3400	2450	3180	2550	3320	3400	4420	820	1320	790	550
	D35	2260	2930	2150	2790	3010	3910	2930	3810	2790	3630	3910	5080	900	1440	860	600
27	D10	300	360	470	610	300	370	370	470	610	790	370	470	250	410	240	170
	D13	370	470	610	780	450	580	470	610	790	1020	580	750	320	540	310	210
	D16	450	580	740	970	640	830	580	750	970	1250	830	1080	390	660	370	260
	D19	530	690	880	1150	850	1110	690	890	1150	1490	1110	1440	460	780	440	310
	D22	840	1090	1280	1660	1360	1760	1090	1420	1660	2150	1760	2290	530	910	510	360
	D25	1090	1410	1450	1880	1670	2170	1410	1830	1880	2440	2170	2820	610	1030	580	410
	D29	1460	1900	1680	2180	2120	2750	1900	2470	2180	2830	2750	3570	700	1190	670	470
	D32	1780	2310	1850	2410	2470	3210	2310	3000	2410	3130	3210	4170	770	1320	740	520
	D35	2130	2760	2030	2630	2830	3680	2760	3590	2630	3420	3680	4790	850	1440	810	570
30	D10	300	350	440	570	300	350	350	450	570	750	350	450	230	410	220	160
	D13	350	450	570	750	420	550	450	580	750	970	550	710	300	540	290	200
	D16	430	550	710	920	610	790	550	720	920	1190	790	1020	370	660	360	250
	D19	500	650	840	1090	810	1050	650	850	1090	1410	1050	1360	440	780	420	300
	D22	800	1040	1210	1570	1290	1670	1040	1350	1570	2040	1670	2170	510	910	490	340
	D25	1030	1340	1370	1790	1580	2060	1340	1740	1790	2320	2060	2680	580	1030	550	390
	D29	1390	1800	1590	2070	2010	2610	1800	2340	2070	2690	2610	3390	670	1190	640	450
	D32	1690	2190	1760	2280	2340	3040	2190	2850	2280	2970	3040	3950	740	1320	710	500
	D35	2020	2620	1920	2500	2690	3490	2620	3410	2500	3240	3490	4540	800	1440	770	540
35	D10	300	320	410	530	300	320	320	420	530	690	320	420	220	410	210	150
	D13	320	420	530	690	390	510	420	540	690	900	510	660	280	540	270	190
	D16	390	510	650	850	560	730	510	660	850	1100	730	950	350	660	330	230
	D19	470	610	780	1010	750	970	610	790	1010	1310	970	1260	410	780	390	270
	D22	740	960	1120	1460	1190	1550	960	1250	1460	1890	1550	2010	480	910	450	320
	D25	960	1240	1270	1650	1470	1910	1240	1610	1650	2150	1910	2480	540	1030	510	360
	D29	1280	1670	1480	1920	1860	2420	1670	2170	1920	2490	2420	3140	630	1190	590	420
	D32	1560	2030	1630	2110	2170	2820	2030	2640	2110	2750	2820	3660	690	1320	650	460
	D35	1870	2430	1780	2310	2490	3240	2430	3150	2310	3000	3240	4200	760	1440	710	500
40	D10	300	300	380	500	300	300	300	390	500	650	300	390	220	410	190	150
	D13	300	390	500	650	370	480	390	510	650	840	480	620	280	540	250	180
	D16	370	480	610	790	530	680	480	620	790	1030	680	880	350	660	310	220
	D19	440	570	730	940	700	910	570	740	940	1220	910	1180	410	780	370	260
	D22	690	900	1050	1360	1120	1450	900	1170	1360	1770	1450	1880	480	910	420	300
	D25	890	1160	1190	1550	1370	1780	1160	1510	1550	2010	1780	2320	540	1030	480	340
	D29	1200	1560	1380	1790	1740	2260	1560	2030	1790	2330	2260	2940	630	1190	560	390
	D32	1460	1900	1520	1980	2030	2640	1900	2470	1980	2570	2640	3430	690	1320	610	430
	D35	1750	2270	1670	2160	2330	3030	2270	2950	2160	2810	3030	3930	760	1440	670	470
45	D10	300	300	360	470	300	300	300	370	470	610	300	370	220	410	180	150
	D13	300	370	470	610	350	450	370	480	610	790	450	580	280	540	240	170
	D16	350	450	580	750	500	640	450	590	750	970	640	830	350	660	290	210
	D19	410	530	680	890	660	860	540	690	890	1150	860	1110	410	780	340	240
	D22	650	850	990	1280	1050	1370	850	1100	1280	1670	1370	1780	480	910	400	280
	D25	840	1100	1120	1460	1290	1680	1100	1420	1460	1890	1680	2190	540	1030	450	320
	D29	1130	1470	1300	1690	1640	2130	1470	1910	1690	2200	2130	2770	630	1190	520	370
	D32	1380	1790	1440	1870	1910	2490	1790	2330	1870	2420	2490	3230	690	1320	580	410
	D35	1650	2140	1570	2040	2200	2850	2140	2780	2040	2650	2850	3710	760	1440	630	440
50	D10	300	300	340	450	300	300	300	350	450	580	300	350	220	410	170	150
	D13	300	350	450	580	330	430	350	450	580	750	430	550	280	540	220	160
	D16	330	430	550	710	470	610	430	560	710	920	610	790	350	660	280	200
	D19	390	510	650	840	630	810	510	660	840	1090	810	1060	410	780	330	230
	D22	620	800	940	1220	1000	1300	810	1050	1220	1580	1300	1680	480	910	380	270
	D25	800	1040	1070	1380	1230	1600	1040	1350	1380	1800	1600	2070	540	1030	430	300
	D29	1080	1400	1240	1600	1560	2020	1400	1810	1600	2080	2020	2630	630	1190	500	350
	D32	1310	1700	1360	1770	1820	2360	1700	2210	1770	2300	2360	3060	690	1320	550	390
	D35	1560	2030	1490	1940	2080	2710	2030	2640	1940	2510	2710	3520	760	1440	610	420

* NOTES :

1. 슬래브 , 벽체 및 기초의 배근 간격이 100mm 미만일 경우는
   추가 검토 필요.
2. 이음은 B급 이음을 기준으로 하고,
   A급 이음(1.8.2 참조)을 만족하는 경우 정착길이와 동일하게 이음 적용.
3. 인장정착길이 :
   ① 산정식 : (KDS 14 20 52, 4.1.2의 (4-1-2식) 적용)
   ② 보정계수: (KDS 14 20 52, 4.1.2의 (표4-1-1) 적용)
4. 압축정착길이 :
   ① 산정식 : (KDS 14 20 52, 4.1.3의 (4-1-3식) 적용)
   ② 보정계수: (KDS 14 20 52, 4.1.3의 (3) 규정 적용)
5. 표준갈고리를 갖는 인장정착길이 :
   ① 산정식 : (KDS 14 20 52, 4.1.5의 (4-1-4식) 적용)
   ② 보정계수: (KDS 14 20 52, 4.1.5의 (3) 규정 적용)

** 표준갈고리를 갖는 인장정착길이 중 "피복두께 확보시" 는
갈고리 평면에 수직방향인 측면 피복 두께가 70mm 이상이며, 90°갈고리에
대해서는 갈고리를 넘어선 부분의 철근피복두께가 50mm 이상인 경우에 해당됨.

NOTE

REVISIONS

NO.	DATE	DESCRIPTION
7		
6		
5		
4		
3		
2		
1		

PROJECT TITLE

DRAWING TITLE

철근콘크리트구조 일반사항-5

DATE	SCALE	A1 NONE
		A3 NONE

DRAWN BY

CHECKED BY

APPROVED BY

DESIGNED BY

DRAWING NO. S - 005

2.5.3 철근의 정착 / 이음길이 (fy = 550MPa 인 경우)

콘트리트 강도(MPa)	철근 직경	인장정착길이(fy = 550MPa 인 경우)						B급 인장이음길이(fy = 550MPa 인 경우)						압축정착 압축이음		표준갈고리를 갖는 인장정착	
		기 초		보, 기둥 기타부재		슬래브, 벽체		기 초		보, 기둥 기타부재		슬래브, 벽체		압축 정착길이	압축 이음길이	피복두께 미확보시	** 피복두께 확보시
		일반철근	상부철근	일반철근	상부철근	일반철근	상부철근	일반철근	상부철근	일반철근	상부철근	일반철근	상부철근				
21	D10	350	450	580	750	350	450	450	590	750	980	450	590	300	480	290	210
	D13	450	590	750	980	560	720	590	760	980	1270	720	940	390	620	380	270
	D16	560	720	930	1200	790	1030	720	940	1200	1560	1030	1340	480	760	470	330
	D19	660	860	1100	1430	1060	1380	860	1110	1430	1850	1380	1790	570	910	550	390
	D22	1050	1360	1590	2060	1690	2200	1360	1770	2060	2680	2200	2860	670	1050	640	450
	D25	1360	1760	1810	2350	2080	2710	1760	2290	2350	3050	2710	3520	760	1190	730	510
	D29	1820	2370	2090	2720	2640	3430	2370	3080	2720	3530	3430	4450	880	1380	840	590
	D32	2220	2880	2310	3000	3080	4000	2880	3740	3000	3900	4000	5200	970	1520	930	650
	D35	2650	3450	2530	3280	3530	4590	3450	4480	3280	4260	4590	5970	1060	1670	1010	710
24	D10	330	430	540	710	330	420	430	550	710	920	430	550	290	480	270	190
	D13	430	550	710	920	520	680	550	720	920	1190	680	880	370	620	360	250
	D16	520	680	870	1130	740	970	680	880	1130	1460	970	1250	450	760	440	310
	D19	620	800	1030	1340	990	1290	800	1040	1340	1740	1290	1680	540	910	520	360
	D22	980	1280	1490	1930	1580	2060	1280	1660	1930	2510	2060	2670	620	1050	600	420
	D25	1270	1650	1690	2190	1950	2530	1650	2140	2190	2850	2530	3290	710	1190	680	480
	D29	1700	2210	1960	2540	2470	3210	2210	2880	2540	3310	3210	4170	820	1380	790	550
	D32	2070	2700	2160	2810	2880	3740	2700	3500	2810	3650	3740	4860	900	1520	870	610
	D35	2480	3220	2360	3070	3310	4300	3220	4190	3070	3390	4300	5580	990	1670	950	670
27	D10	310	400	510	670	310	400	400	520	670	860	400	520	270	480	260	180
	D13	400	520	670	860	490	640	520	670	860	1120	640	830	350	620	340	240
	D16	490	640	820	1060	700	910	640	830	1060	1380	910	1180	430	760	410	290
	D19	580	760	970	1260	940	1220	760	980	1260	1640	1220	1580	510	910	490	340
	D22	930	1200	1400	1820	1490	1940	1200	1560	1820	2370	1940	2520	590	1050	560	400
	D25	1200	1550	1590	2070	1840	2390	1550	2020	2070	2690	2390	3100	670	1190	640	450
	D29	1610	2090	1850	2400	2330	3020	2090	2710	2400	3120	3020	3930	770	1380	740	520
	D32	1960	2540	2040	2650	2710	3530	2540	3300	2650	3440	3530	4580	850	1520	820	570
	D35	2340	3040	2230	2890	3120	4050	3040	3950	2890	3760	4050	5260	930	1670	890	630
30	D10	300	380	490	630	300	380	380	490	630	820	380	490	260	480	250	170
	D13	380	490	630	820	470	600	490	640	820	1060	600	780	330	620	320	220
	D16	470	610	780	1010	670	860	610	790	1010	1310	860	1120	410	760	390	270
	D19	550	720	920	1200	890	1160	720	930	1200	1550	1160	1500	480	910	460	330
	D22	880	1140	1330	1730	1420	1840	1140	1480	1730	2240	1840	2390	560	1050	540	380
	D25	1130	1470	1510	1960	1740	2260	1470	1910	1960	2550	2260	2940	630	1190	610	430
	D29	1520	1980	1750	2280	2210	2870	1980	2570	2280	2960	2870	3730	730	1380	700	490
	D32	1860	2410	1930	2510	2580	3350	2410	3130	2510	3260	3350	4350	810	1520	780	540
	D35	2220	2880	2110	2750	2960	3840	2880	3750	2750	3570	3840	4990	880	1670	850	600
35	D10	300	350	450	590	300	350	350	460	590	760	350	460	240	480	230	160
	D13	350	460	590	760	430	560	460	590	760	990	560	730	310	620	290	210
	D16	430	560	720	930	620	800	560	730	930	1210	800	1040	380	760	360	250
	D19	510	670	850	1110	820	1070	670	860	1110	1440	1070	1390	450	910	430	300
	D22	810	1060	1230	1600	1310	1700	1060	1370	1600	2080	1700	2210	520	1050	500	350
	D25	1050	1360	1400	1820	1610	2100	1360	1770	1820	2360	2100	2720	600	1190	560	400
	D29	1410	1830	1620	2110	2040	2660	1830	2380	2110	2740	2660	3450	690	1380	650	460
	D32	1720	2230	1790	2330	2380	3100	2230	2900	2330	3020	3100	4030	760	1520	720	500
	D35	2050	2670	1960	2540	2740	3560	2670	3470	2540	3300	3560	4620	830	1670	790	550
40	D10	300	330	420	550	300	330	330	430	550	710	330	430	240	480	210	150
	D13	350	430	550	710	400	520	430	560	710	920	520	680	310	620	280	190
	D16	410	530	670	870	580	750	530	680	870	1130	750	970	380	760	340	240
	D19	480	620	800	1040	770	1000	620	810	1040	1350	1000	1300	450	910	400	280
	D22	760	990	1150	1500	1230	1590	990	1290	1500	1940	1590	2070	520	1050	460	330
	D25	980	1280	1310	1700	1510	1960	1280	1660	1700	2210	1960	2550	600	1190	530	370
	D29	1320	1720	1520	1970	1910	2490	1720	2230	1970	2560	2490	3230	690	1380	610	430
	D32	1610	2090	1670	2180	2230	2900	2090	2710	2180	2830	2900	3770	760	1520	670	470
	D35	1920	2500	1830	2380	2560	3330	2500	3250	2380	3090	3330	4330	830	1670	740	520
45	D10	300	310	400	520	300	310	310	400	520	670	310	400	240	480	200	150
	D13	310	400	520	670	380	490	400	520	670	870	490	640	310	620	260	180
	D16	380	500	630	820	540	710	500	640	820	1070	710	920	380	760	320	230
	D19	450	590	750	980	730	940	590	760	980	1270	940	1230	450	910	380	270
	D22	720	930	1090	1410	1160	1500	930	1210	1410	1830	1500	1950	520	1050	440	310
	D25	930	1200	1230	1600	1420	1850	1200	1560	1600	2080	1850	2400	600	1190	500	350
	D29	1250	1620	1430	1860	1800	2340	1620	2100	1860	2420	2340	3040	690	1380	580	400
	D32	1520	1970	1580	2050	2100	2730	1970	2560	2050	2670	2730	3550	760	1520	630	450
	D35	1810	2360	1730	2240	2410	3140	2360	3060	2240	2910	3140	4080	830	1670	690	490
50	D10	300	300	380	490	300	300	300	380	490	640	300	380	240	480	190	150
	D13	300	380	490	640	360	470	380	500	640	830	470	610	310	620	250	170
	D16	360	470	600	780	520	670	470	610	780	1010	670	870	380	760	300	210
	D19	430	560	710	930	690	900	560	720	930	1200	900	1160	450	910	360	250
	D22	680	890	1030	1340	1100	1430	890	1150	1340	1740	1430	1850	520	1050	420	290
	D25	880	1140	1170	1520	1350	1760	1140	1480	1520	1980	1760	2280	600	1190	470	330
	D29	1180	1540	1360	1760	1710	2220	1540	1990	1760	2290	2220	2890	690	1380	550	380
	D32	1440	1870	1500	1950	2000	2590	1870	2430	1950	2530	2590	3370	760	1520	600	420
	D35	1720	2230	1640	2130	2290	2980	2230	2900	2130	2770	2980	3870	830	1670	660	460

* NOTES :

1. 슬래브 , 벽체 및 기초의 배근 간격이 100mm 미만일 경우는 추가 검토 필요.
2. 이음은 B급 이음을 기준으로 하고, A급 이음(1.8.2 참조)을 만족하는 경우 정착길이와 동일하게 이음 적용.
3. 인장정착길이 :
   ① 산정식 : (KDS 14 20 52, 4.1.2의 (4-1-2식) 적용)
   ② 보정계수: (KDS 14 20 52, 4.1.2의 (표4-1-1) 적용)
4. 압축정착길이 :
   ① 산정식 : (KDS 14 20 52, 4.1.3의 (4-1-3식) 적용)
   ② 보정계수: (KDS 14 20 52, 4.1.3의 (3) 규정 적용)
5. 표준갈고리를 갖는 인장정착길이 :
   ① 산정식 : (KDS 14 20 52, 4.1.5의 (4-1-4식) 적용)
   ② 보정계수: (KDS 14 20 52, 4.1.5의 (3) 규정 적용)

** 표준갈고리를 갖는 인장정착길이 중 "피복두께 확보시" 는 갈고리 평면에 수직방향인 측면 피복 두께가 70mm 이상이며, 90°갈고리에 대해서는 갈고리를 넘어선 부분의 철근피복두께가 50mm 이상인 경우에 해당됨.

NOTE

REVISIONS		
7		
6		
5		
4		
3		
2		
1		
NO.	DATE	DESCRIPTION

PROJECT TITLE

DRAWING TITLE

철근콘크리트구조 일반사항-6

DATE	SCALE	A1	NONE
		A3	NONE
DRAWN BY			
CHECKED BY			
APPROVED BY			
DESIGNED BY			
DRAWING NO.	S - 006		

2.5.4 철근의 정착 / 이음길이 (fy = 600MPa 인 경우)

콘트리트 강도(MPa)	철근 직경	인장정착길이(fy = 600MPa 인 경우)						B급 인장이음길이(fy = 600MPa 인 경우)						압축정착 압축이음		표준갈고리를 갖는 인장정착	
		기 초		보, 기둥 기타부재		슬래브, 벽체		기 초		보, 기둥 기타부재		슬래브, 벽체		압축 정착길이	압축 이음길이	피복두께 미확보시	** 피복두께 확보시
		일반철근	상부철근	일반철근	상부철근	일반철근	상부철근	일반철근	상부철근	일반철근	상부철근	일반철근	상부철근				
21	D10	350	450	580	750	350	450	450	590	750	980	450	590	300	480	290	210
	D13	450	590	750	980	560	720	590	760	980	1270	720	940	390	620	380	270
	D16	560	720	930	1200	790	1030	720	940	1200	1560	1030	1340	480	760	470	330
	D19	660	860	1100	1430	1060	1380	860	1110	1430	1850	1380	1790	570	910	550	390
	D22	1050	1360	1590	2060	1690	2200	1360	1770	2060	2680	2200	2860	670	1050	640	450
	D25	1360	1760	1810	2350	2080	2710	1760	2290	2350	3050	2710	3520	760	1190	730	510
	D29	1820	2370	2090	2720	2640	3430	2370	3080	2720	3530	3430	4450	880	1380	840	590
	D32	2220	2880	2310	3000	3080	4000	2880	3740	3000	3900	4000	5200	970	1520	930	650
	D35	2650	3450	2530	3280	3530	4590	3450	4480	3280	4260	4590	5970	1060	1670	1010	710
24	D10	330	430	540	710	330	420	430	550	710	920	430	550	290	480	270	190
	D13	430	550	710	920	520	680	550	720	920	1190	680	880	370	620	360	250
	D16	520	680	870	1130	740	970	680	880	1130	1460	970	1250	450	760	440	310
	D19	620	800	1030	1340	990	1290	800	1040	1340	1740	1290	1680	540	910	520	360
	D22	980	1280	1490	1930	1580	2060	1280	1660	1930	2510	2060	2670	620	1050	600	420
	D25	1270	1650	1690	2190	1950	2530	1650	2140	2190	2850	2530	3290	710	1190	680	480
	D29	1700	2210	1960	2540	2470	3210	2210	2880	2540	3310	3210	4170	820	1380	790	550
	D32	2070	2700	2160	2810	2880	3740	2700	3500	2810	3650	3740	4860	900	1520	870	610
	D35	2480	3220	2360	3070	3310	4300	3220	4190	3070	3390	4300	5580	990	1670	950	670
27	D10	310	400	510	670	310	400	400	520	670	860	400	520	270	480	260	180
	D13	400	520	670	860	490	640	520	670	860	1120	640	830	350	620	340	240
	D16	490	640	820	1060	700	910	640	830	1060	1380	910	1180	430	760	410	290
	D19	580	760	970	1260	940	1220	760	980	1260	1640	1220	1580	510	910	490	340
	D22	930	1200	1400	1820	1490	1940	1200	1560	1820	2370	1940	2520	590	1050	560	400
	D25	1200	1550	1590	2070	1840	2390	1550	2020	2070	2690	2390	3100	670	1190	640	450
	D29	1610	2090	1850	2400	2330	3020	2090	2710	2400	3120	3020	3930	770	1380	740	520
	D32	1960	2540	2040	2650	2710	3530	2540	3300	2650	3440	3530	4580	850	1520	820	570
	D35	2340	3040	2230	2890	3120	4050	3040	3950	2890	3760	4050	5260	930	1670	890	630
30	D10	300	380	490	630	300	380	380	490	630	820	380	490	260	480	250	170
	D13	380	490	630	820	470	600	490	640	820	1060	600	780	330	620	320	220
	D16	470	610	780	1010	670	860	610	790	1010	1310	860	1120	410	760	390	270
	D19	550	720	920	1200	890	1160	720	930	1200	1550	1160	1500	480	910	460	330
	D22	880	1140	1330	1730	1420	1840	1140	1480	1730	2240	1840	2390	560	1050	540	380
	D25	1130	1470	1510	1960	1740	2260	1470	1910	1960	2550	2260	2940	630	1190	610	430
	D29	1520	1980	1750	2280	2210	2870	1980	2570	2280	2960	2870	3730	730	1380	700	490
	D32	1860	2410	1930	2510	2580	3350	2410	3130	2510	3260	3350	4350	810	1520	780	540
	D35	2220	2880	2110	2750	2960	3840	2880	3750	2750	3570	3840	4990	880	1670	850	600
35	D10	300	350	450	590	300	350	350	460	590	760	350	460	240	480	230	160
	D13	350	460	590	760	430	560	460	590	760	990	560	730	310	620	290	210
	D16	430	560	720	930	620	800	560	730	930	1210	800	1040	380	760	360	250
	D19	510	670	850	1110	820	1070	670	860	1110	1440	1070	1390	450	910	430	300
	D22	810	1060	1230	1600	1310	1700	1060	1370	1600	2080	1700	2210	520	1050	500	350
	D25	1050	1360	1400	1820	1610	2100	1360	1770	1820	2360	2100	2720	600	1190	560	400
	D29	1410	1830	1620	2110	2040	2660	1830	2380	2110	2740	2660	3450	690	1380	650	460
	D32	1720	2230	1790	2330	2380	3100	2230	2900	2330	3020	3100	4030	760	1520	720	500
	D35	2050	2670	1960	2540	2740	3560	2670	3470	2540	3300	3560	4620	830	1670	790	550
40	D10	300	330	420	550	300	330	330	430	550	710	330	430	240	480	210	150
	D13	350	430	550	710	400	520	430	560	710	920	520	680	310	620	280	190
	D16	410	530	670	870	580	750	530	680	870	1130	750	970	380	760	340	240
	D19	480	620	800	1040	770	1000	620	810	1040	1350	1000	1300	450	910	400	280
	D22	760	990	1150	1500	1230	1590	990	1290	1500	1940	1590	2070	520	1050	460	330
	D25	980	1280	1310	1700	1510	1960	1280	1660	1700	2210	1960	2550	600	1190	530	370
	D29	1320	1720	1520	1970	1910	2490	1720	2230	1970	2560	2490	3230	690	1380	610	430
	D32	1610	2090	1670	2180	2230	2900	2090	2710	2180	2830	2900	3770	760	1520	670	470
	D35	1920	2500	1830	2380	2560	3330	2500	3250	2380	3090	3330	4330	830	1670	740	520
45	D10	300	310	400	520	300	310	310	400	520	670	310	400	240	480	200	150
	D13	310	400	520	670	380	490	400	520	670	870	490	640	310	620	260	180
	D16	380	500	630	820	540	710	500	640	820	1070	710	920	380	760	320	230
	D19	450	590	750	980	730	940	590	760	980	1270	940	1230	450	910	380	270
	D22	720	930	1090	1410	1160	1500	930	1210	1410	1830	1500	1950	520	1050	440	310
	D25	930	1200	1230	1600	1420	1850	1200	1560	1600	2080	1850	2400	600	1190	500	350
	D29	1250	1620	1430	1860	1800	2340	1620	2100	1860	2420	2340	3040	690	1380	580	400
	D32	1520	1970	1580	2050	2100	2730	1970	2560	2050	2670	2730	3550	760	1520	630	450
	D35	1810	2360	1730	2240	2410	3140	2360	3060	2240	2910	3140	4080	830	1670	690	490
50	D10	300	300	380	490	300	300	300	380	490	640	300	380	240	480	190	150
	D13	300	380	490	640	360	470	380	500	640	830	470	610	310	620	250	170
	D16	360	470	600	780	520	670	470	610	780	1010	670	870	380	760	300	210
	D19	430	560	710	930	690	900	560	720	930	1200	900	1160	450	910	360	250
	D22	680	890	1030	1340	1100	1430	890	1150	1340	1740	1430	1850	520	1050	420	290
	D25	880	1140	1170	1520	1350	1760	1140	1480	1520	1980	1760	2280	600	1190	470	330
	D29	1180	1540	1360	1760	1710	2220	1540	1990	1760	2290	2220	2890	690	1380	550	380
	D32	1440	1870	1500	1950	2000	2590	1870	2430	1950	2530	2590	3370	760	1520	600	420
	D35	1720	2230	1640	2130	2290	2980	2230	2900	2130	2770	2980	3870	830	1670	660	460

* NOTES :

1. 슬래브 , 벽체 및 기초의 배근 간격이 100mm 미만일 경우는 추가 검토 필요.
2. 이음은 B급 이음을 기준으로 하고, A급 이음(1.8.2 참조)을 만족하는 경우 정착길이와 동일하게 이음 적용.
3. 인장정착길이 :
   ① 산정식 : (KDS 14 20 52, 4.1.2의 (4-1-2식) 적용)
   ② 보정계수: (KDS 14 20 52, 4.1.2의 (표4-1-1) 적용)
4. 압축정착길이 :
   ① 산정식 : (KDS 14 20 52, 4.1.3의 (4-1-3식) 적용)
   ② 보정계수: (KDS 14 20 52, 4.1.3의 (3) 규정 적용)
5. 표준갈고리를 갖는 인장정착길이 :
   ① 산정식 : (KDS 14 20 52, 4.1.5의 (4-1-4식) 적용)
   ② 보정계수: (KDS 14 20 52, 4.1.5의 (3) 규정 적용)

** 표준갈고리를 갖는 인장정착길이 중 "피복두께 확보시" 는 갈고리 평면에 수직방향인 측면 피복 두께가 70mm 이상이며, 90°갈고리에 대해서는 갈고리를 넘어선 부분의 철근피복두께가 50mm 이상인 경우에 해당됨.

6. 550MPa를 초과하는 철근 사용 시 피복두께 및 간격 제한

철근 직경	슬래브, 벽체, 기초			기둥, 보	
	피복두께	피복두께-1	철근 중심간 간격	피복두께	철근 중심간 간격
D10	30mm 이상	30mm 이상	100mm 이상		
D13		40mm 이상	100mm 이상		
D16		40mm 이상	100mm 이상	50mm 이상	65mm 이상
D19		50mm 이상	100mm 이상	50mm 이상	80mm 이상
D22	40mm 이상	60mm 이상	120mm 이상	50mm 이상	90mm 이상
D25		70mm 이상	130mm 이상	50mm 이상	100mm 이상
D29	50mm 이상	75mm 이상	150mm 이상	50mm 이상	120mm 이상
D32	60mm 이상	80mm 이상	160mm 이상	50mm 이상	130mm 이상
D35		90mm 이상	180mm 이상	50mm 이상	140mm 이상

* 기둥주근이 D22이상은 커플러 사용 기준.
* 보는 반수교차이음 기준.

[벽체]

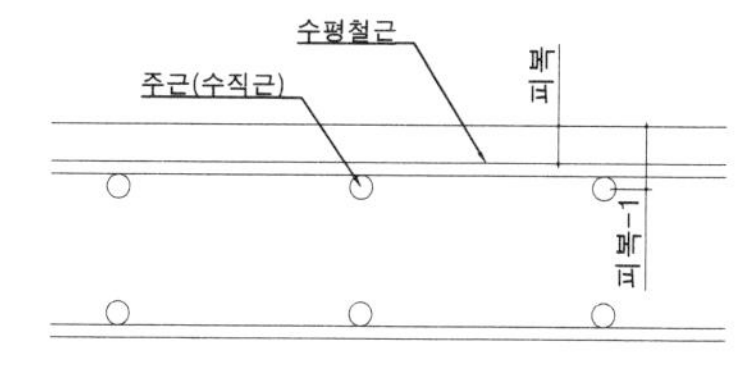

[슬래브, 기초]

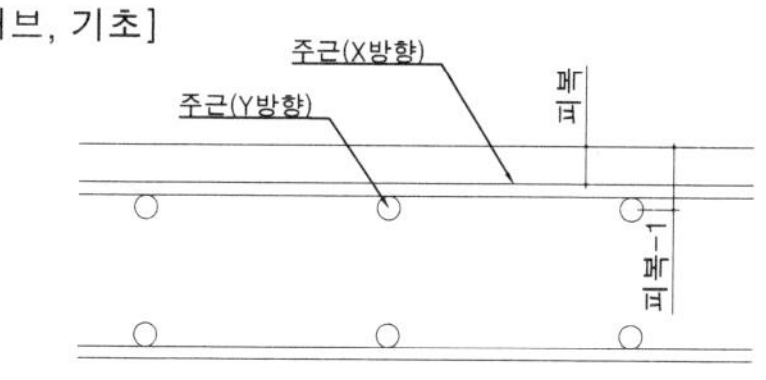

NOTE

REVISIONS		
7		
6		
5		
4		
3		
2		
1		
NO.	DATE	DESCRIPTION

PROJECT TITLE

DRAWING TITLE

철근콘크리트구조 일반사항-7

DATE	SCALE	A1	NONE
		A3	NONE
DRAWN BY			
CHECKED BY			
APPROVED BY			
DESIGNED BY			
DRAWING NO.	S - 007		

3. 슬래브 배근

3.1 보가 있는 슬래브배근

(1) 일방향 슬래브 (Ly/Lx ≥ 2일 경우)

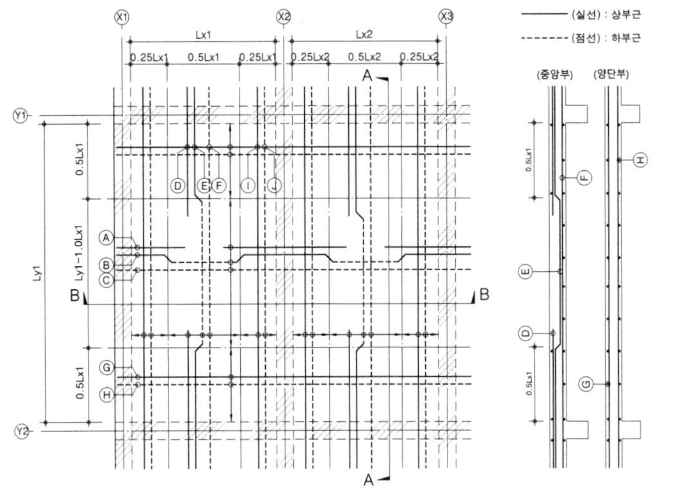

(2) 이방향 슬래브 (Ly/Lx < 2일 경우)

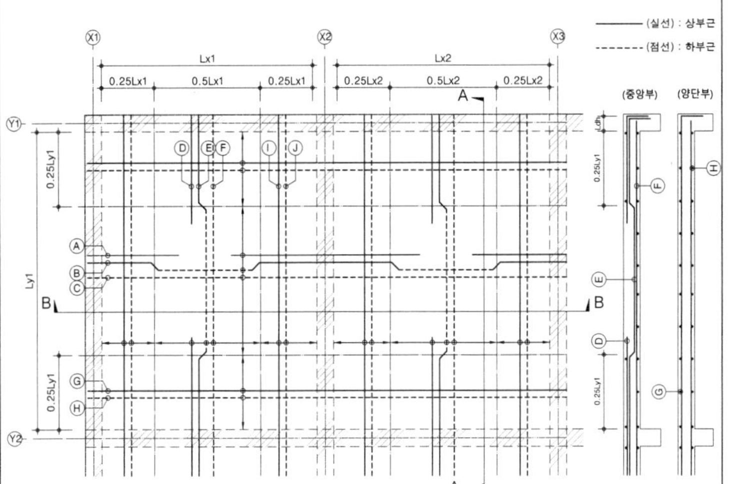

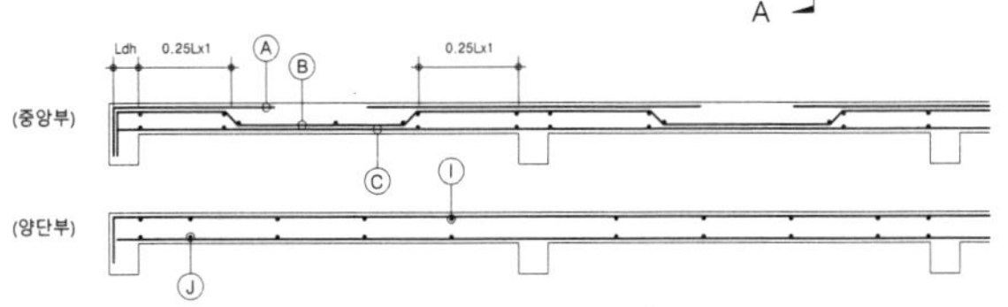

※ 상부 CUT BAR의 배근길이

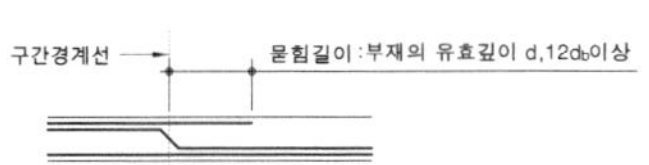

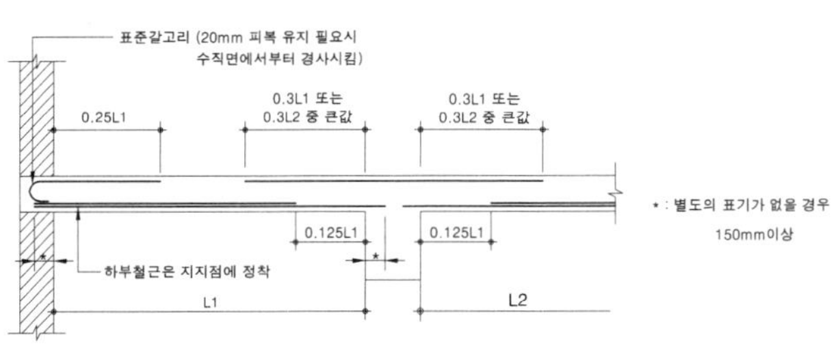

3.2 보가 없는 슬래브 배근(플랫 슬래브& 플랫 플레이트)

(1) 보가 없는 슬래브(플랫 슬래브 & 플랫 플레이트)배근은 구조계산서에 따라 작성된 구조도면을 따른다.

(2) 공사승인원(감독관 및 감리원 등)은 책임구조기술자의 설계요구사항이 구조도면에 정확히 표현되었는지 확인 하여야 한다.

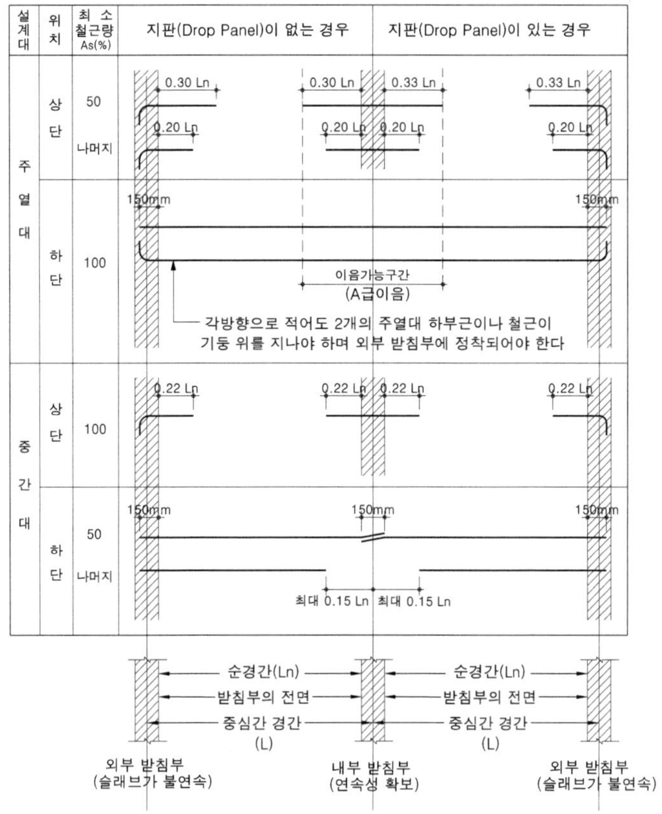

3.3 슬래브 개구부(OPENING)보강

(1) 구조도면상에 개구부 표기가 없는 부분에 대한 개구부 설치, 구조도면상의 개구부 크기와 상이한 개구부 설치 시에는 책임구조기술자와 협의한 후 시공한다.

(2) 개구부에 의해 절단되는 철근과 같은 단면적의 철근을 개구부 양쪽에 보강하여야 한다.

(3) 개구부 크기가 300mm, 슬래브 두께의 2배 이하이고, 주근이 개구부에 의해 절단되지 않을 경우에는 보강하지 않는다.

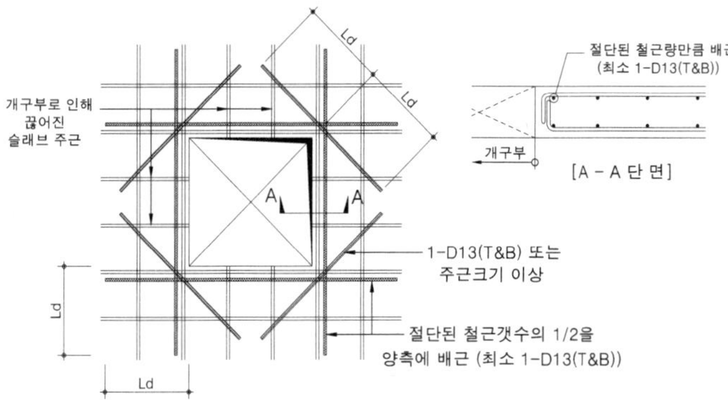

3.4 슬래브 단차상세

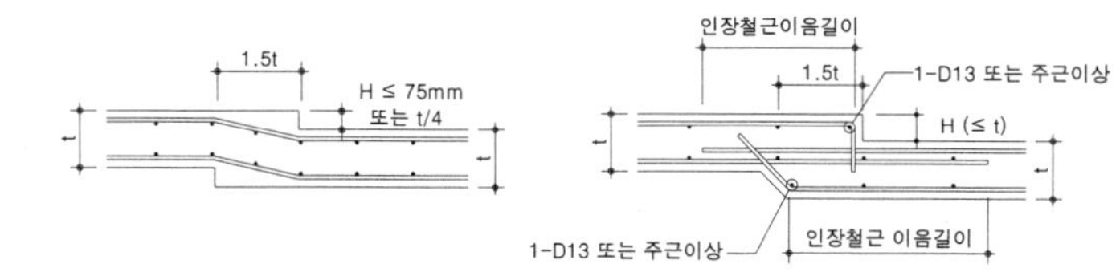

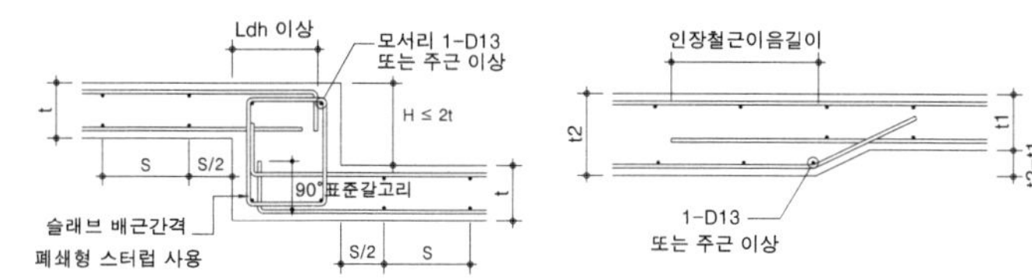

- H > 2t인 경우는 구조설계자와 협의를 하여야 한다.
- 슬래브 중앙부에서 단차가 있을 경우는 슬래브 하부근도 90°표준갈고리를 사용하여 정착한다.

3.5 슬래브와 보의 접합상세

1) 일반 접합부 상세

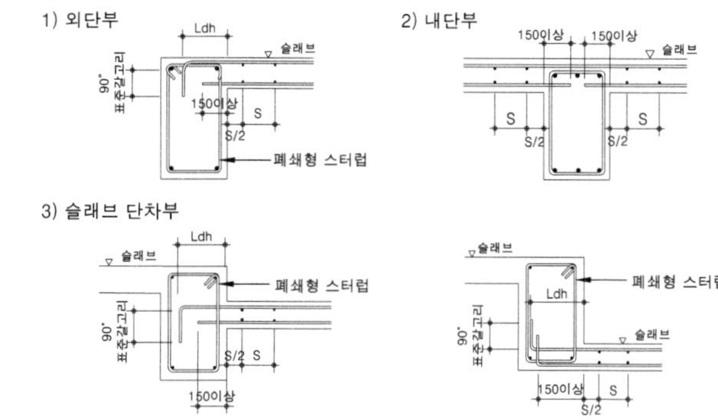

2) 보 상부에서 슬래브 단차가 있는 경우

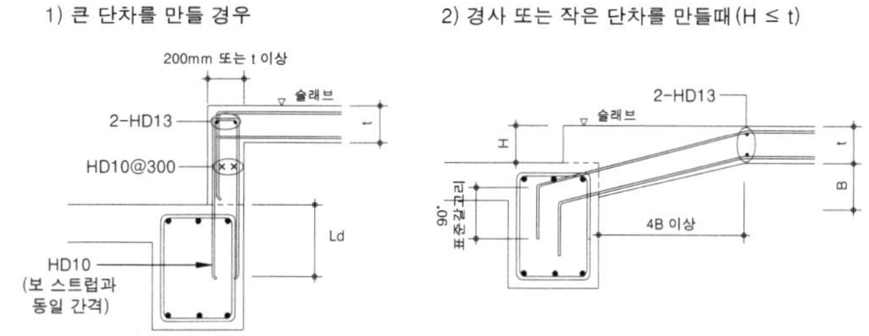

3.6 슬래브 이어치기(Shear Key처리 또는 거친면처리)

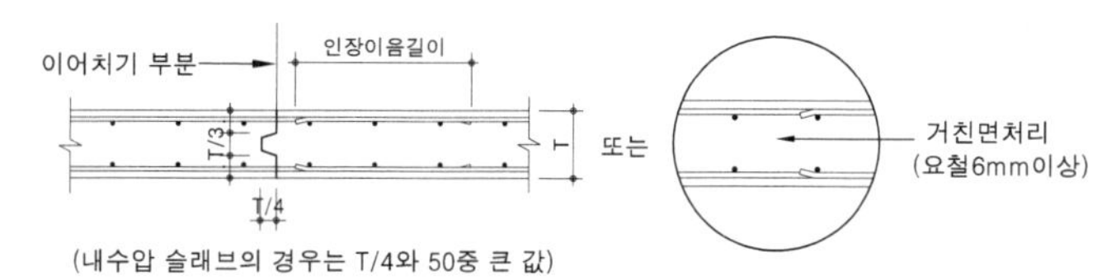

(내수압 슬래브의 경우는 T/4와 50중 큰 값)

[Shear Key 처리] [거친면 처리]

NOTE

REVISIONS		
7		
6		
5		
4		
3		
2		
1		
NO.	DATE	DESCRIPTION

PROJECT TITLE

DRAWING TITLE
철근콘크리트구조 일반사항-8

DATE	SCALE	A1	NONE
		A3	NONE

DRAWN BY

CHECKED BY

APPROVED BY

DESIGNED BY

DRAWING NO. S - 008

4. 보 배근

4.1 일반 설계(중간모멘트골조 및 특수모멘트골조 제외)

(1) 내부보 - 주철근 배근

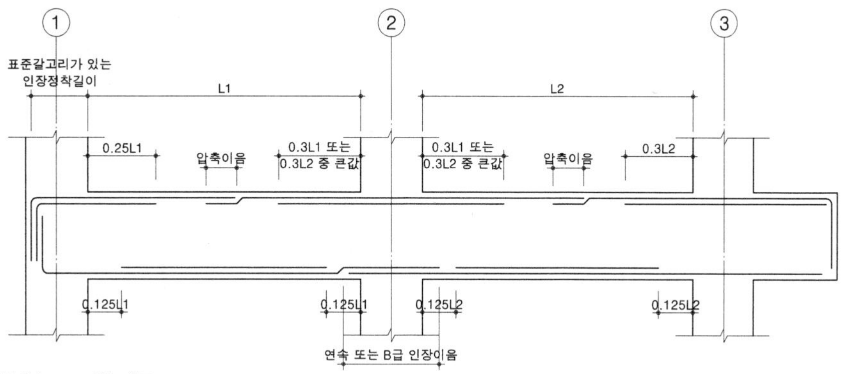

(2) 내부보 - 스터럽 배근

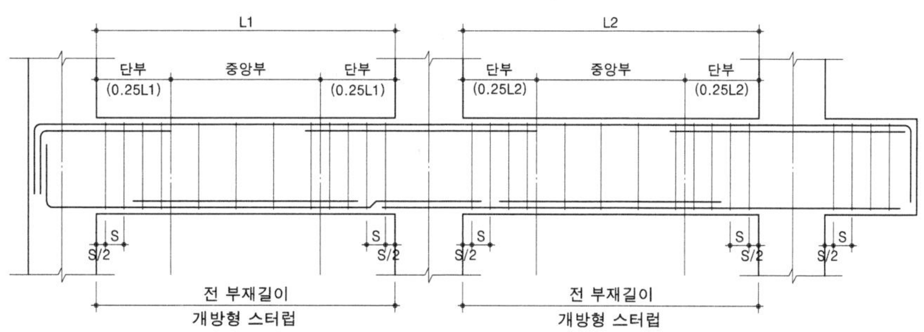

(3) 테두리보 - 주철근 배근

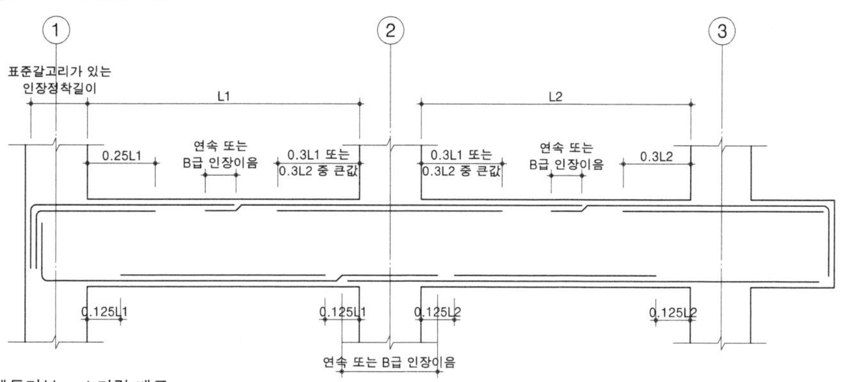

(4) 테두리보 - 스터럽 배근

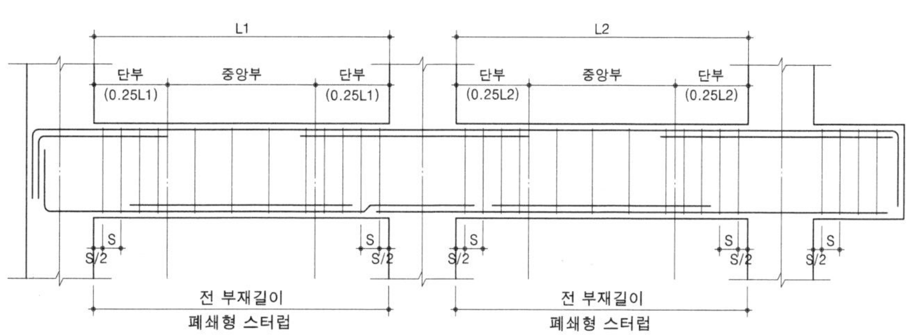

4.2 내진설계 (중간모멘트골조 및 전이보)

* 내부보, 테두리보 동일 적용

1) 보의 소성힌지 구간에서는 주철근의 겹침이음과 용접이음이 허용되지 않는다. (KDS 41 17 00 9.3.2)

2) 주철근의 이음위치는 『2.4.(5) 부위별 이음위치』를 참조할 것.

3) 모멘트골조, 전이보 부재에 사용되는 주철근은 한국산업규격의 내진용 철근을 사용해야 한다.(KDS 41 17 00 9.3.1)

(1) 중간모멘트 골조 및 특별지진하중을 적용하는 전이보 - 주철근 배근

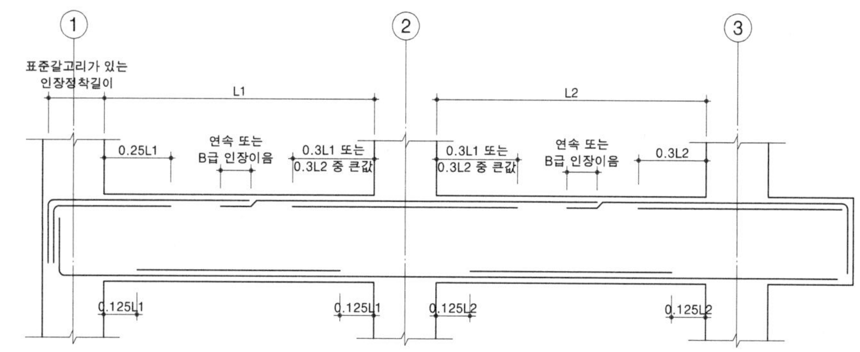

(2) 중간모멘트 골조 - 스터럽 배근

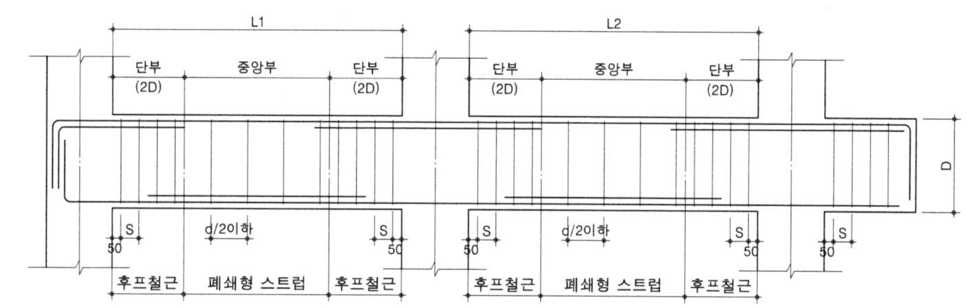

(3) 특별지진하중을 적용하는 전이보 - 스터럽 배근

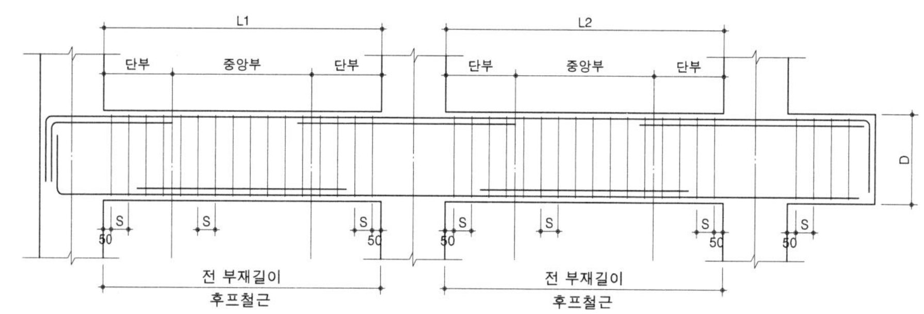

* 보의 배근의 원칙은 압축이 발생하는(응력이 적은) 곳에 이음하고, 이음은 반수이음이 원칙.
* 철근의 순간격 유지 조건 (1.7 철근의 간격제한 참조)
* 위의 조건이 맞지 않을 경우 보의 폭을 증대하거나 이음길이가 증대(압축, A급이음 → B급이음)하므로 구조기술사의 승인이 필요하다.

NOTE

REVISIONS

NO.	DATE	DESCRIPTION
7		
6		
5		
4		
3		
2		
1		

PROJECT TITLE

DRAWING TITLE

철근콘크리트구조 일반사항-9

DATE	SCALE	A1	NONE
		A3	NONE

DRAWN BY

CHECKED BY

APPROVED BY

DESIGNED BY

DRAWING NO. S - 009

4. 보 배근

4.3 보 스터럽 형태

(1) 후프철근

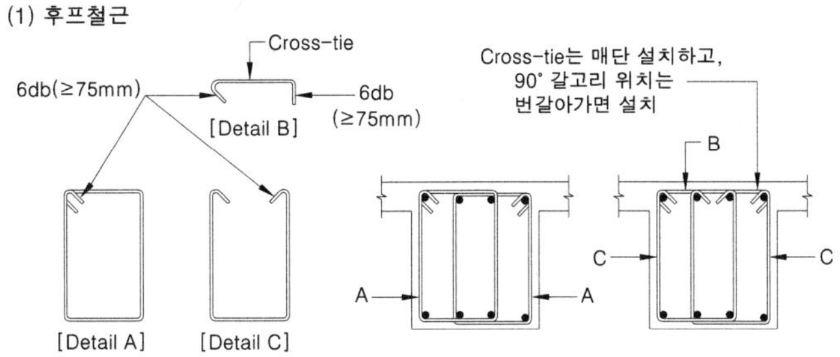

(2) 폐쇄형 스터럽(내부보와 테두리보)

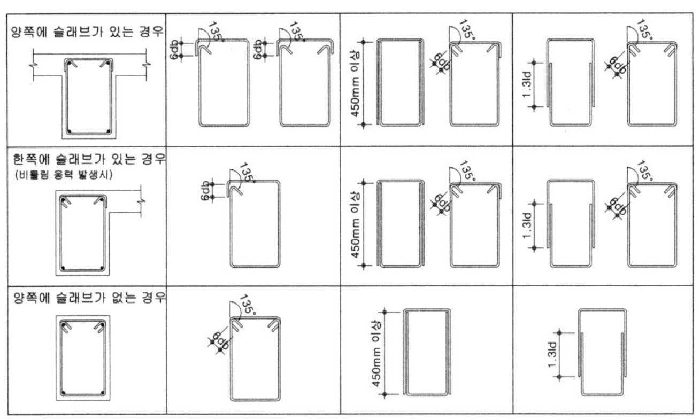

(3) 개방형 스터럽

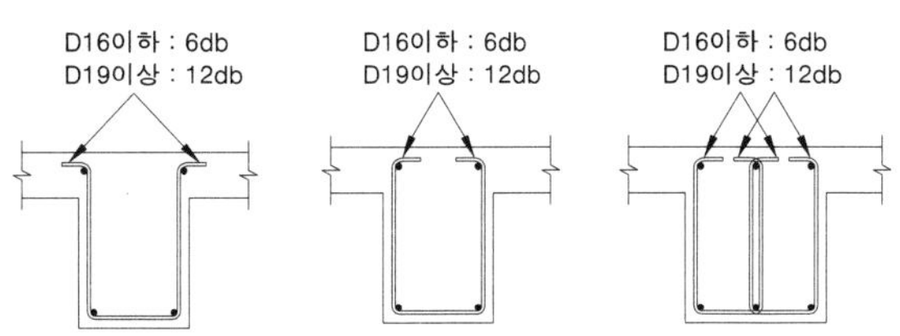

4.4 큰보와 작은보 교차부위 스터럽 상세

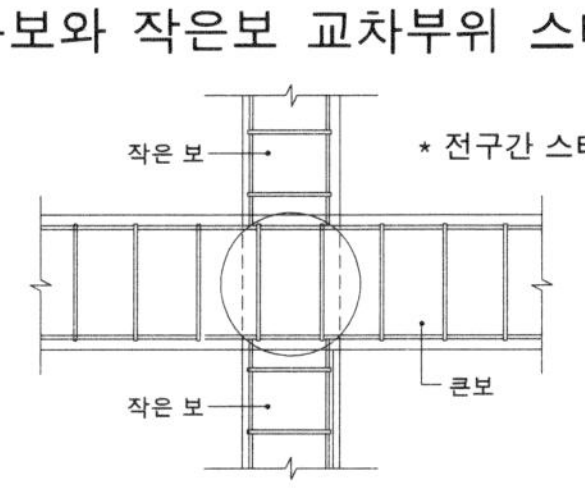

* 전구간 스터럽 배치 하여야 한다.(교차부 포함)

4.5 표피철근

보나 장선의 깊이 h가 900mm를 초과하면 종방향 표피철근을 인장연단으로부터 h/2 받침부까지에 부재 양쪽 측면을 따라 균일하게 배치하여야 한다.

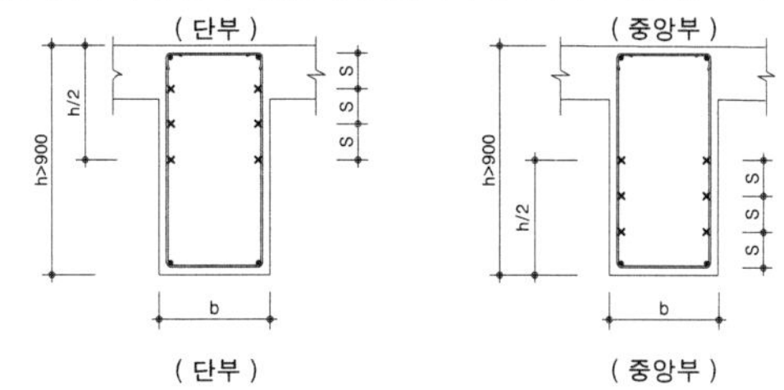

4.6 보 철근의 정착

(1) 캔틸레버 보

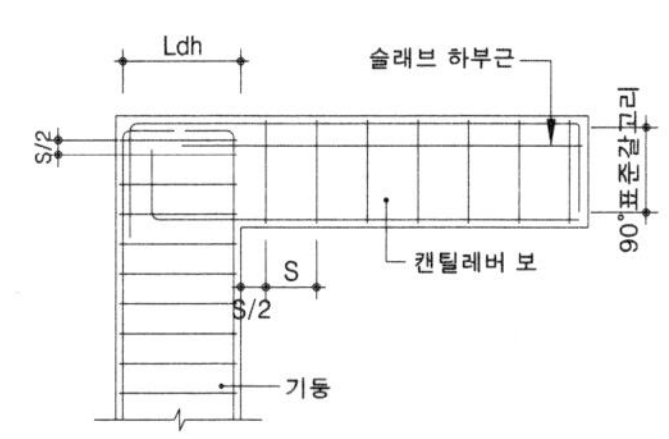

(2) 큰 보 + 작은 보

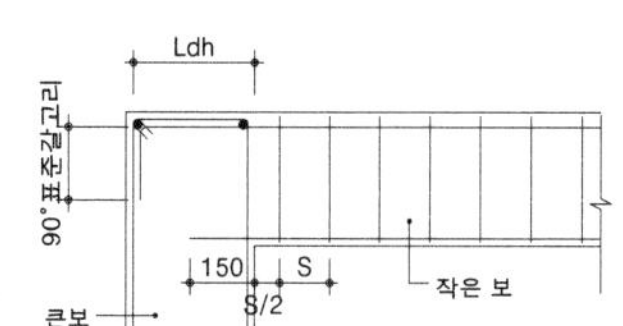

(3) 층 레벨이 다른 보

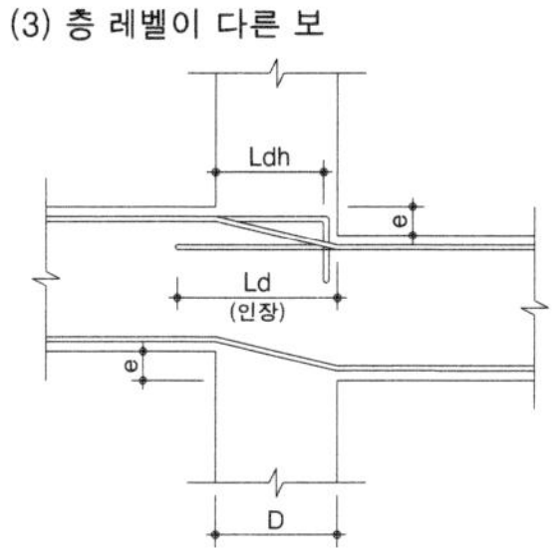

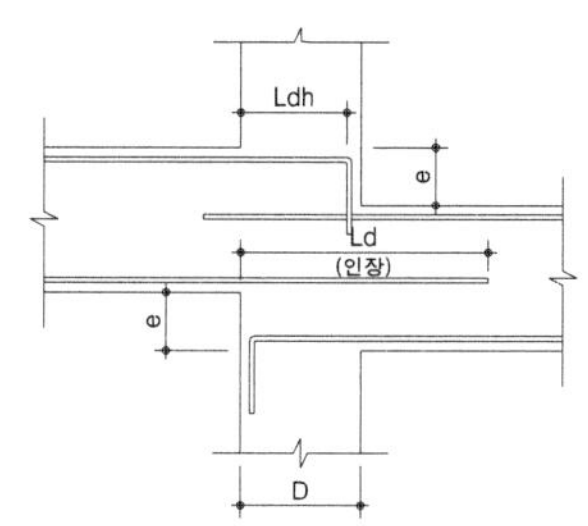

* 좌우 철근의 갯수가 다를 경우 끊어지는 철근은 표준갈고리 정착 또는 인장정착을 한다.

(4) 보 + 기둥

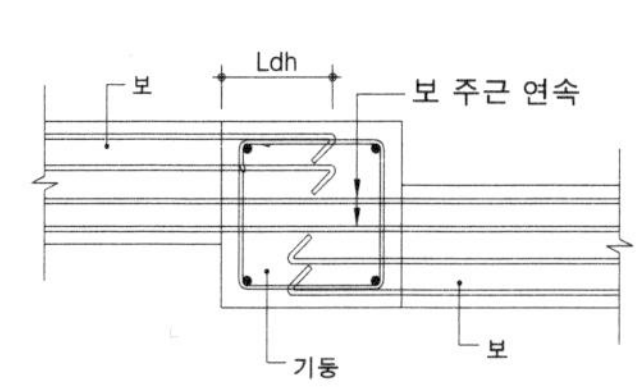

4.7 보 덧살 배근

(1) 보 상단에 덧살을 붙이는 경우

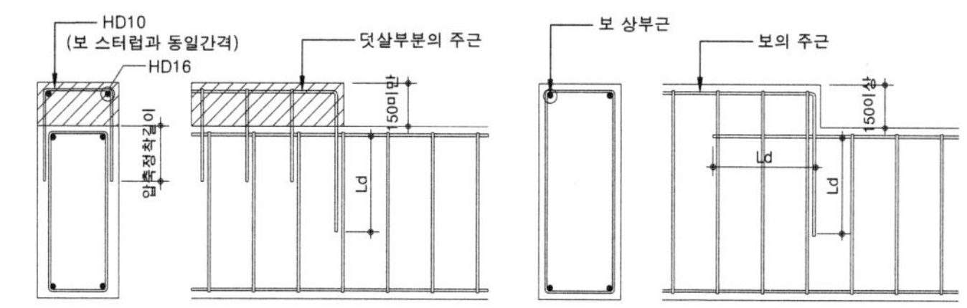

* 보의 양단부에서 덧살을 붙이는 경우에는 인장철근 정착길이를 적용한다.

(2) 보 하단에 덧살을 붙이는 경우

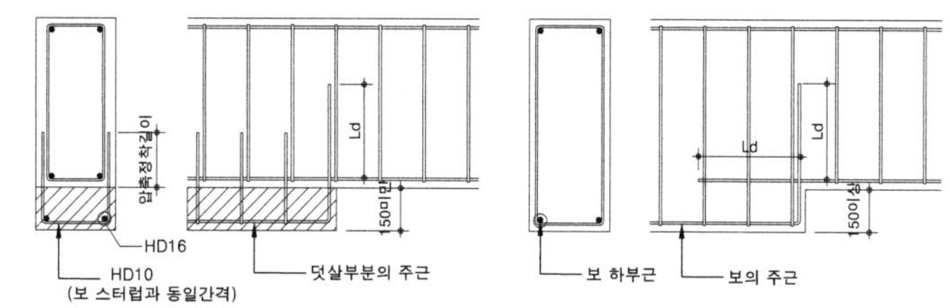

* 보의 중앙부에서 덧살을 붙이는 경우에는 인장철근 정착길이를 적용한다.

(3) 보 측면에 덧살을 붙이는 경우

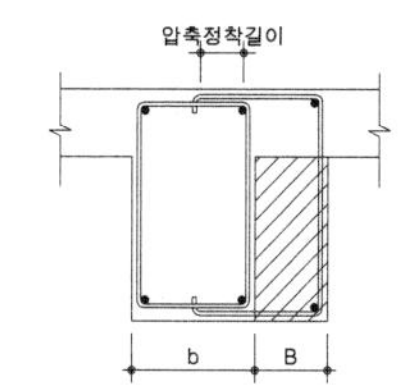

덧살두께	보강철근	스터럽
100 ≤ B < 150	HD16	HD10 (보 스터럽과 동일간격)
150 ≤ B < 200	주근과 동일 철근	HD10 (보 스터럽과 동일간격)
200 ≤ B < 2b/3	주근과 동일 철근	보 스터럽과 동일한 직경과 간격

•덧살 두께가 2b/3 ≤ B 이상인 경우 별도 검토.

4.8 절곡보 배근 상세

1) h ≤ 150mm 인 경우

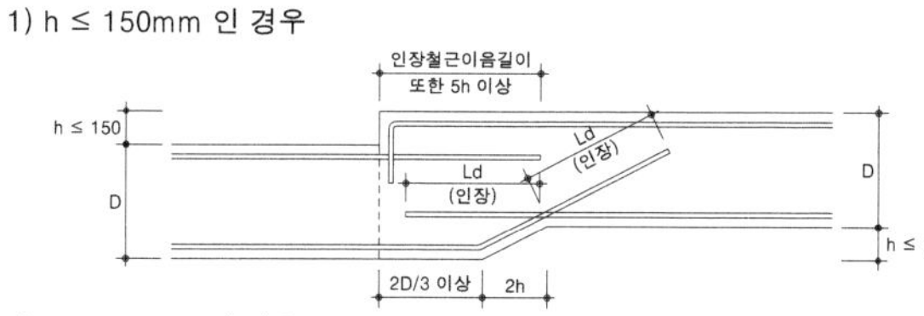

2) h > 150mm 인 경우

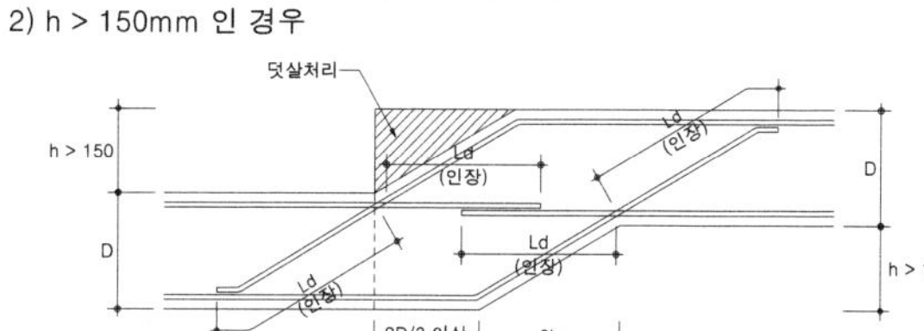

NOTE

REVISIONS		
7		
6		
5		
4		
3		
2		
1		
NO.	DATE	DESCRIPTION

PROJECT TITLE

DRAWING TITLE
철근콘크리트구조 일반사항-10

DATE	SCALE	A1	NONE
		A3	NONE

DRAWN BY

CHECKED BY

APPROVED BY

DESIGNED BY

DRAWING NO. S - 010

4. 보 배근

4.9 보 이어치기 접합부 배근 상세

(1) 보의 수직 이어치기

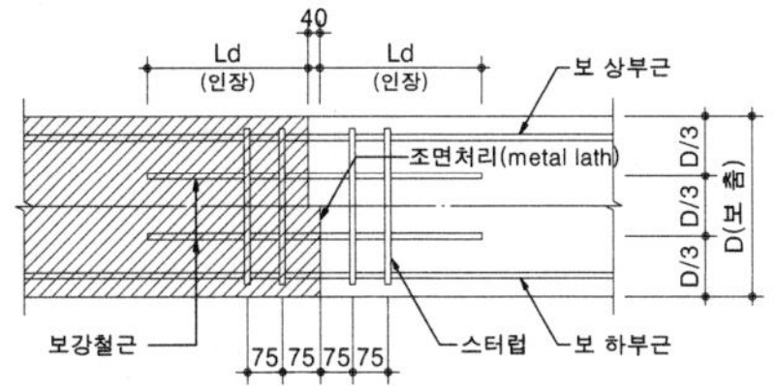

(2) 보의 수평 이어치기

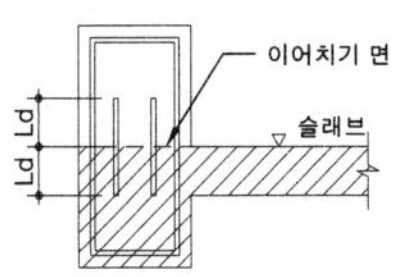

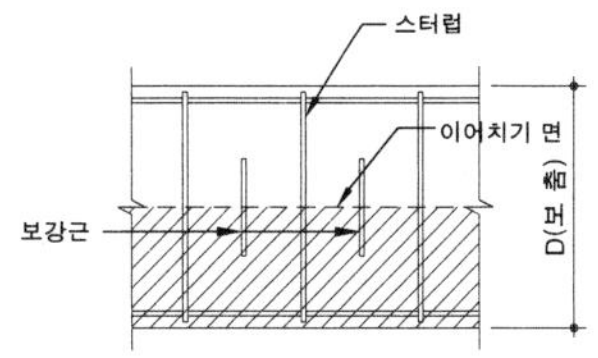

4.10 보를 관통하는 슬래브 보강

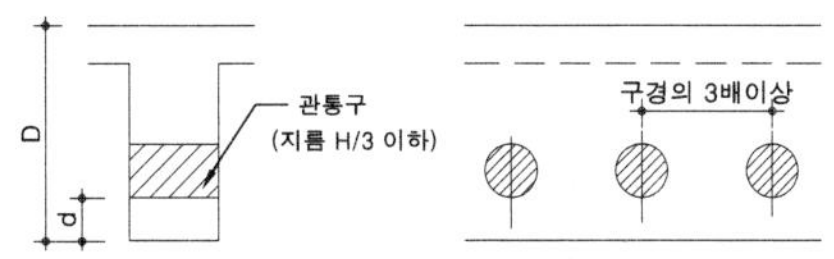

1) 관통구는 보 단부(0.25*순스팬)를 피한다.
2) 관통구의 위치는 보춤의 중심부근으로 하며, 아래값 이상으로 한다.

D	500~700	700~900	900
d	≥ 150	≥ 200	≥ 250

3) 관통구의 지름이 보춤의 1/10 이하 일때는 보강하지 않아도 좋다.
4) 구조설계자와 협의한 후에 위의 사항을 적용할 수 있다.

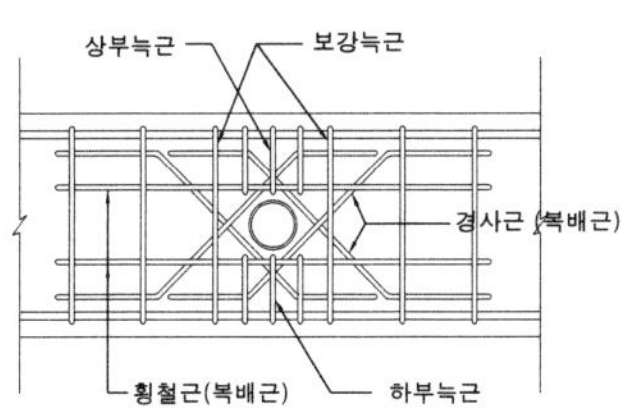

관통구	경사근	보강늑근	횡철근	상하늑근
100미만	2-HD13	2-HD13	2-HD13	
100~199	4-HD13	2-HD13	2-HD13	3-HD13
200~299	4-HD16	2-HD16	2-HD16	4-HD13
300~400	4-HD19	2-HD19	2-HD19	6-HD13

* 횡철근은 개구부가 병렬시 적용

NOTE

REVISIONS		
7		
6		
5		
4		
3		
2		
1		
NO.	DATE	DESCRIPTION

PROJECT TITLE

DRAWING TITLE
철근콘크리트구조 일반사항-11

DATE	SCALE	A1	NONE
		A3	NONE
DRAWN BY			
CHECKED BY			
APPROVED BY			
DESIGNED BY			
DRAWING NO.	S - 011		

5. 기둥 배근

5.1 일반 상세(비내진상세) - KDS 14 20 50 : 4.4.2(3)

(1) 외부 띠철근 기둥

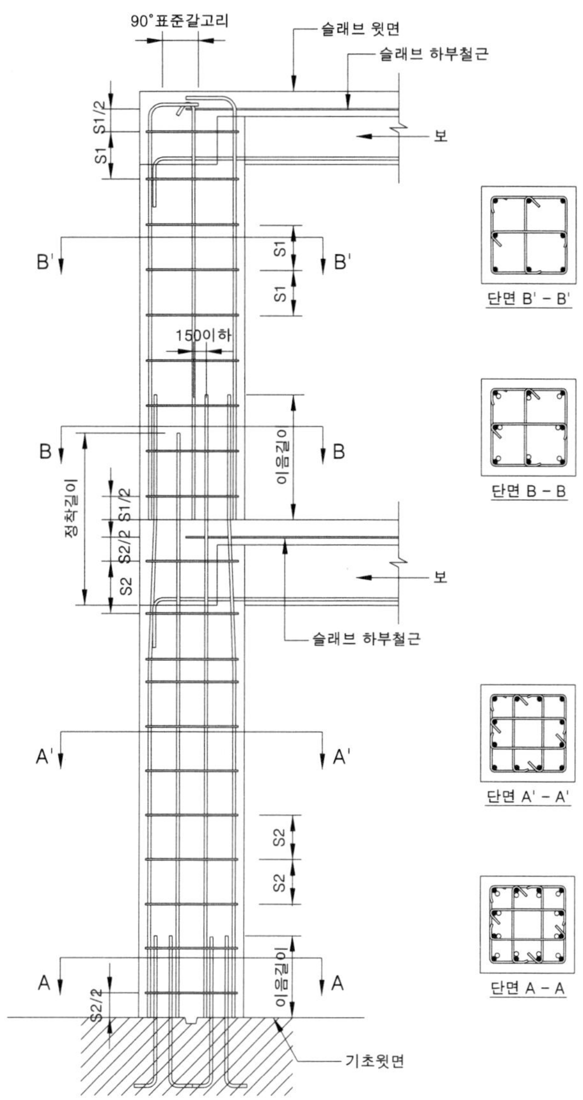

(2) 내부 띠철근 기둥

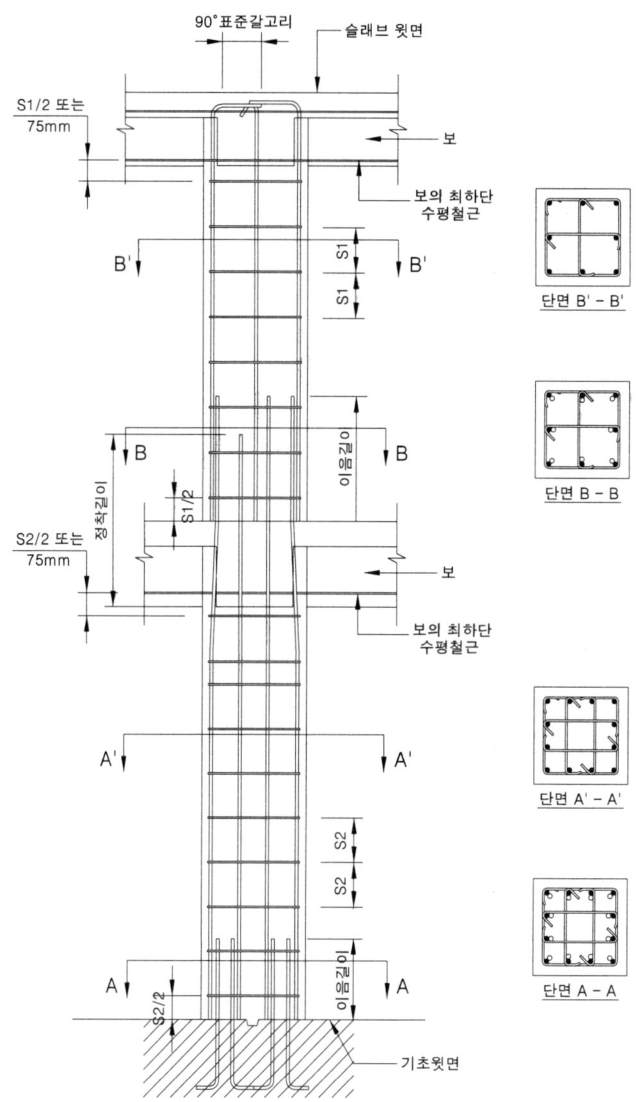

* 주철근의 이음위치는 『2.4.(6) 부위별 이음위치』를 참조할 것.

[NOTE]

1. S max (띠철근 최대간격 S1, S2) ≤ [16db, 48dc, (b 또는 h)min]
2. 인장 및 압축이음길이 적용 여부는 설계자가 판단한다.
3. 내부 장방형 기둥의 최상층 주근 정착시, 정착길이 이상 확보되면 표준 갈고리를 사용하지 않아도 된다.
4. 내부기둥은 4면에 보가 접합되는 기둥을 말하며, 평면 배치에서 내부에 위치하는 기둥일지라도 4면 중 한면이라도 보가 없으면 외부기둥 배근에 따른다.
   또는 책임기술사의 판단에 따른다.
5. 첫번째 띠철근은 접합면으로부터 거리 S/2이내에 있어야 한다.
6. 보 또는 브래킷이 기둥의 4면에 연결되어 있는 경우에 가장 낮은 보 또는 브래킷의 최하단 수평철근 아래에서 75mm 이내에서 띠철근 배치를 끝낼 수 있다.
   단, 이때, 보의 폭은 해당 기둥면 폭의 1/2 이상이어야 한다.

* 띠철근 (S1, S2) : 전구간 적용

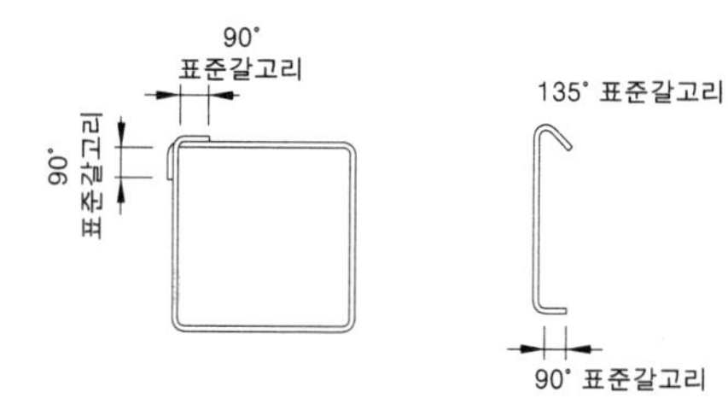

* 연결철근의 끝은 외곽의 축방향 철근에 고정되어야 하고, 연속 연결철근은 축방향 철근을 따라 끝이 교대로 배치되어야한다.
* 외부접합부와 모서리 접합부에서는 90도 갈고리 정착이 건물외면에 위치하지 않아야 한다

NOTE

REVISIONS		
7		
6		
5		
4		
3		
2		
1		
NO.	DATE	DESCRIPTION

PROJECT TITLE

DRAWING TITLE

철근콘크리트구조 일반사항-12

DATE	SCALE	A1	NONE
		A3	NONE
DRAWN BY			
CHECKED BY			
APPROVED BY			
DESIGNED BY			
DRAWING NO.	S - 012		

5. 기둥 배근

5.2 중간모멘트 골조 내진상세 - KDS 14 20 80 : 4.9.5

(1) 외부 기둥 (4면보 구속형이 아닌 경우)

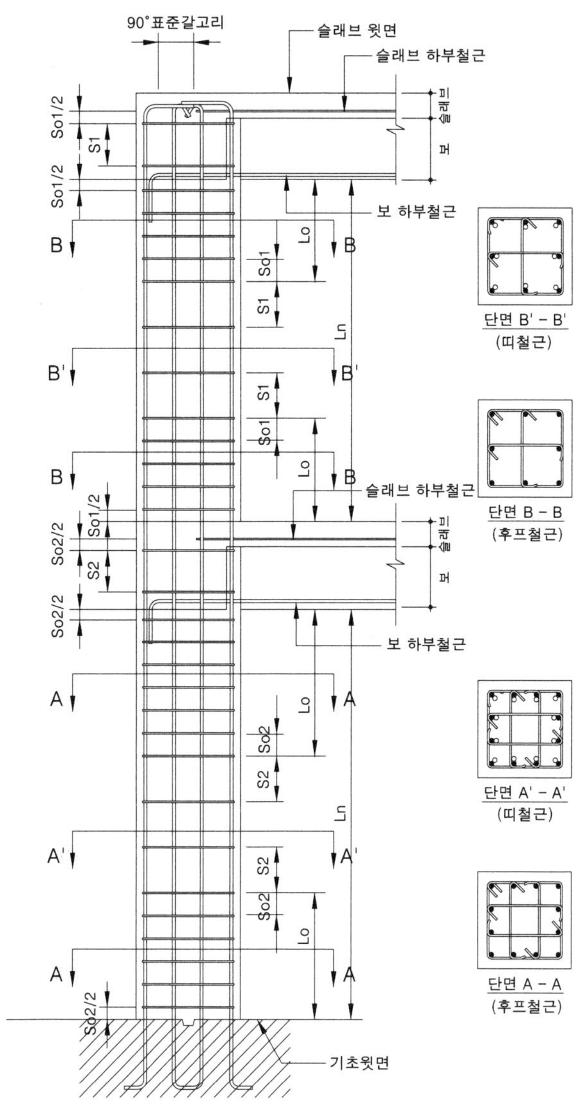

(2) 내부 기둥 (4면보 구속형인 경우)

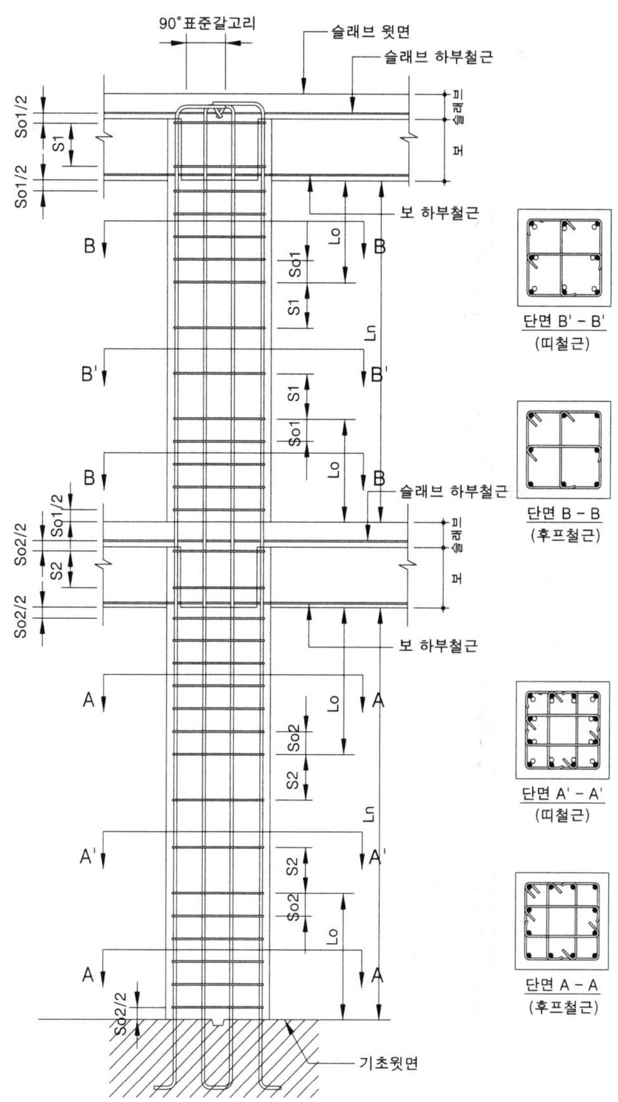

* 주철근의 이음위치는 『2.4.(7) 부위별 이음위치』를 참조할 것.

[NOTE]

1. Lo max (Ln /6 , (b 또는 h)max, 450mm) 이상으로 하여야 한다.
2. So max (후프철근 최대간격 So1, So2) ≤ [8db, 24dbh, (b 또는 h)/2 min]
3. S max (띠철근 최대간격 S1, S2) ≤ [16db, 48dbh, (b 또는 h)min, 2So1, 2So2]
4. 후프철근의 최대간격은 접합면으로부터 길이 Lo구간에 걸쳐서 So를 초과하지 않아야 한다.
5. 내부기둥은 4면에 보가 접합되는 기둥을 말하며, 평면 배치에서 내부에 위치하는 기둥일지라도 4면 중 한면이라도 보가 없으면 외부기둥 배근에 따른다. 또는 책임기술사의 판단에 따른다.
6. 첫번째 띠철근은 접합면으로부터 거리 So/2이내에 있어야 한다.
7. 띠철근 간격 S는 전 구간에서의 So의 2배를 초과하지 않아야 한다.
8. 기둥의 소성힌지 구간에서는 주철근의 겹침이음과 용접이음이 허용되지 않고 기계식이음은 허용한다. (KDS 41 17 00 : 9.3.2)
9. 중간 및 특수모멘트골조부재, 벽체의 경계요소, 연결보에 사용되는 주철근은 한국산업규격의 내진용 철근 (SD400S, SD500S, SD600S)을 사용해야 한다. (KDS 41 17 00:9.3.1)
10. 특수모멘트골조의 횡방향 철근배근은 별도참조 바람.

* 후프철근 (So1, So2) : Lo 구간

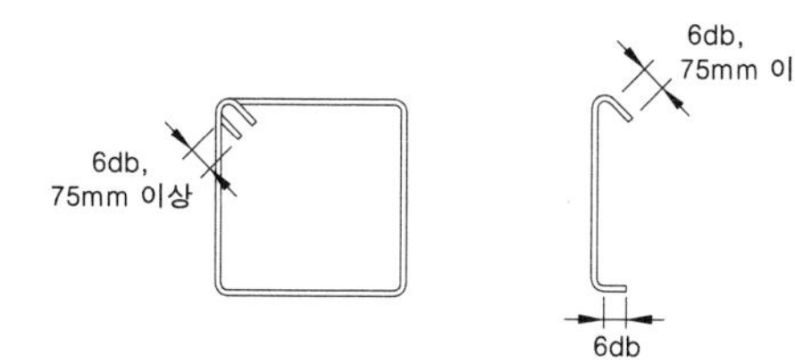

* 띠철근 (S1, S2) : Lo 구간 외

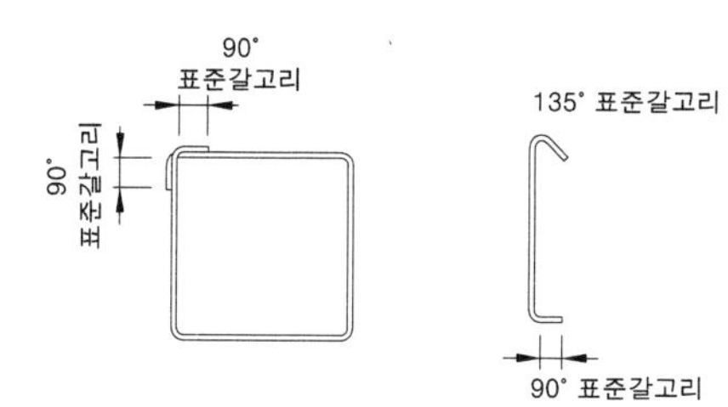

* 연결철근의 끝은 외곽의 축방향 철근에 고정되어야 하고, 연속 연결철근은 축방향 철근을 따라 끝이 교대로 배치되어야한다.
* 외부접합부와 모서리 접합부에서는 90도 갈고리 정착이 건물외면에 위치하지 않아야 한다

NOTE

REVISIONS		
7		
6		
5		
4		
3		
2		
1		
NO.	DATE	DESCRIPTION

PROJECT TITLE

DRAWING TITLE
철근콘크리트구조 일반사항-13

DATE	SCALE	A1	NONE
		A3	NONE
DRAWN BY			
CHECKED BY			
APPROVED BY			
DESIGNED BY			
DRAWING NO.	S - 013		

5. 기둥 배근

5.3 특별지진하중을 적용하는 기둥상세(전이기둥)

- KDS 14 20 80 : 4.9.5
- KDS 41 17 00 : 9.8.4

(1) 외부 기둥 (4면보 구속형이 아닌 경우)

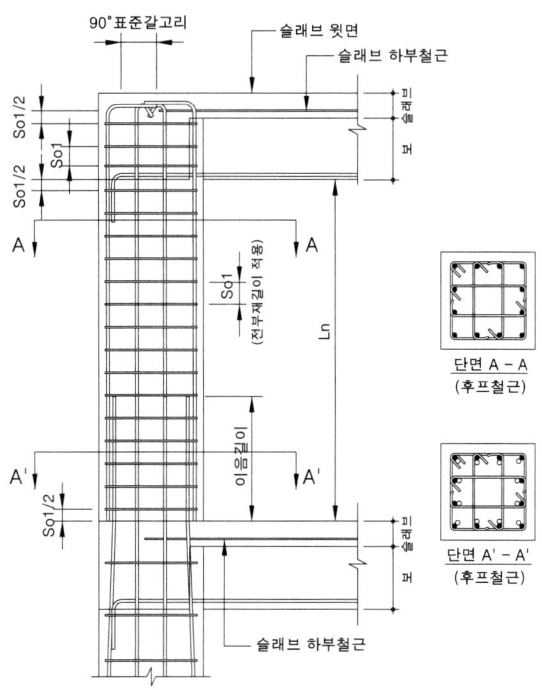

(2) 내부 기둥 (4면보 구속형인 경우)

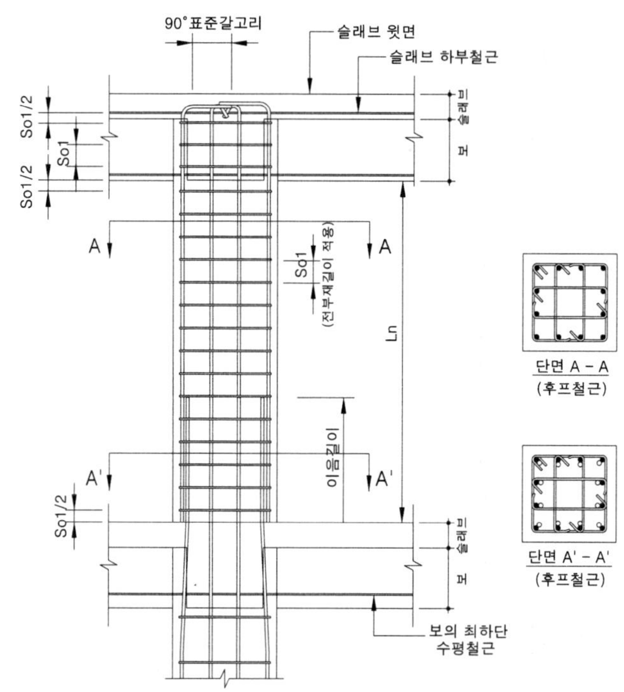

[NOTE]

1. So max (후프철근 최대간격 So1, So2) ≤ [8db, 24dbh, (b 또는 h)/2 min]
2. S max (띠철근 최대간격 S1, S2) = [So1, So2]
3. 내부기둥은 4면에 보가 접합되는 기둥을 말하며, 평면 배치에서 내부에 위치하는 기둥일지라도 4면 중 한면이라도 보가 없으면 외부기둥 배근에 따른다. 또는 책임기술사의 판단에 따른다.
4. 첫번째 띠철근은 접합면으로부터 거리 So/2이내에 있어야 한다.
5. 기둥의 소성힌지 구간에서는 주철근의 겹침이음과 용접이음이 허용되지 않고 기계식이음은 허용한다. (KDS 41 17 00 : 9.3.2)
6. 중간 및 특수모멘트골조부재, 벽체의 경계요소, 연결보에 사용되는 주철근은 한국산업규격의 내진용 철근 (SD400S, SD500S, SD600S)을 사용해야 한다. (KDS 41 17 00:9.3.1)
7. 특수모멘트골조의 횡방향 철근배근은 별도참조 바람.

* 후프철근 (So1, So2) : Ln 구간

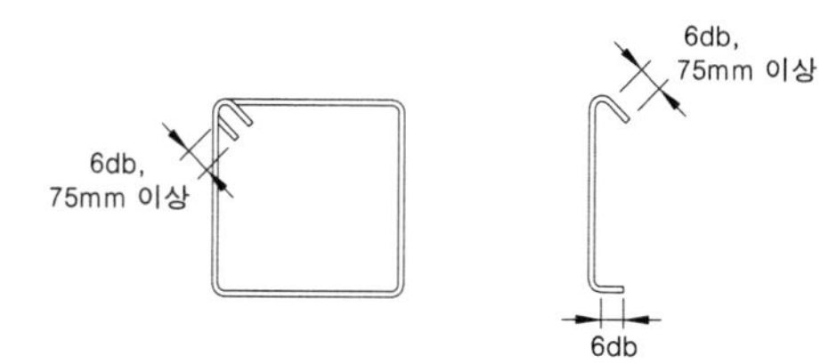

* 띠철근 (S1, S2) : Ln 구간 외

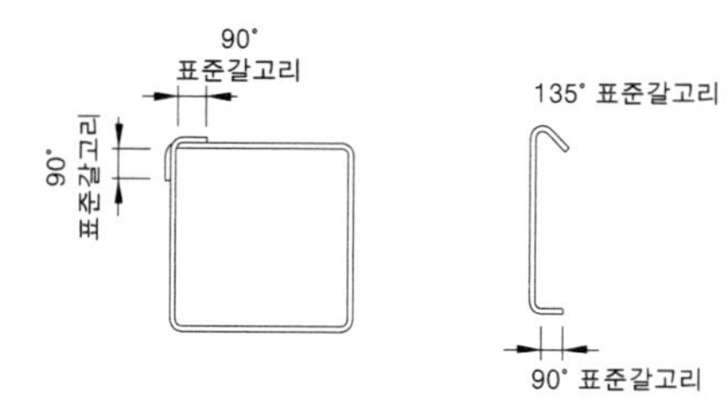

* 연결철근의 끝은 외곽의 축방향 철근에 고정되어야 하고, 연속 연결철근은 축방향 철근을 따라 끝이 교대로 배치되어야한다.
* 외부접합부와 모서리 접합부에서는 90도 갈고리 정착이 건물외면에 위치하지 않아야 한다.

NOTE

REVISIONS		
7		
6		
5		
4		
3		
2		
1		
NO.	DATE	DESCRIPTION

PROJECT TITLE

DRAWING TITLE

철근콘크리트구조 일반사항-14

DATE	SCALE	A1	NONE
		A3	NONE
DRAWN BY			
CHECKED BY			
APPROVED BY			
DESIGNED BY			
DRAWING NO.	S - 014		

5. 기둥 배근

5.4 보와 기둥접합부 철근상세(중간모멘트골조 및 전이구조)

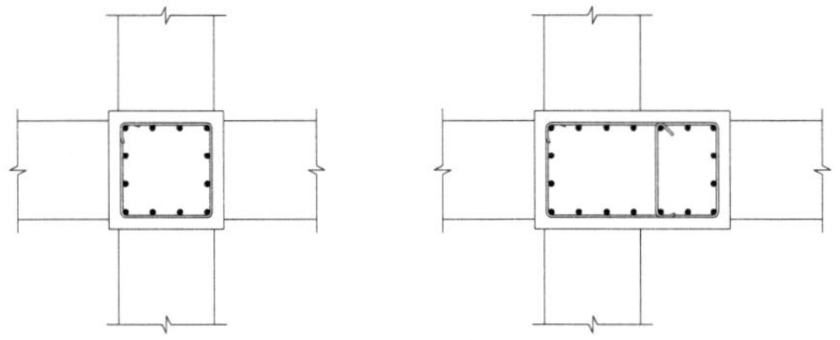

(a) 내부 접합부 상세

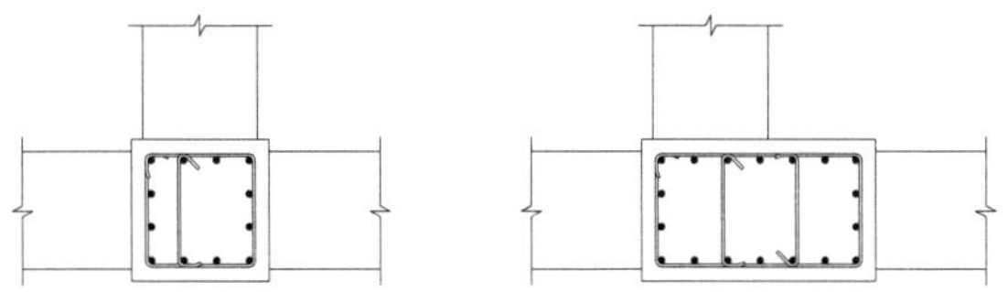

(b) 외부 접합부 상세

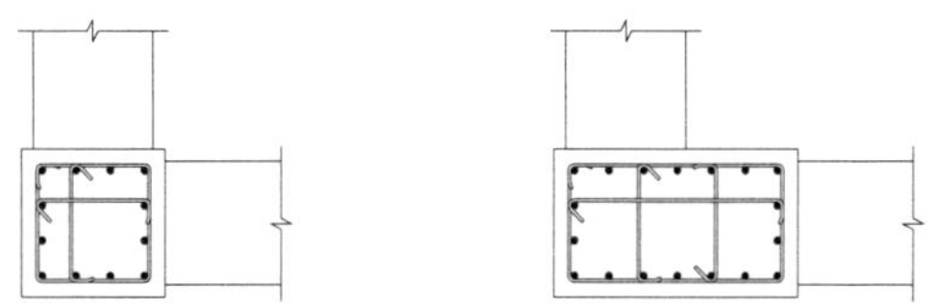

(c) 모서리 접합부 상세

5.5 불연속 강성부재를 지지하는 기둥의 횡방향 철근

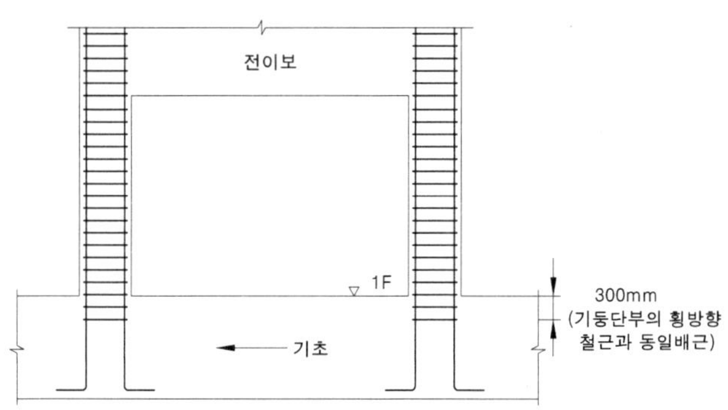

* 기초가 지상1층에서 형성될 경우에는 기둥의 횡방향 철근을 기초 내 최소 300mm 구간까지 동일철근, 동일간격으로 배치한다.

5.6 기둥 띠철근 배근 상세

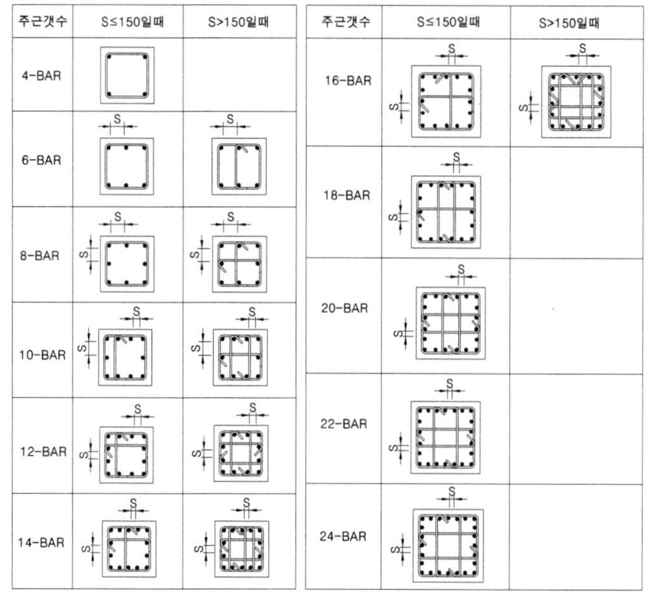

* 모든 모서리에 있는 축방향철근과 하나 건너있는 축방향철근이 135°이하로 구부린 띠철근의 모서리에 의해 횡지지되어야 한다. 또한 띠철근을 따라 횡지지된 인접한 축방향철근이 150mm이상 떨어진 경우에 추가 띠철근을 배치하여야 한다.

5.7 기둥 후프철근 배근 상세

* Layer 1~4의 순서에 따라 기둥 후프철근은 교대 배근한다.

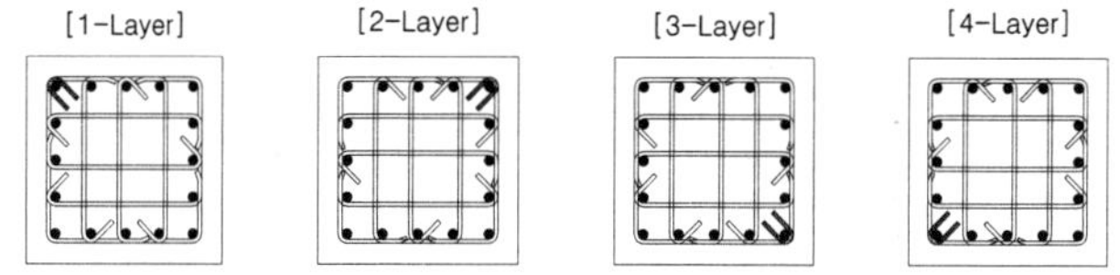

5.8 기둥 단면이 변할 경우 배근 상세

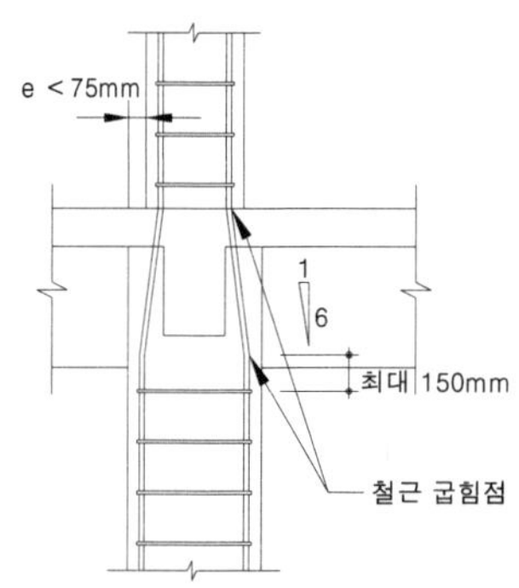

(a) e < 75mm인 경우

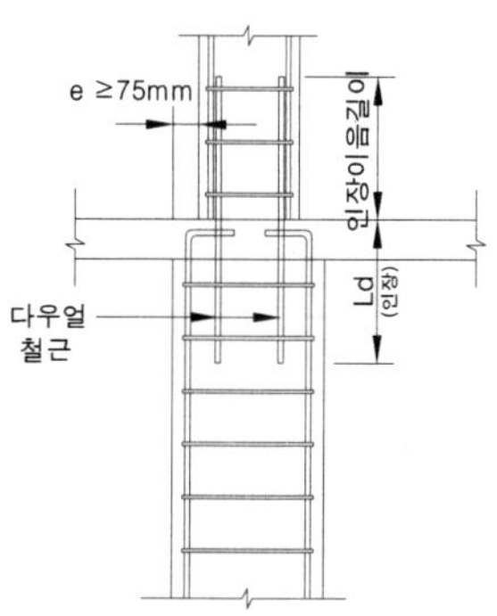

(b) e ≥75mm인 경우

(1) 기둥 연결부에서 단면치수가 변하는 경우 옵셋 굽힘철근을 배근하며, 굽힙부의 경사는 1/6이하로 한다.

(2) 굽힙점으로부터 150mm 이내에 추가 띠철근을 배근하여 굽힘부를 보강한다.

(3) 기둥 연결부에서 상하부의 기둥면이 75mm이상 차이가 나는 경우는 별도의 연결철근(dowel bar)을 사용하여야 한다.

5.9 기둥 덧살 배근

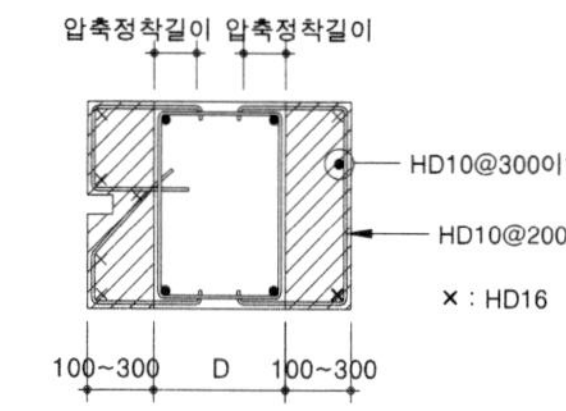

(a) 덧살두께 300 미만인 경우

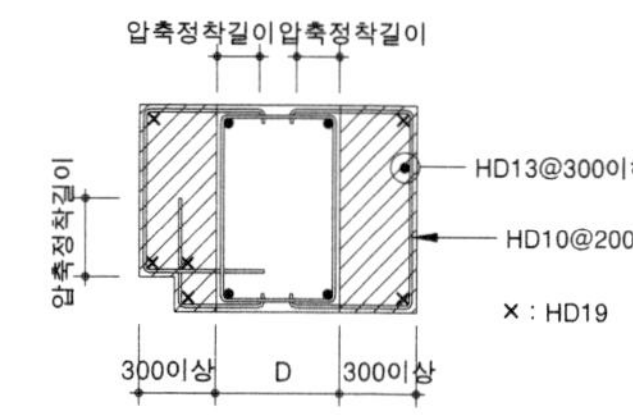

(b) 덧살두께 300 이상인 경우

5.10 나선철근 배근상세 (중간 및 특수모멘트골조 제외)

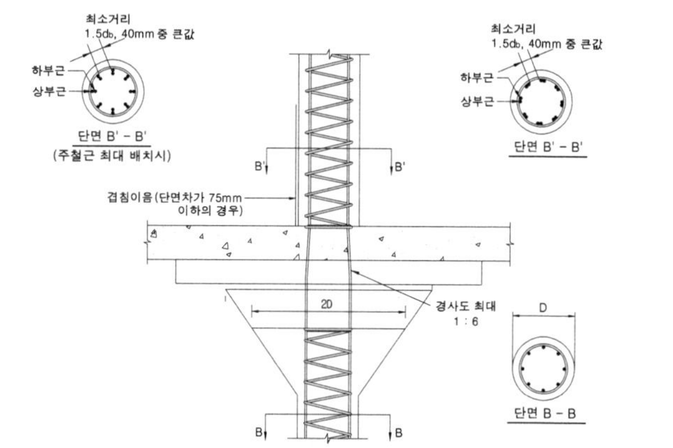

(a) 나선철근의 이음

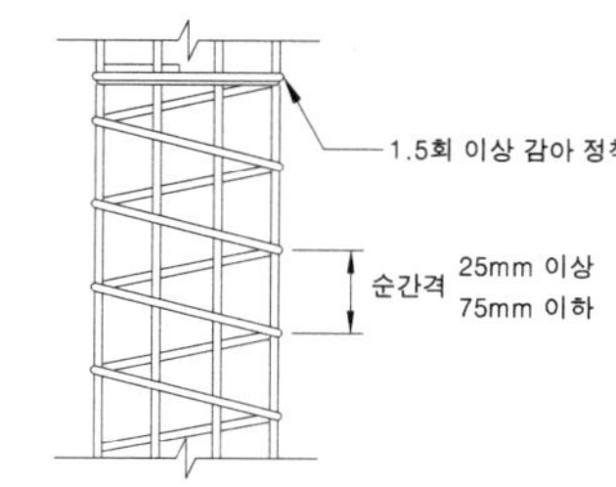

(b) 나선철근의 순간격 및 정착

NOTE

REVISIONS		
7		
6		
5		
4		
3		
2		
1		
NO.	DATE	DESCRIPTION

PROJECT TITLE

DRAWING TITLE

철근콘크리트구조 일반사항-15

DATE	SCALE	A1	NONE
		A3	NONE

DRAWN BY

CHECKED BY

APPROVED BY

DESIGNED BY

DRAWING NO. S - 015

6. 벽체 배근

6.1 벽체배근 상세

(1) 최상층 벽체 배근

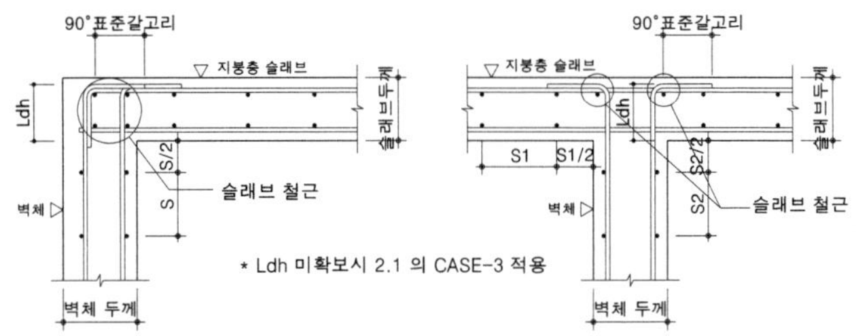

• 최상층 벽체 수직철근의 단부는 90°표준갈고리로 슬래브에 정확히 정착하여 일체성을 확보한다.
• 외측 벽체와 접하는 슬래브의 상부철근은 인장 정착하거나 벽체 외측 수직철근과 인장 겹침이음을 한다.

(2) 일반층 벽체 배근

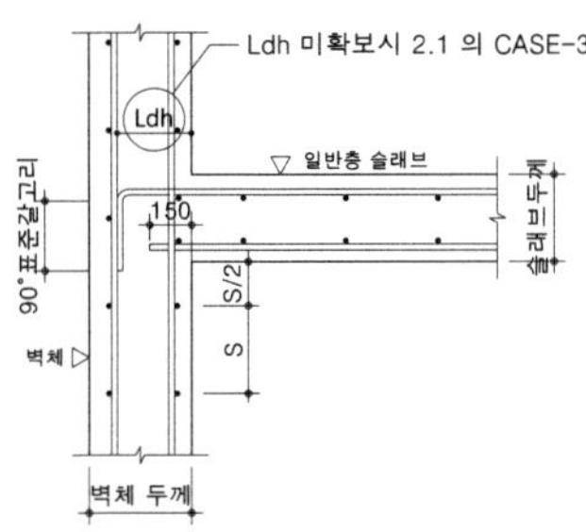

(3) 벽체-보 배근상세

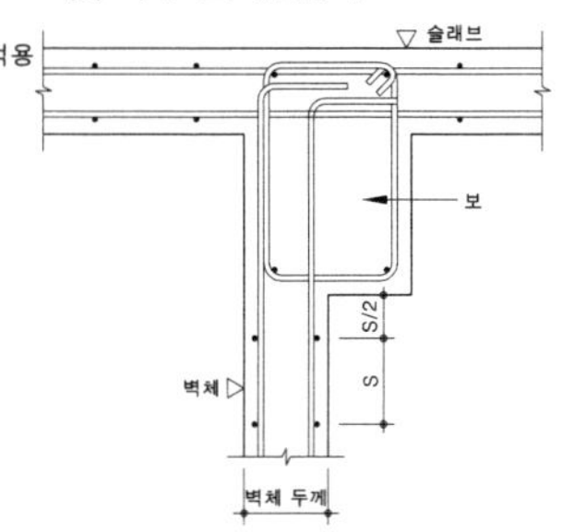

6.2 벽체 단부보강 상세

(1) 일자형 벽체

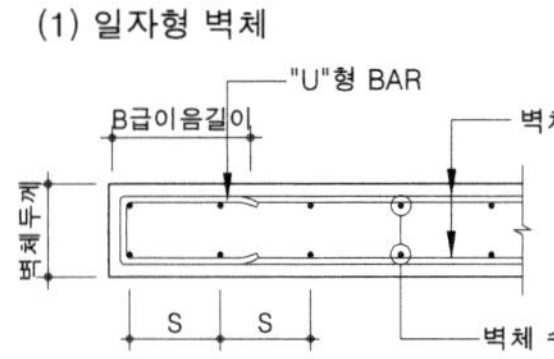

(2) 모서리 벽체

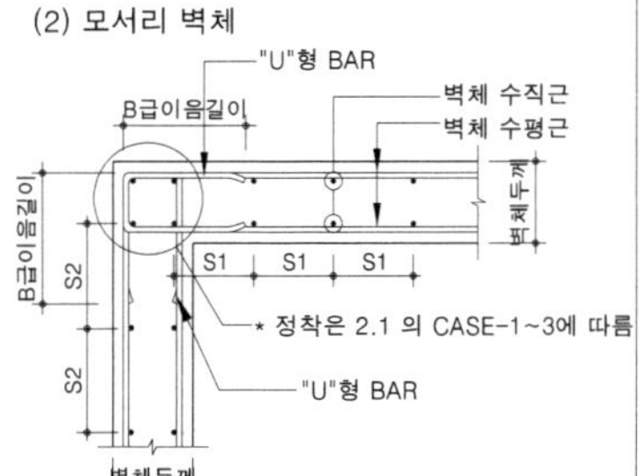

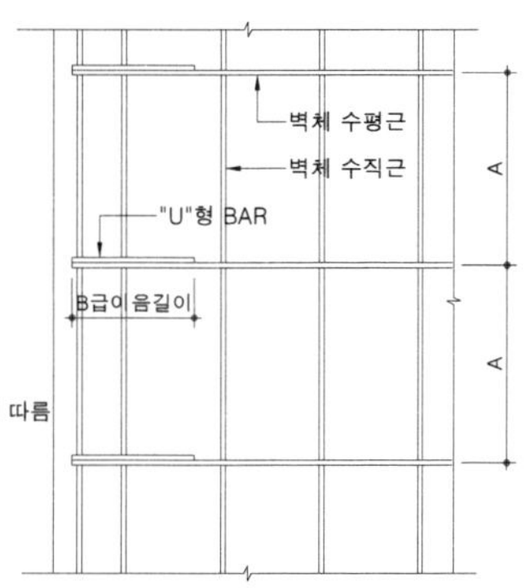

[입 면]

(3) T형 벽체

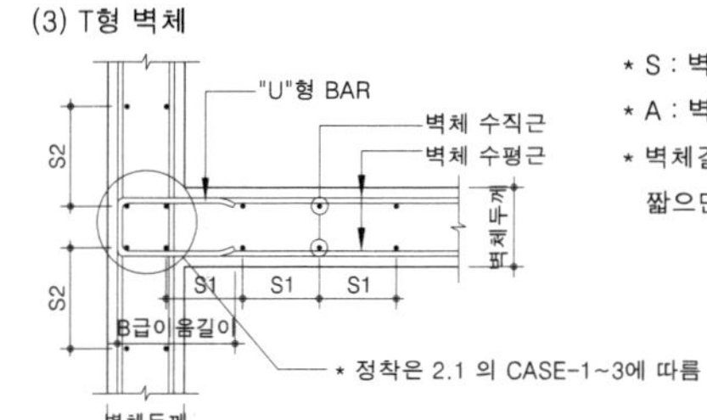

• S : 벽체 수직철근 배근간격
• A : 벽체 수평근, "U"형 BAR 배근간격
• 벽체길이가 수평철근의 B급이음길이보다 짧으면 기둥 후프와 같은 형태로 배근한다.

6.3 벽체 수직철근 이음

(1) 일반적인 경우

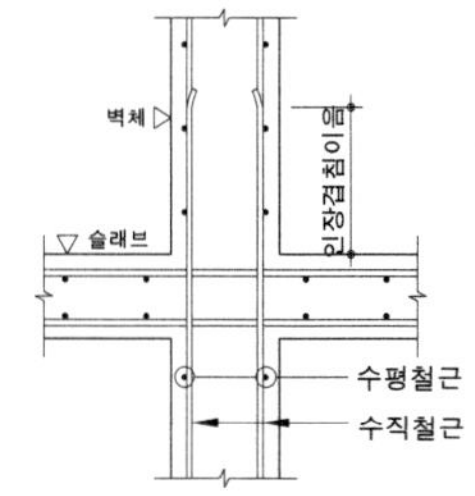

(2) 복배근에서 단배근으로 바뀔 경우

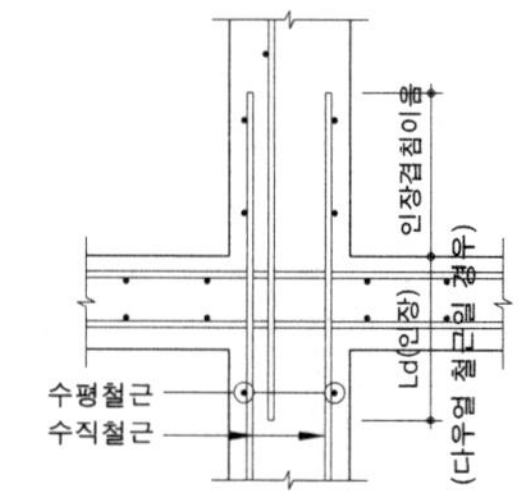

(3) 상하 철근 간격이 다를 경우

1) S ≤ Ls/5 또는 S ≤ 150 일 경우

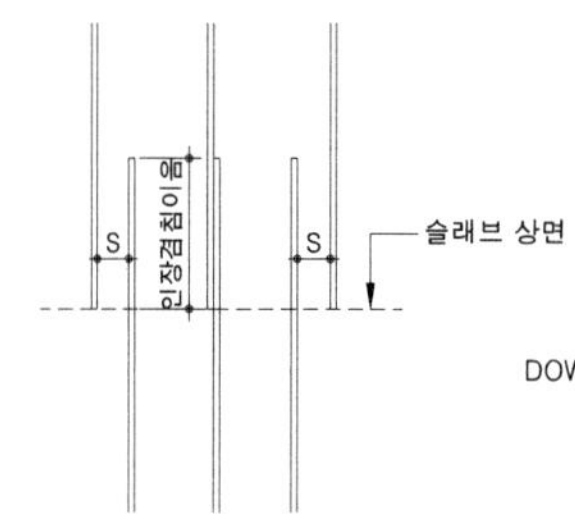

2) S > Ls/5 또는 S > 150 일 경우

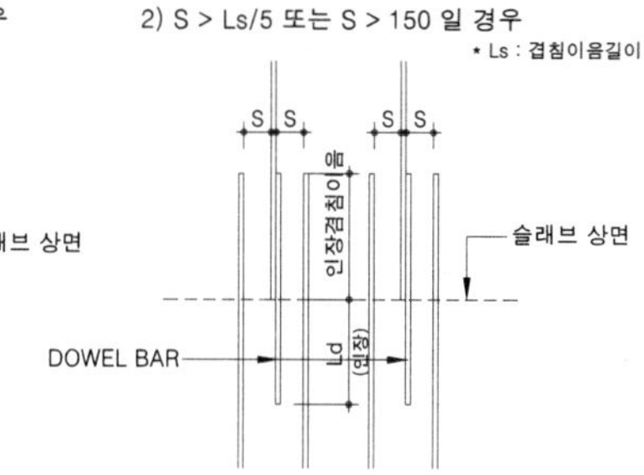

(4) 상하 벽체 두께가 다를 경우

1) e/D ≤ 1/6, e ≤ 75mm일 경우

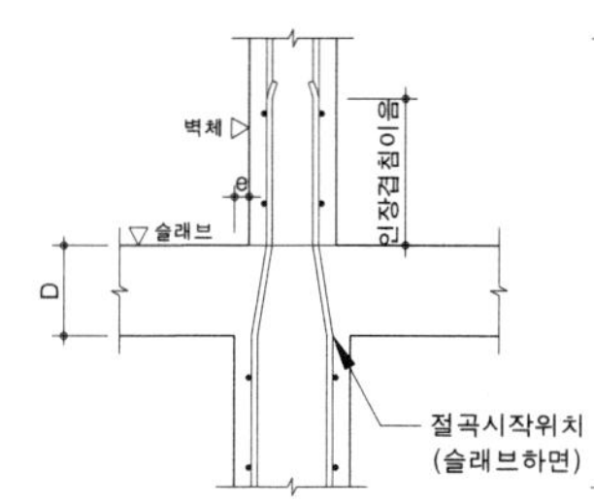

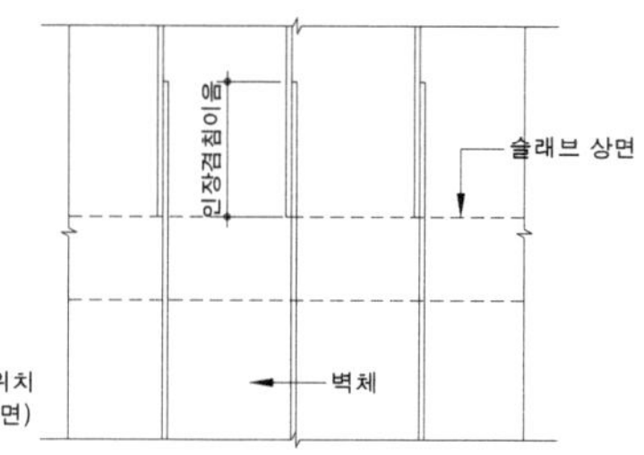

2) e/D > 1/6, e > 75mm일 경우

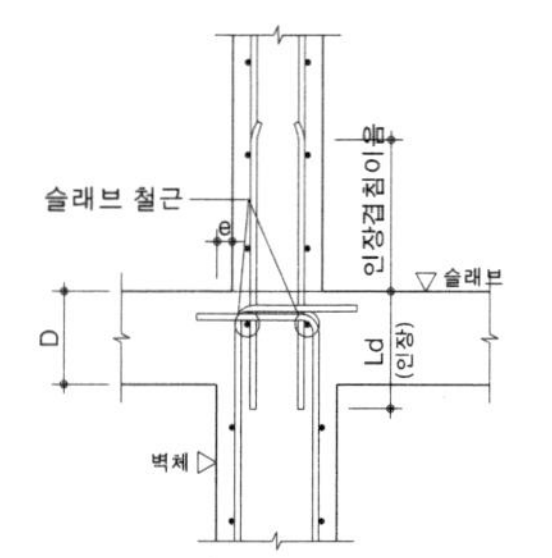

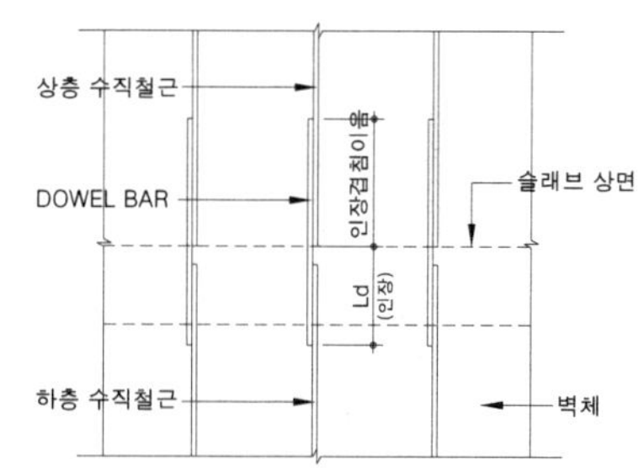

• 내력벽 최소두께는 수직 또는 수평지점간 거리 중에서 작은값의 1/25 이상이어야 한다.
• 비내력벽 최소두께는 100mm 이상이어야 하고, 또한 수평으로 지지하고 있는 부재 간 최소거리의 1/30 이상이어야 한다.
• 지하실 외벽 및 기초벽체의 두께는 200mm 이상으로 하여야 한다.

6.4 최하층 벽체와 기초 접합부

(1) 내부벽체

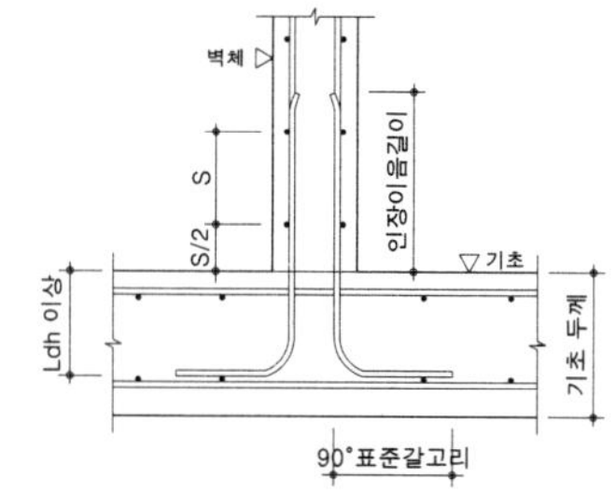

(2) 외부벽체 (지하외벽)

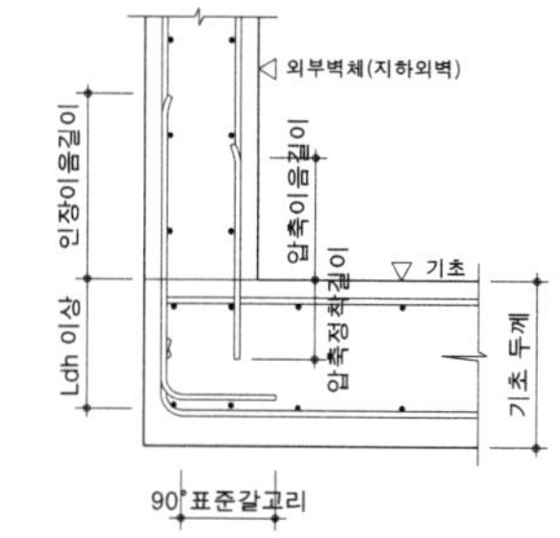

• Ldh는 표준갈고리가 있는 인장철근 정착길이 임.
• 내부벽체의 경우 기초두께가 벽체 수직철근의 정착길이(Ld) 이상 확보되면 표준갈고리를 사용하지 않아도 된다.
• 단, 벽체 외측면에서 기초가 끝나는 경우에는 정착길이(Ld) 확보여부에 관계없이 표준갈고리로 정착한다.

6.5 벽체 개구부 보강

• Ld : 인장철근 정착길이 (600mm이상)

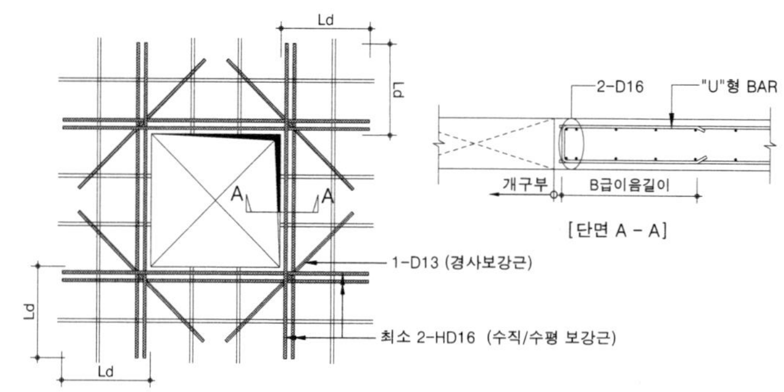

• 개구부의 크기가 300mm이하이고, 주근이 개구부에 의해 끊어지지 않을 경우에는 보강하지 않는다.
• 수직/수평 보강근은 개구부에 의해 절단된 철근 갯수의 1/2씩 양측에 배근한다.
• 단, 수직/수평 보강근은 HD16이상을 사용하되, 벽체에 배근된 철근 규격보다 작지 않도록 한다.
• 개구부가 기둥 및 보에 접하는 부분에는 보강하지 않는다.
• 원형 개구부도 이에 준한다.
• Ld 미확보시 구조기술사의 검토승인이 필요하다.

NOTE

REVISIONS		
7		
6		
5		
4		
3		
2		
1		
NO.	DATE	DESCRIPTION

PROJECT TITLE

DRAWING TITLE

철근콘크리트구조 일반사항-16

DATE	SCALE	A1	NONE
		A3	NONE

DRAWN BY

CHECKED BY

APPROVED BY

DESIGNED BY

DRAWING NO. S - 016

7. 기초 배근

7.1 직접 기초

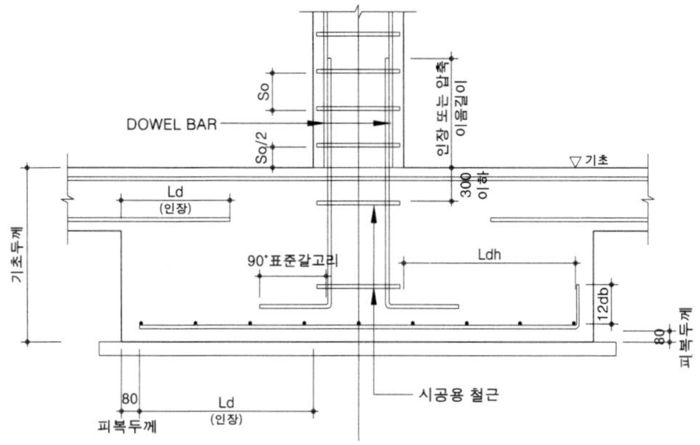

1) 지반의 허용지내력(fe)은 설계도서에 명시된 값 이상 확보해야 한다.
2) 동일건물내 설계허용지내력이 서로 다른 경우에는 책임구조기술자와 협의한다.
3) 기초 내부 시공용 횡방향철근은 책임구조기술자의 판단에 따른다.
4) 독립기초인 경우 양방향 중 기둥으로부터 기초 단부까지의 거리가 긴 방향의 하부 철근을 최하단에 배근한다. (줄기초인 경우는 Wall의 직각방향 철근)
5) 기초철근이 인장철근정착길이가 부족한 경우 90˚표준갈고리를 갖는 인장철근 정착길이를 확보한다.

7.2 파일 기초

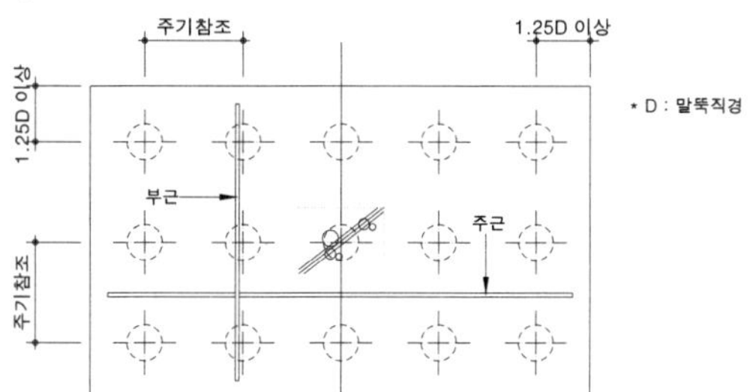

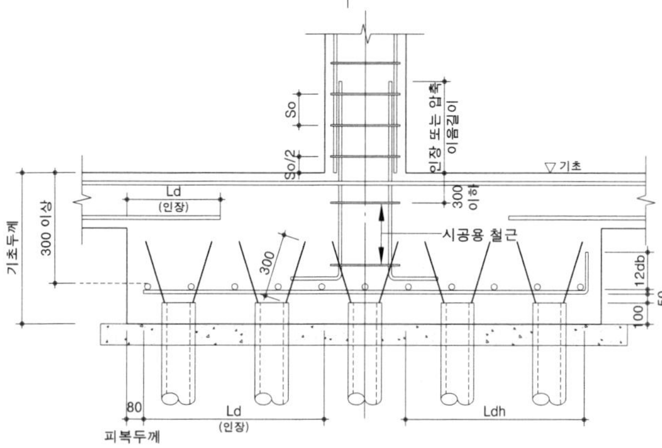

1) 침하를 고려한 말뚝의 허용지지력(fp)은 설계도서에 명시된 값 이상 확보해야 한다.
2) 표기되지 않은 PILE 중심간격은 타입말뚝의 경우 2.5D 이상, 기초측면과 PILE 중심까지 간격은 1.25D 이상으로 한다.
3) 기초 내부 시공용 횡방향철근은 책임구조기술자의 판단에 따른다.
4) 양방향 중 기둥으로부터 파일중심까지의 거리가 긴쪽을 하부근으로 배근한다.
5) 말뚝두부 상세는 책임구조기술자의 승인을 득한 후 시공한다.
6) 기초철근이 인장철근정착길이가 부족한 경우 90˚표준갈고리를 갖는 인장철근 정착길이를 확보한다.

7.3 기타 배근

(1) 기초 단차부 배근

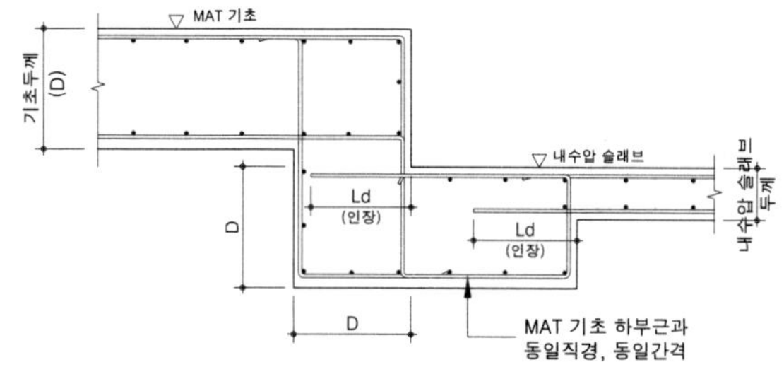

(2) 불연속면(이어치기면) 기초 배근 (ex. APT 주동과 지하주차장 기초 접합부)

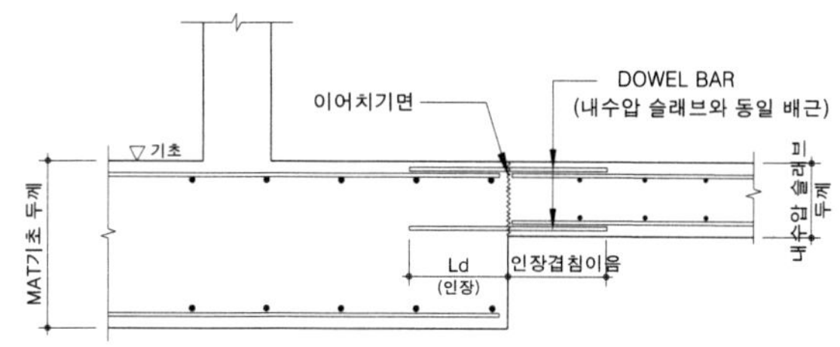

(3) 집수정 배근

• 집수정 크기가 1500X1500X1500(H) 이하인 경우 도면에 명기되지 않은 집수정 단면상세는 다음에 따른다.

1) 집수정 상세도-1 (슬래브에 생기는 경우)

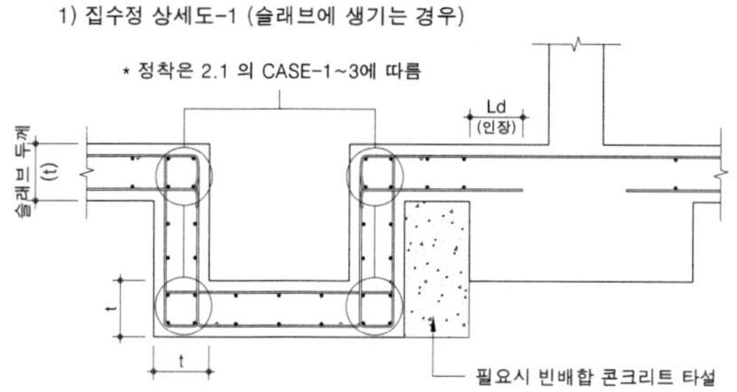

2) 집수정 상세도-2 (매트기초에 생기는 경우)

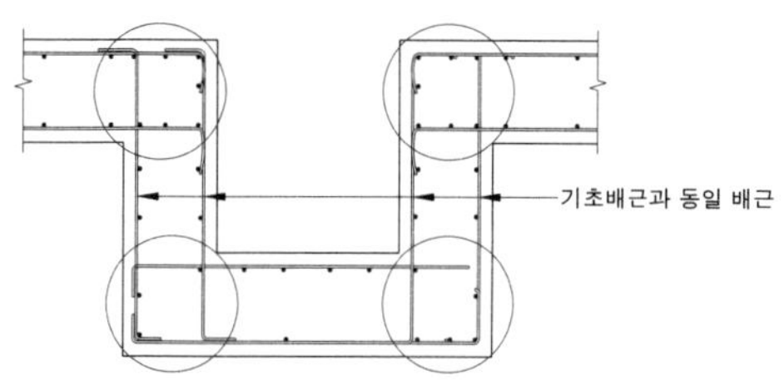

• 기초에 부력이 작용하는 경우 이에 대한 방지대책을 마련하여야 한다.
• 상부구조물의 하중이 큰 경우 단차부위는 빈배합 콘크리트 타설을 하여야 한다.
• 정착은 2.1 의 CASE-1~3에 따름

8. 기타 배근

8.1 난간 상세

• 단배근일 경우에는 수평철근을 엇갈림 배근한다.

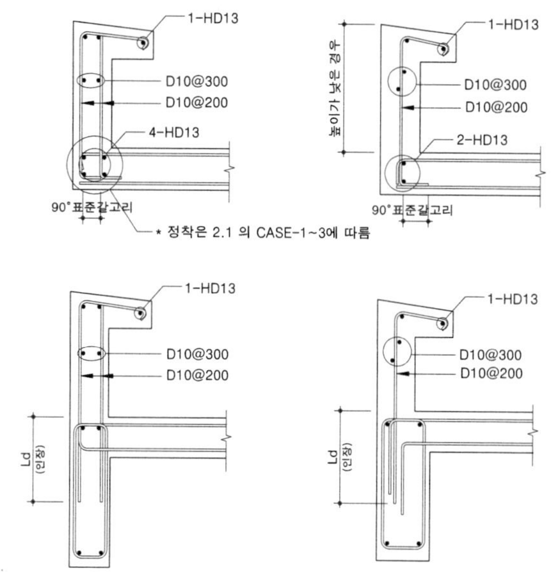

8.2 트렌치 상세 (H<150mm)

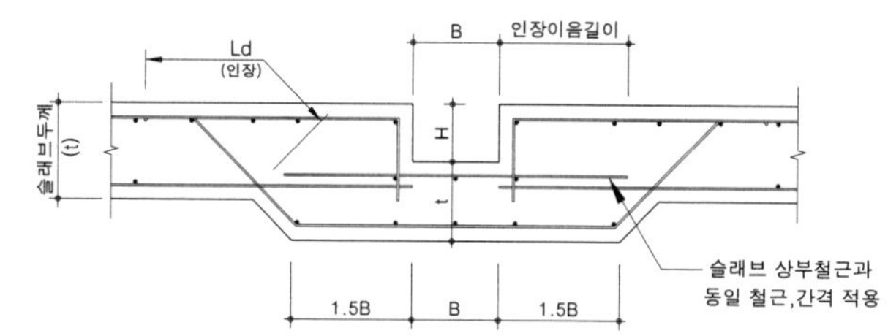

8.3 계단배근 상세

(1) 양단지지 계단 슬래브

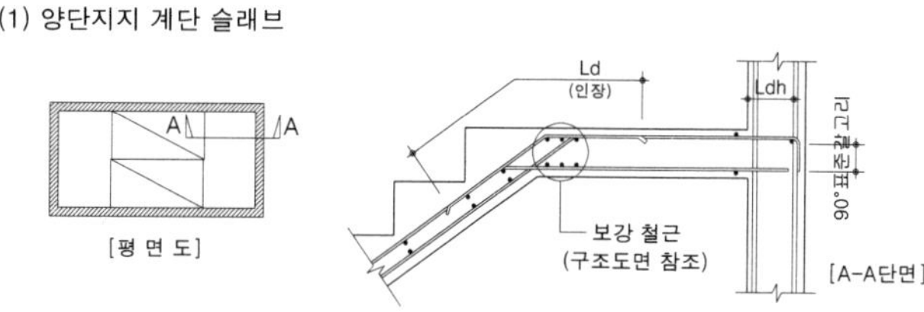

(2) 켄틸레버 계단 슬래브

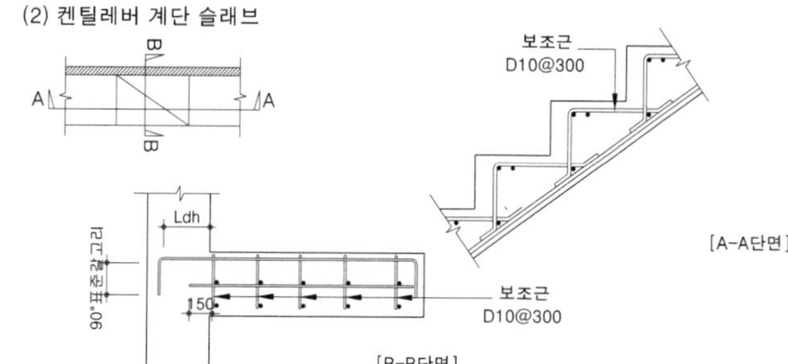

NOTE

REVISIONS		
7		
6		
5		
4		
3		
2		
1		
NO.	DATE	DESCRIPTION

PROJECT TITLE

DRAWING TITLE
철근콘크리트구조 일반사항-17

DATE	SCALE	A1	NONE
		A3	NONE
DRAWN BY			
CHECKED BY			
APPROVED BY			
DESIGNED BY			
DRAWING NO.	S - 017		

9. 특수모멘트골조

9.1 보배근 특수모멘트골조 내진상세

- KDS 14 20 80 : 4.2

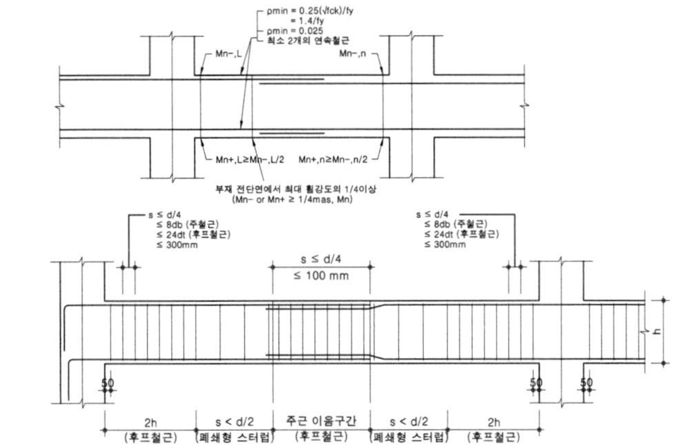

1) 보의 소성힌지 구간에서는 주철근의 겹침이음과 용접이음이 허용되지 않는다. (KDS 41 17 00 : 9.3.2)

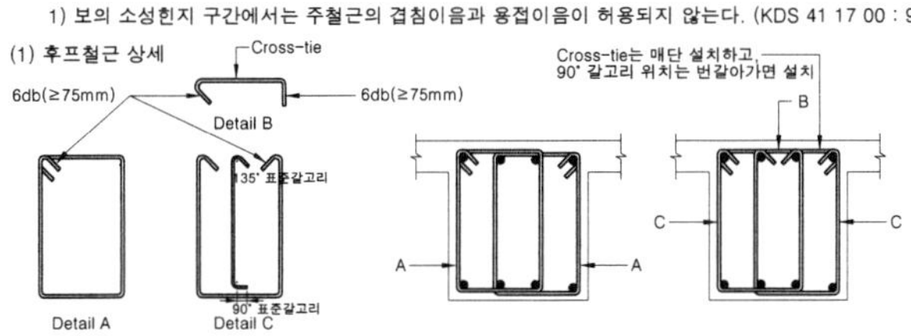

9.2 기둥배근 특수모멘트골조 내진상세

- KDS 14 20 80 : 4.3
- KDS 14 20 80 : 4.4

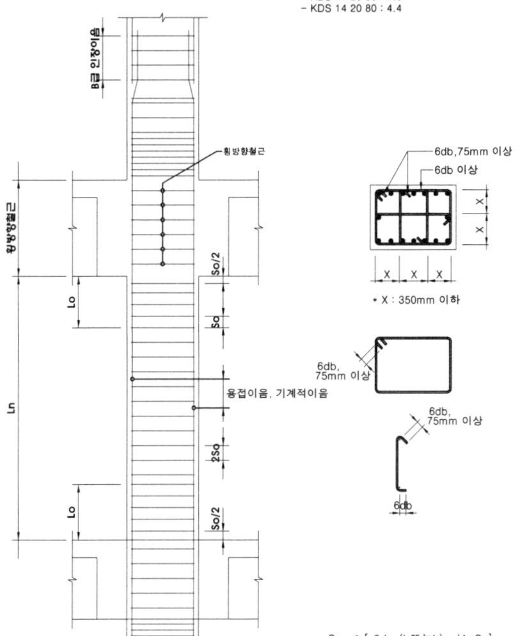

휨항복 발생구간 (Lo)		휨항복 발생구간내의 횡보강철근 (So)	
부재의 순경간의 1/6	중 최대값	종방향 철근 최소지름의 6배	중 최소값
부재단면 최대치수		부재단면 최소치수의 1/4	
450mm		Sx = 100+[(350-hx)/3]	

9.3 특수모멘트골조 기둥철근의 이음위치

- KDS 14 20 80 : 4.3.3

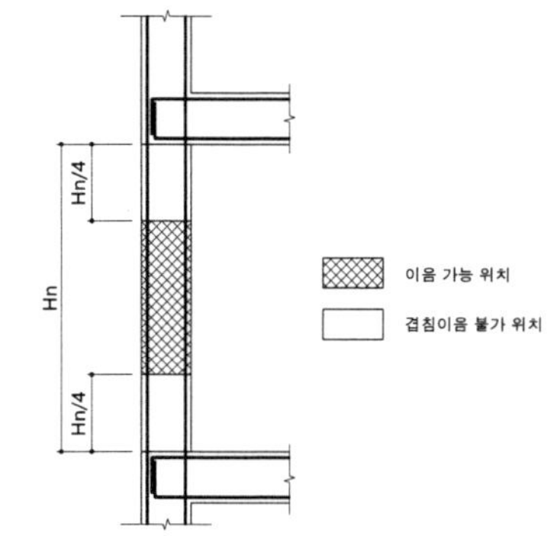

- 겹침이음은 부재의 중앙부에서 부재길이 1/2구역 내에서만 할 수 있고 인장이음으로 설계해야 하며, 또한 횡방향 철근간격과 연결철근이나 겹침후프철근 간격제한의 규정을 따르는 횡방향철근으로 둘러싸야 한다.
- 특수모멘트 골조와 특수철근콘크리트구조 벽체의 기계식이음 및 용접이음은 KDS 14 20 80 : 4.1.6~7 에 따른다.

9.4 경계요소 부재의 전형적 내진상세

- KDS 14 20 80 : 4.5.6

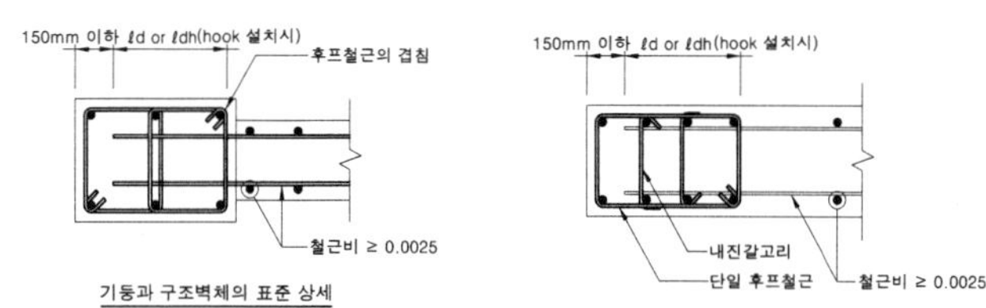

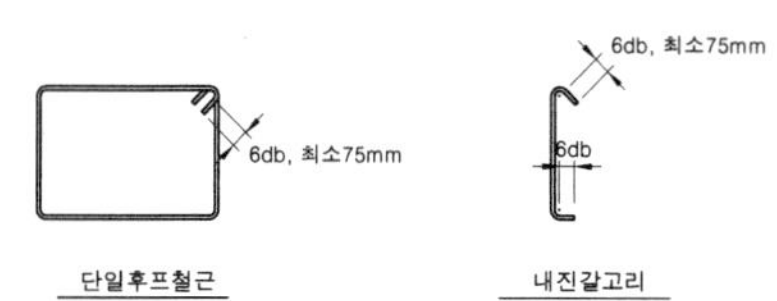

9.5 연결보 대각선 묶음철근 요구상세

- KDS 14 20 80 : 4.5.7

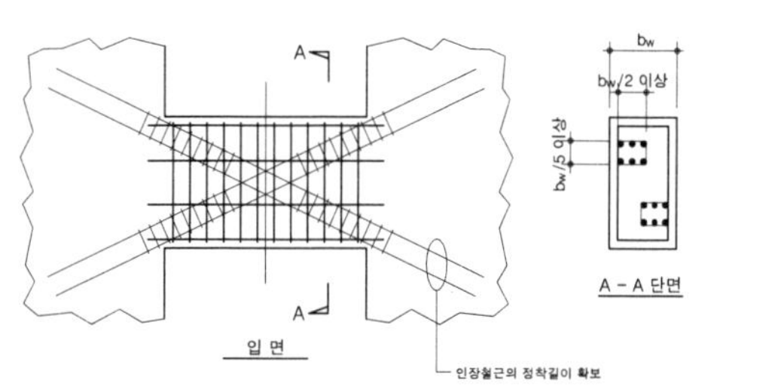

(1) 대각선철근묶음은 최소한 4개의 철근으로 이루어져야 하며 이때 횡철근의 외단에서 외단까지의 거리는 보 면에 수직한 방향으로 $b_w/2$ 이상이어야 하고, 보 면내에서는 대각선철근에 대한 수직방향으로 $b_w/5$ 이상으로 한다.

(2) 대각선철근은 특수모멘트골조 횡방향철근상세를 만족하는 횡철근으로 감싸주어야 한다.
대각으로 배치된 각 철근묶음의 4개 면은 기준 KDS에서 요구되는 최소 콘크리트 피복으로 가정한다.

(3) 대각선철근은 벽체 안으로 인장에 대해 정착시켜야 한다. 다만, 철근 항복강도에 대한 정착길이의 1.25배 이상이 되도록 한다.

9.6 기초배근 특수골조의 내진상세

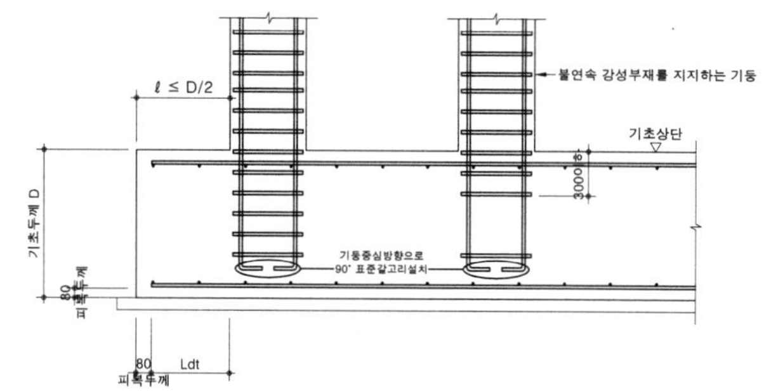

- KDS 14 20 80 : 4.3.4
- KDS 14 20 80 : 4.7

(1) 지진하중에 저항하는 기둥과 구조벽체의 축방향철근은 기초판, 온통기초 또는 파일캡까지 연장되어야 하며, 접합면에서 인장에 대하여 충분하게 정착되어야 한다.

(2) 기초에서 고정단으로 가정되어 설계된 기둥은 (1)을 따라야 한다. 표준갈고리가 필요하면 휨모멘트에 저항하는 종방향철근의 끝단이 기둥의 중심을 향하도록 하여 기초의 저면에서 90° 표준갈고리로 설치하여야 한다.

(3) 기초의 연단으로부터 기초깊이의 1/2 이내에 연단이 있는 특수철근콘크리트구조벽체의 기둥 또는 경계요소는 특수모멘트골조 횡방향철근상세에 따라 기초의 상단 아래로 철근을 설치하여야 한다. 이 철근은 기초판, 온통기초 또는 말뚝캡의 깊이 또는 인장철근의 정착길이 중 작은 값 이상의 거리까지 기초 속으로 연장시켜야 한다.

(4) 불연속 강성부재를 지지하는 기둥이 일반기초나 온통기초위에서 끝날 경우는 특수모멘트골조 횡방향철근 규정에 의해 일반기초나 온통기초 내 최소한 300mm의 구간까지 배치되어야 한다.

NOTE

REVISIONS

NO.	DATE	DESCRIPTION
7		
6		
5		
4		
3		
2		
1		

PROJECT TITLE

DRAWING TITLE
철근콘크리트구조 일반사항-18

DATE	SCALE	A1	NONE
		A3	NONE

DRAWN BY

CHECKED BY

APPROVED BY

DESIGNED BY

DRAWING NO. S - 018

부록 4 가설울타리

자립식 가설울타리(H=6.0m)인 경우

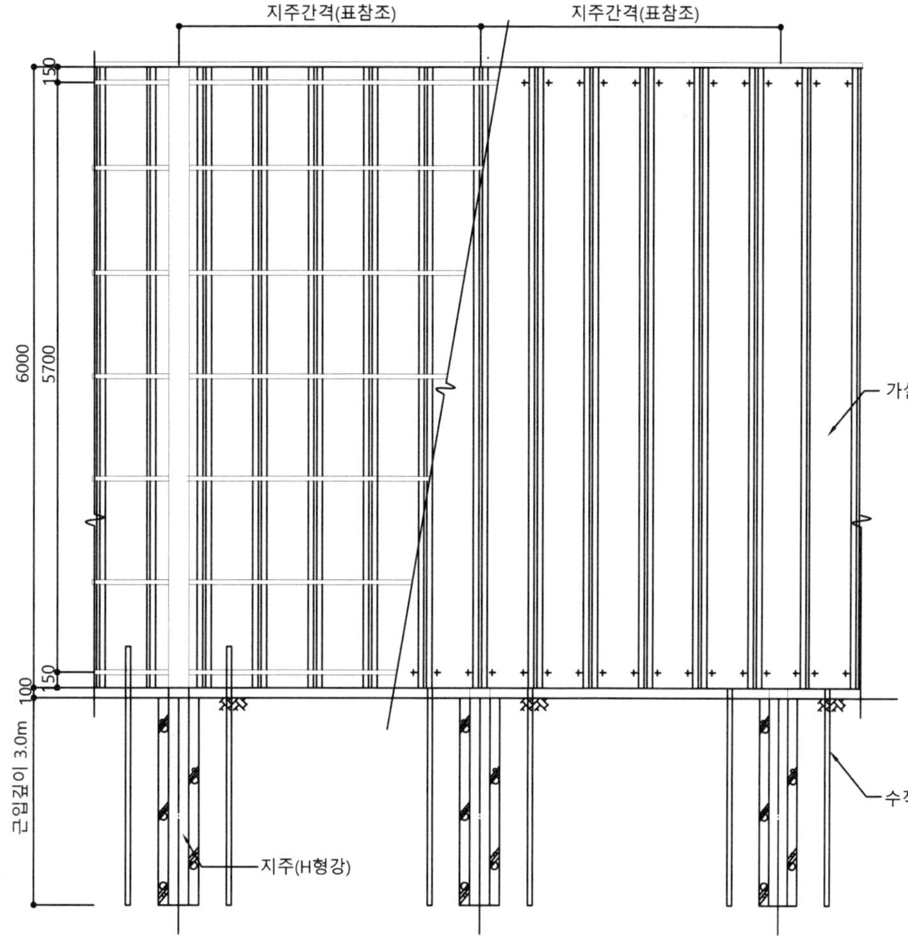

정 면 도

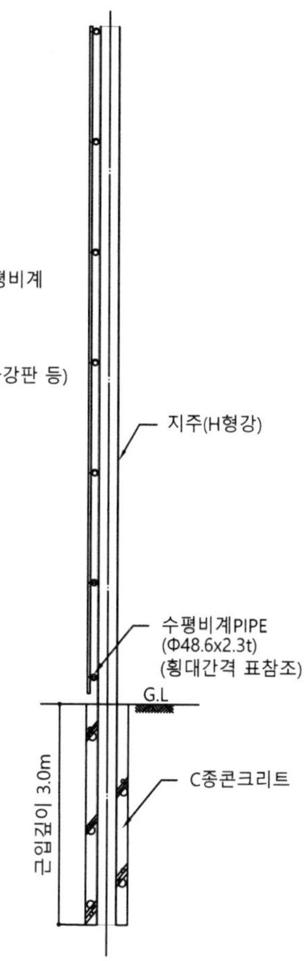

측 면 도

1. 재료강도
   - O 철　　골
     - H형강 : SS400 (fy=235N/mm²)
     - 수직.수평 비계 PIPE : STK400 (fy=235N/mm²)
2. 일반 사항
   - O 부재 규격, 설치형태, 연결부위 상세 등은 구조안전성이 확보될 경우 변경 가능
     - 원형강관, 각관, H형강 등 적용 가능
       (강풍 및 진동에 의해 변형 또는 파괴되지 않는 안전한 구조로 하여야 한다)
   - O 아래의 검토 내용 및 시험성적서를 제출하여야 한다.
     - 시험성적서 및 시공 도면
     - 구조계산서(공통도 이외의 규격 적용시)
   - O 시공시 유의사항
     - 지주(원형강관, 각관, H형강 등)는 좌우, 상하 이동이 없도록 근입 깊이를 충분히 하여 견고히 고정시켜야 하며 필요시 충진재 보강 등 별도의 조치를 하여야 한다.
     - 지주에 연결재(클램프 등)를 이용해 수직.수평 비계 PIPE 및 가설벽(EGI, 칼라강판 등)이 일체화 되도록 하여야 한다.
     - 가설벽의 연결볼트는 와셔 등을 설치하여 펀칭에 안전한 구조로 하여야 한다.

연결부 상세(예시)

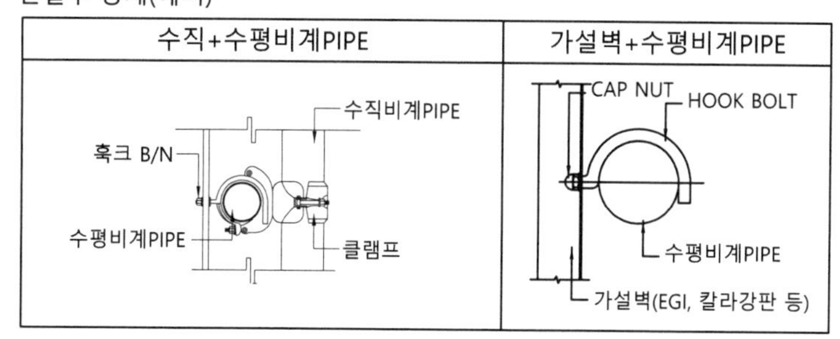

[근입 깊이] = 3.0m

※근입깊이는 일반적인 지반N값 (N=10적용)으로 계산하였으므로, 연약지반은 별도검토 필요.

[가설울타리(H=6.0m)]

기본 풍속 / 지표면조도구분	25m/s	30m/s	35m/s	40m/s	비고
A	I	I	II	II	
B	I	I	II	III	
C	I	II	III	IV	
D	I	II	III	IV	

범 례	
모든지주 H-175X175X7.5X11(□ 제외), 모든횡대 (Φ48.6x2.3t)	
I	지주 H-150X150X7X10@2500 횡대간격@950(7EA)
II	지주간격@2000 횡대간격@1140(6EA)
III	지주간격@1500 횡대간격@1425(5EA)
IV	지주간격@1500 횡대간격@1140(6EA)

※설계기본풍속(Vo), 지표면조도구분(노풍도)은 구조도면(개요)을 참고하시기 바랍니다.

가설방음벽(H=6.0m) 공통도

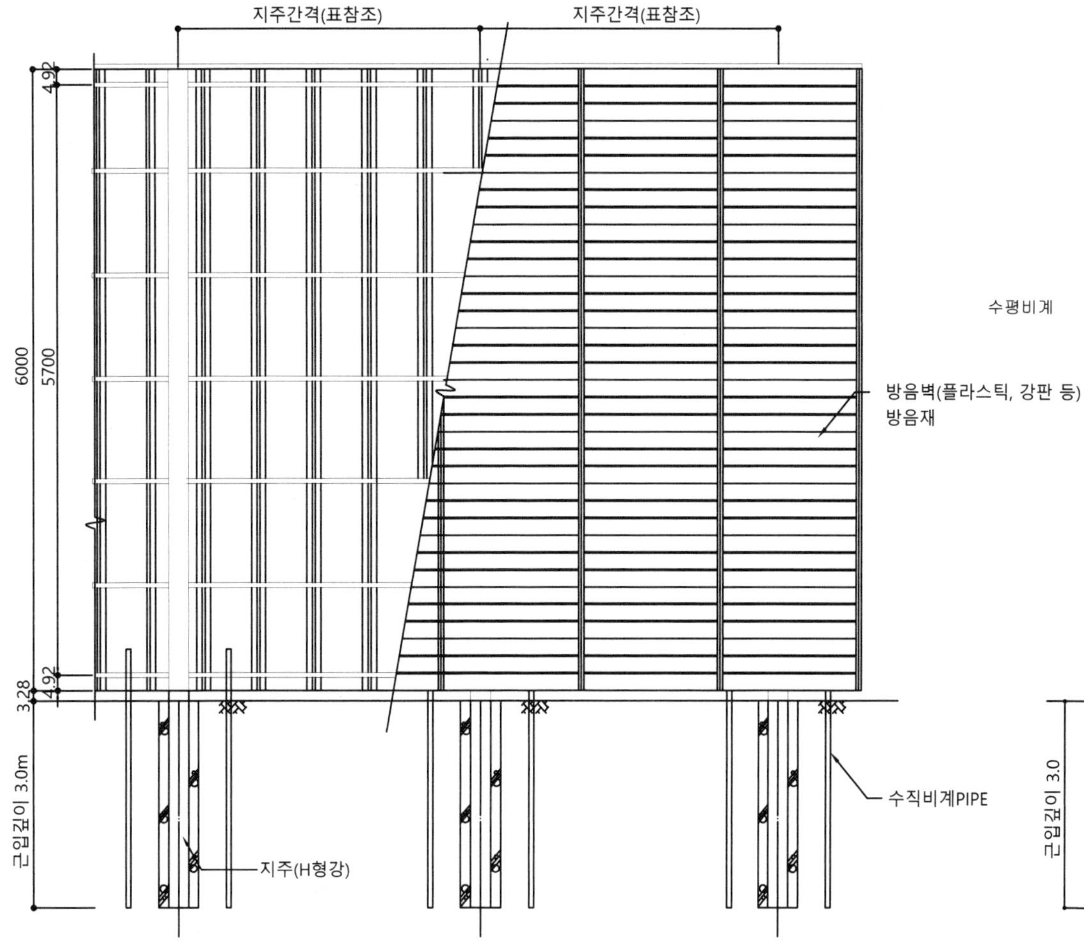

정 면 도

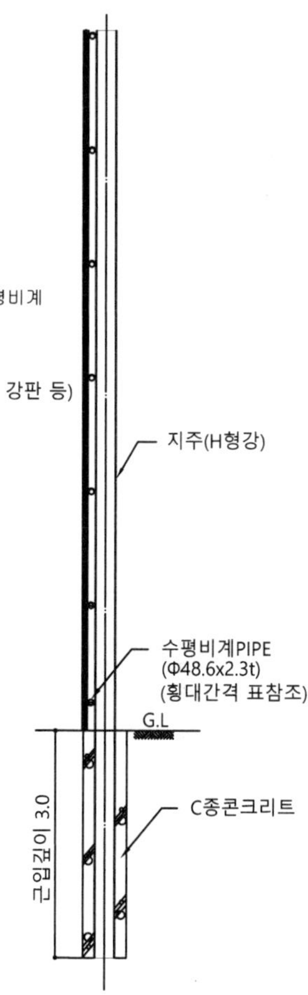

측 면 도

1. 재료강도
   - O 철　　골
     - H형강 : SS400 (fy=235N/mm^2)
     - 수직.수평 비계 PIPE : STK400 (fy=235N/mm^2)
2. 일반 사항
   - O 부재 규격, 설치형태, 연결부위 상세 등은 구조안전성이 확보될 경우 변경 가능
     - 원형강관, 각관, H형강 등 적용 가능
       (강풍 및 진동에 의해 변형 또는 파괴되지 않는 안전한 구조로 하여야 한다)
   - O 아래의 검토 내용 및 시험성적서를 제출하여야 한다.
     - 시험성적서 및 시공 도면
     - 구조계산서(공통도 이외의 규격 적용시)
   - O 시공시 유의사항
     - 지주(원형강관, 각관, H형강 등)는 좌우, 상하 이동이 없도록 근입 깊이를 충분히 하여 견고히 고정시켜야 하며 필요시 충진재 보강 등 별도의 조치를 하여야 한다.
     - 지주에 연결재(클램프 등)를 이용해 수직.수평 비계 PIPE 및 가설벽(EGI, 칼라강판 등)이 일체화 되도록 하여야 한다.
     - 가설벽의 연결볼트는 와셔 등을 설치하여 펀칭에 안전한 구조로 하여야 한다.

연결부 상세(예시)

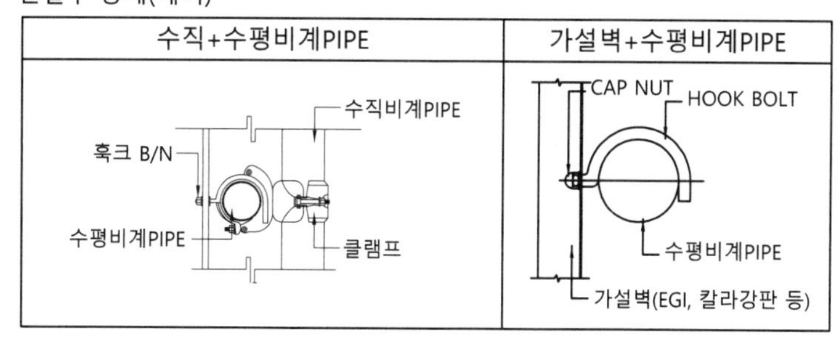

[근입 깊이] = 3.0m

※근입깊이는 일반적인 지반N값 (N=10적용)으로 계산하였으므로, 연약지반은 별도검토 필요.

[가설울타리(H=6.0m)]

기본 풍속 / 지표면조도구분	25m/s	30m/s	35m/s	40m/s	비고
A	I	I	II	II	
B	I	I	II	III	
C	I	II	III	IV	
D	I	II	III	IV	

범 례

모든지주 H-175X175X7.5X11(▭ 제외),
모든횡대 (Φ48.6x2.3t)

I	지주 H-150X150X7X10@2500 횡대간격@950(7EA)
II	지주간격@2000 횡대간격@1140(6EA)
III	지주간격@1500 횡대간격@1425(5EA)
IV	지주간격@1500 횡대간격@1140(6EA)

※설계기본풍속(Vo), 지표면조도구분(노풍도)은 구조도면(개요)을 참고하시기 바랍니다.

자립식 가설울타리(H=3.0m)인 경우

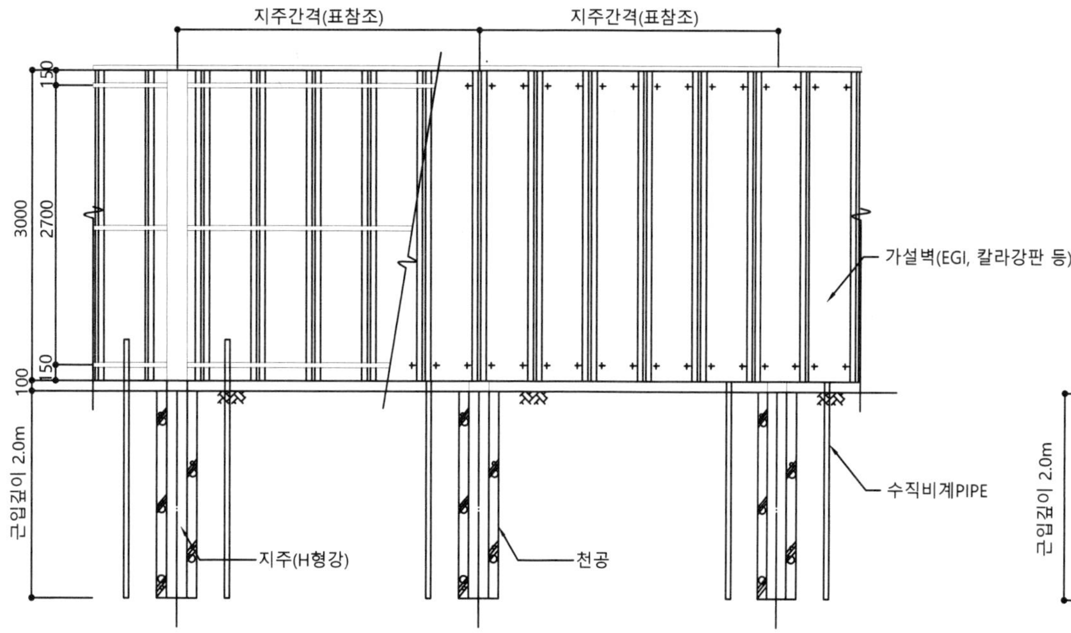

정 면 도

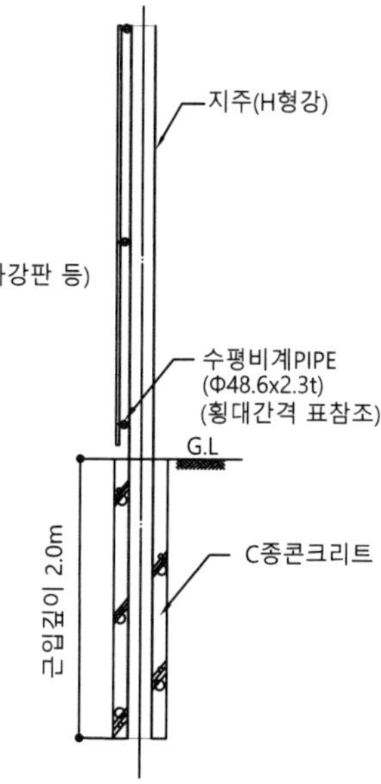

측 면 도

1. 재료강도
   - O 철　　골
     - H형강 : SS400 (fy=235N/mm^2)
     - 수직.수평 비계 PIPE : STK400 (fy=235N/mm^2)
2. 일반 사항
   - O 부재 규격, 설치형태, 연결부위 상세 등은 구조안전성이 확보될 경우 변경 가능
     - 원형강관, 각관, H형강 등 적용 가능
       (강풍 및 진동에 의해 변형 또는 파괴되지 않는 안전한 구조로 하여야 한다)
   - O 아래의 검토 내용 및 시험성적서를 제출하여야 한다.
     - 시험성적서 및 시공 도면
     - 구조계산서(공통도 이외의 규격 적용시)
   - O 시공시 유의사항
     - 지주(원형강관, 각관, H형강 등)는 좌우, 상하 이동이 없도록 근입 깊이를 충분히 하여 견고히 고정시켜야 하며 필요시 충진재 보강 등 별도의 조치를 하여야 한다.
     - 지주에 연결재(클램프 등)를 이용해 수직.수평 비계 PIPE 및 가설벽(EGI, 칼라강판 등)이 일체화 되도록 하여야 한다.
     - 가설벽의 연결볼트는 와셔 등을 설치하여 펀칭에 안전한 구조로 하여야 한다.

연결부 상세(예시)

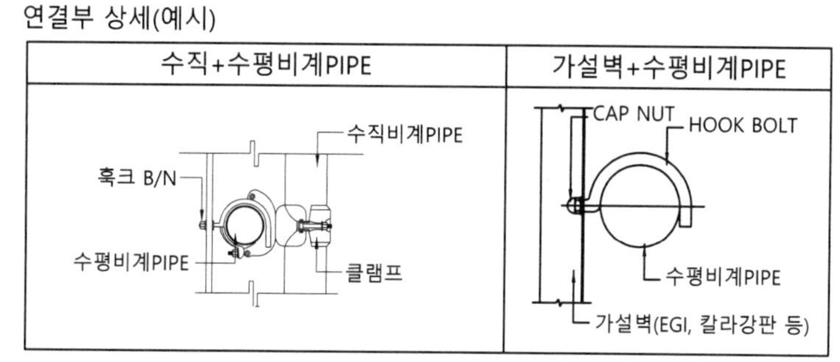

[근입 깊이] = 2.0m

※근입깊이는 일반적인 지반N값 (N=10적용)으로 계산하였으므로, 연약지반은 별도검토 필요.

[가설울타리(H=3.0m)]

기본 풍속 / 지표면조도구분	25m/s	30m/s	35m/s	40m/s	비고
A	I	II	III	IV	
B	I	II	IV	IV	
C	II	III	IV	V	
D	II	III	IV	V	

범 례	
모든지주 H-150X75X5X7, 모든횡대 (Φ48.6x2.3t)(3단)	
I	지주간격@2500
II	지주간격@2000
III	지주간격@1800
IV	지주간격@1500
V	지주간격@1300

※설계기본풍속(Vo), 지표면조도구분(노풍도)은 구조도면(개요)을 참고하시기 바랍니다.

자립식 가설울타리(H=2.4m)인 경우

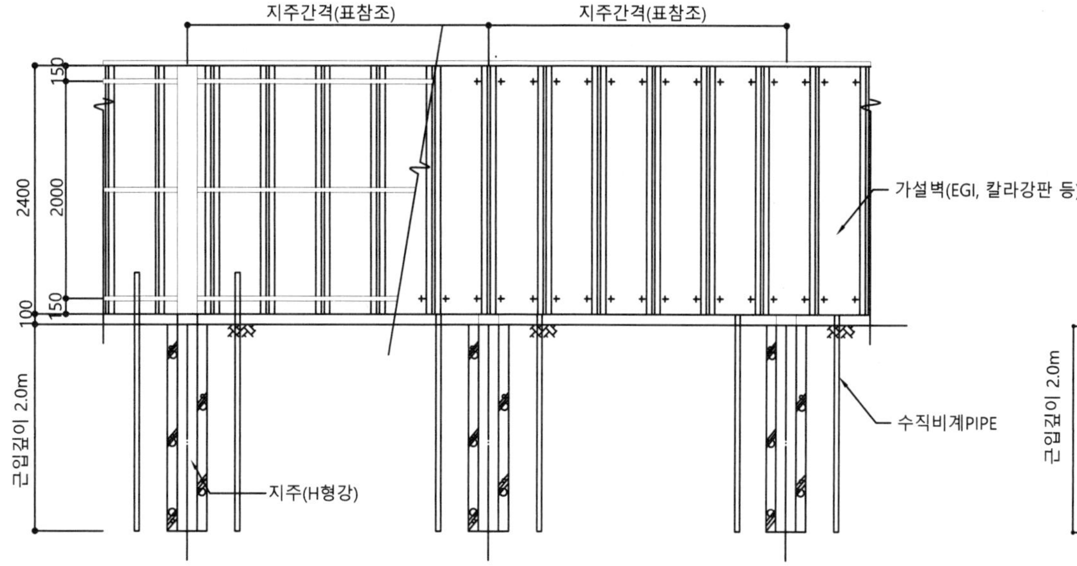

정 면 도

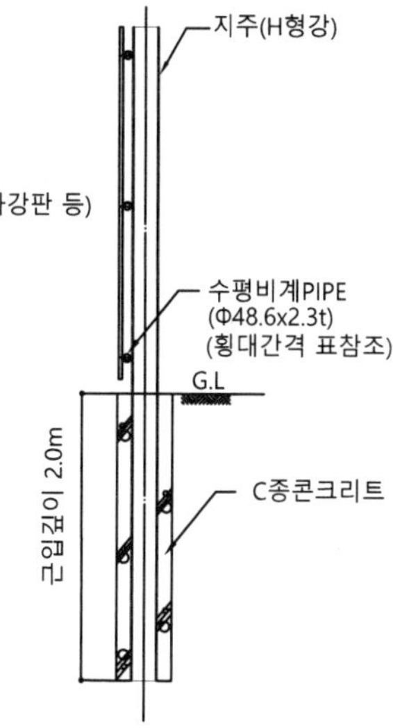

측 면 도

1. 재료강도
   - O 철 골
     - H형강 : SS400 (fy=235N/mm²)
     - 수직.수평 비계 PIPE : STK400 (fy=235N/mm²)
2. 일반 사항
   - O 부재 규격, 설치형태, 연결부위 상세 등은 구조안전성이 확보될 경우 변경 가능
     - 원형강관, 각관, H형강 등 적용 가능
       (강풍 및 진동에 의해 변형 또는 파괴되지 않는 안전한 구조로 하여야 한다)
   - O 아래의 검토 내용 및 시험성적서를 제출하여야 한다.
     - 시험성적서 및 시공 도면
     - 구조계산서(공통도 이외의 규격 적용시)
   - O 시공시 유의사항
     - 지주(원형강관, 각관, H형강 등)는 좌우, 상하 이동이 없도록 근입 깊이를 충분히 하여 견고히 고정시켜야 하며 필요시 충진재 보강 등 별도의 조치를 하여야 한다.
     - 지주에 연결재(클램프 등)를 이용해 수직.수평 비계 PIPE 및 가설벽(EGI, 칼라강판 등)이 일체화 되도록 하여야 한다.
     - 가설벽의 연결볼트는 와셔 등을 설치하여 편칭에 안전한 구조로 하여야 한다.

연결부 상세(예시)

수직+수평비계PIPE

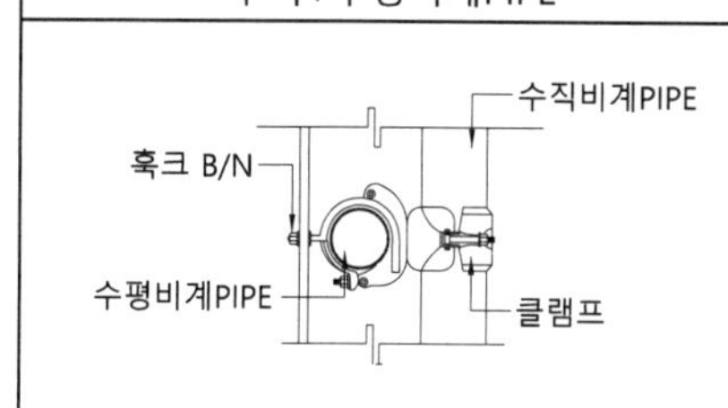

가설벽+수평비계PIPE

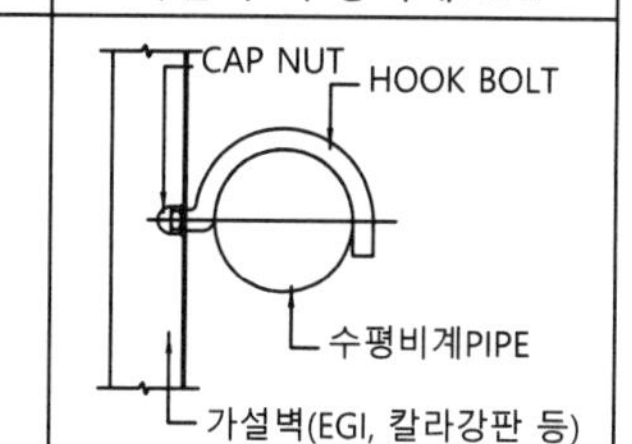

[근입 깊이] = 2.0m

※근입깊이는 일반적인 지반N값 (N=10적용)으로 계산하였으므로, 연약지반은 별도검토 필요.

[가설울타리(H=2.4m)]

기본 풍속 / 지표면조도구분	25m/s	30m/s	35m/s	40m/s	비고
A	I	I	II	III	
B	I	II	II	IV	
C	I	II	III	IV	
D	I	III	III	IV	

범 례	
모든지주 H-150X75X5X7, 모든횡대 Φ48.6x2.3t(3단)	
I	지주간격@2500
II	지주간격@2500
III	지주간격@2500
IV	지주간격@2500

※설계기본풍속(Vo), 지표면조도구분(노풍도)은 구조도면(개요)을 참고하시기 바랍니다.

버팀기둥식 가설울타리(H=3.0m)인 경우

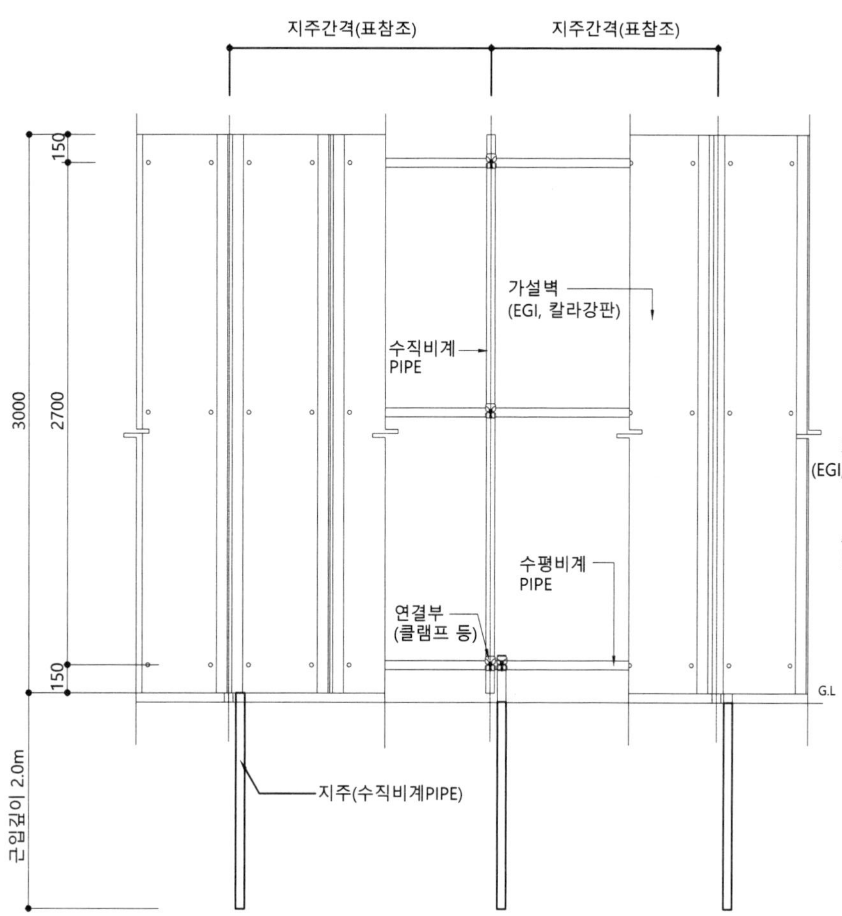

정 면 도

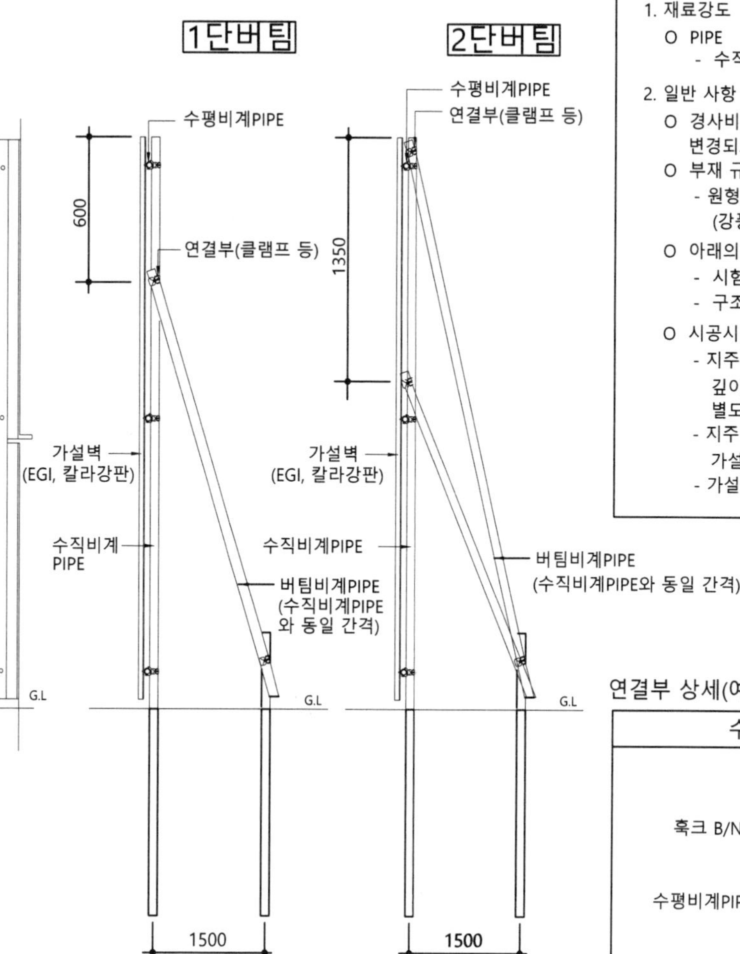

측 면 도

1. 재료강도
   - O PIPE
     - 수직.수평 및 경사 비계 PIPE : STK400 (fy=235N/mm²)
2. 일반 사항
   - O 경사비계PIPE의 폭 및 중단 지지높이(H=1.08, 1.35m)에 따라 부재응력값이 변경되므로 공통도 이외의 경우는 별도의 구조검토가 필요함(구조계산서 제출)
   - O 부재 규격, 설치형태, 연결부위 상세 등은 구조안전성이 확보될 경우 변경 가능
     - 원형강관, 각관, H형강 등 적용 가능 (강풍 및 진동에 의해 변형 또는 파괴되지 않는 안전한 구조로 하여야 한다)
   - O 아래의 검토 내용 및 시험성적서를 제출하여야 한다.
     - 시험성적서 및 시공 도면
     - 구조계산서(공통도 이외의 규격 적용시)
   - O 시공시 유의사항
     - 지주(원형강관, 각관, H형강 등)는 좌우, 상하 이동이 없도록 근입 깊이를 충분히 하여 견고히 고정시켜야 하며 필요시 충진재 보강 등 별도의 조치를 하여야 한다.
     - 지주에 연결재(클램프 등)를 이용해 수직.수평 비계 PIPE 및 가설벽(EGI, 칼라강판 등)이 일체화 되도록 하여야 한다.
     - 가설벽의 연결볼트는 와셔 등을 설치하여 편칭에 안전한 구조로 하여야 한다.

연결부 상세(예시)

수직+수평비계PIPE	가설벽+수평비계PIPE
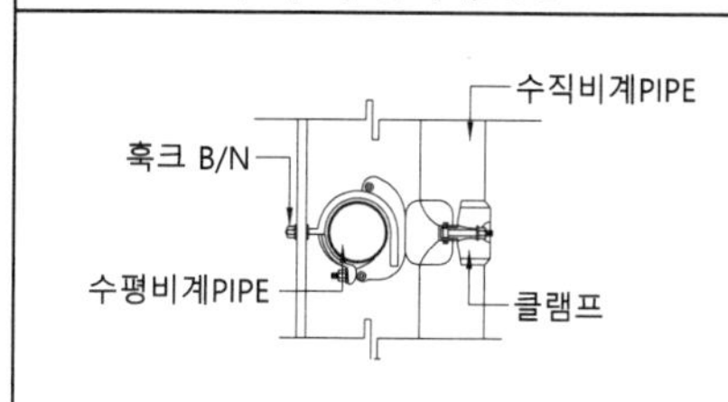	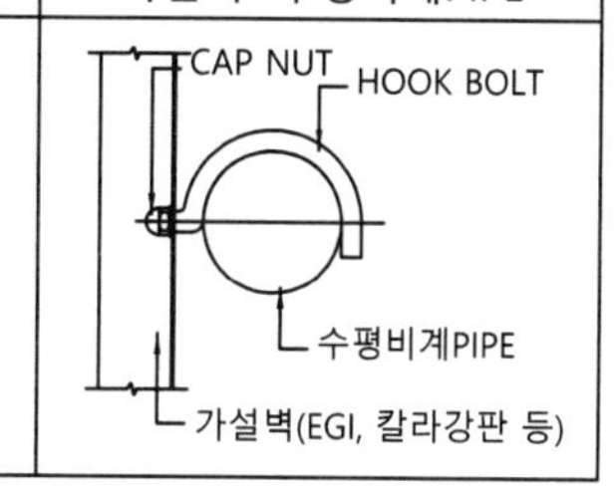

[근입 깊이] = 2.0m

※근입깊이는 일반적인 지반N값 (N=10적용)으로 계산하였으므로, 연약지반은 별도검토 필요.

[가설울타리(H=3.0m)]

기본 풍속 / 지표면조도구분	25m/s	30m/s	35m/s	40m/s	비고
A	I	II	III	IV	
B	I	III	IV	IV	
C	II	III	IV	적용 불가	
D	II	III	IV	적용 불가	

※설계기본풍속(Vo), 지표면조도구분(노풍도)은 구조도면(개요)을 참고하시기 바랍니다.

범 례	
모든지주, 모든버팀비계, 모든횡대(3단) (Φ48.6x2.3t)	
I	지주, 버팀비계간격@2000[1단버팀]
II	지주, 버팀비계간격@1500[1단버팀]
III	지주, 버팀비계간격@1800[2단버팀]
IV	지주, 버팀비계간격@1500[2단버팀]

버팀기둥식 가설울타리(H=2.4m)인 경우

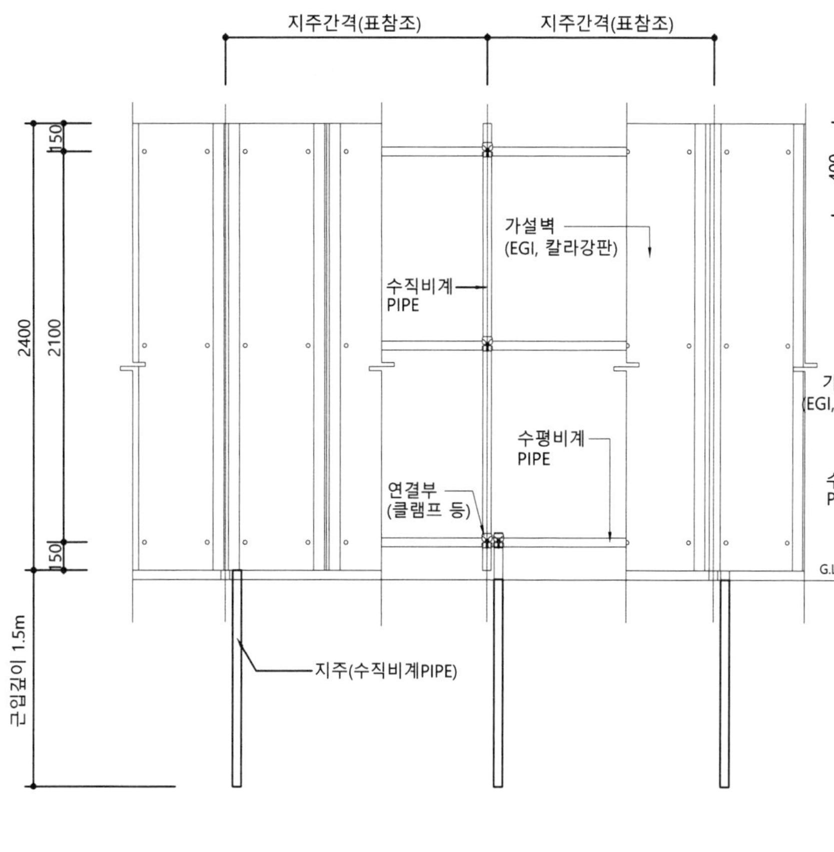

정 면 도

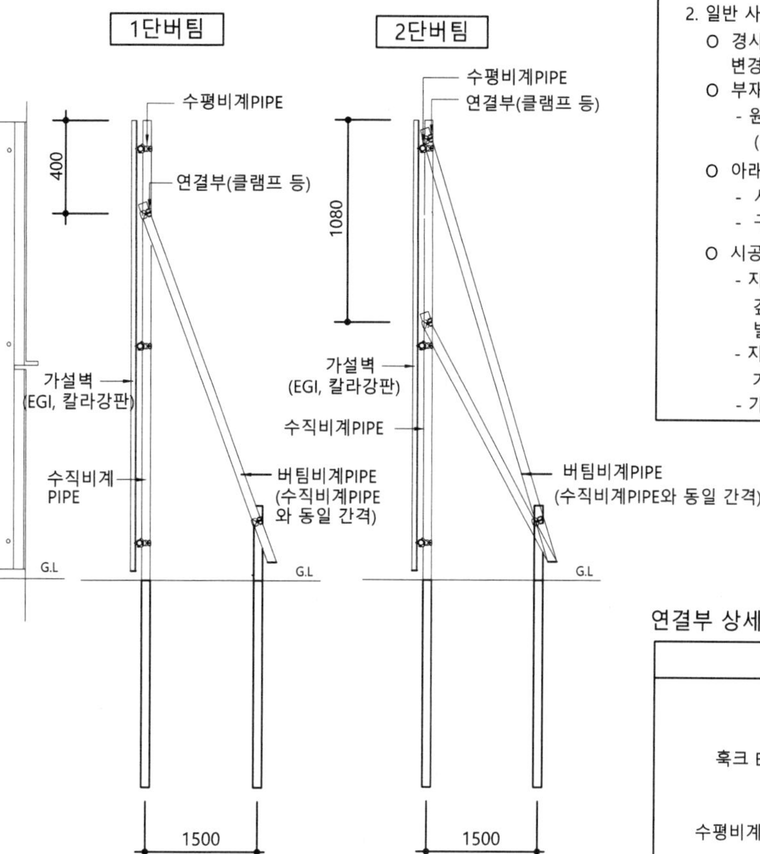

측 면 도

1. 재료강도
   - O PIPE
     - 수직.수평 및 경사 비계 PIPE : STK400 (fy=235N/mm²)
2. 일반 사항
   - O 경사비계PIPE의 폭 및 중단 지지높이(H=1.08, 1.35m)에 따라 부재응력값이 변경되므로 공통도 이외의 경우는 별도의 구조검토가 필요함(구조계산서 제출)
   - O 부재 규격, 설치형태, 연결부위 상세 등은 구조안전성이 확보될 경우 변경 가능
     - 원형강관, 각관, H형강 등 적용 가능
       (강풍 및 진동에 의해 변형 또는 파괴되지 않는 안전한 구조로 하여야 한다)
   - O 아래의 검토 내용 및 시험성적서를 제출하여야 한다.
     - 시험성적서 및 시공 도면
     - 구조계산서(공통도 이외의 규격 적용시)
   - O 시공시 유의사항
     - 지주(원형강관, 각관, H형강 등)는 좌우, 상하 이동이 없도록 근입 깊이를 충분히 하여 견고히 고정시켜야 하며 필요시 충진재 보강 등 별도의 조치를 하여야 한다.
     - 지주에 연결재(클램프 등)를 이용해 수직.수평 비계 PIPE 및 가설벽(EGI, 칼라강판 등)이 일체화 되도록 하여야 한다.
     - 가설벽의 연결볼트는 와셔 등을 설치하여 펀칭에 안전한 구조로 하여야 한다.

연결부 상세(예시)

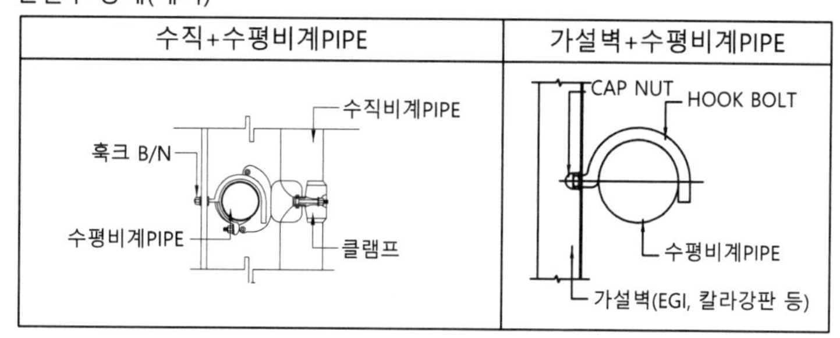

[근입 깊이] = 1.5m

※근입깊이는 일반적인 지반N값 (N=10적용)으로 계산하였으므로, 연약지반은 별도검토 필요.

[가설울타리(H=2.4m)]

기본 풍속 / 지표면조도구분	25m/s	30m/s	35m/s	40m/s	비고
A	I	I	II	IV	
B	I	I	III	V	
C	I	II	IV	V	
D	I	III	IV	V	

범 례	
모든지주, 모든버팀비계, 모든횡대(3단) Φ48.6x2.3t	
I	지주, 버팀비계간격@2000[1단버팀]
II	지주, 버팀비계간격@1800[1단버팀]
III	지주, 버팀비계간격@1500[1단버팀]
IV	지주, 버팀비계간격@1800[2단버팀]
V	지주, 버팀비계간격@1500[2단버팀]

※설계기본풍속(Vo), 지표면조도구분(노풍도)은 구조도면(개요)을 참고하시기 바랍니다.

부록 5

PC보 제작상세도(Shop Drawing)

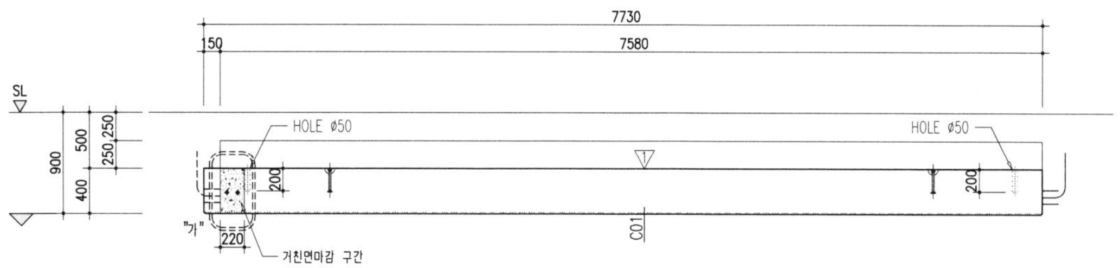

입 면 도

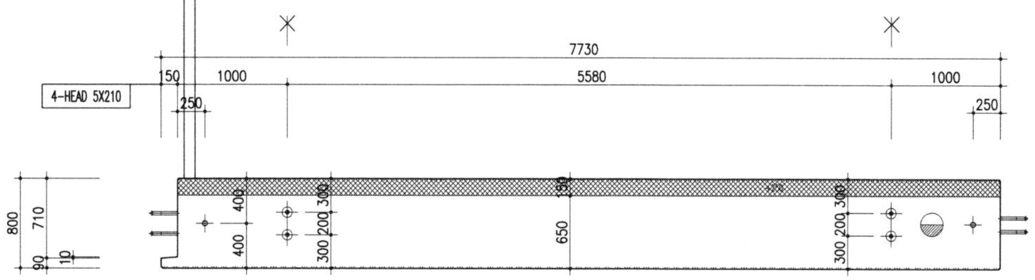

평 면 도

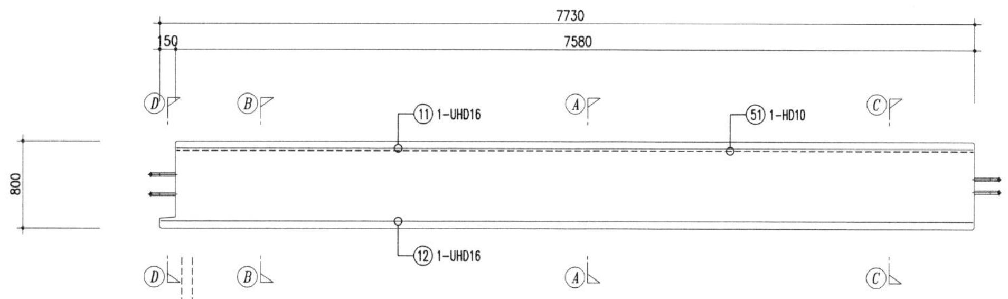

상부 배근도

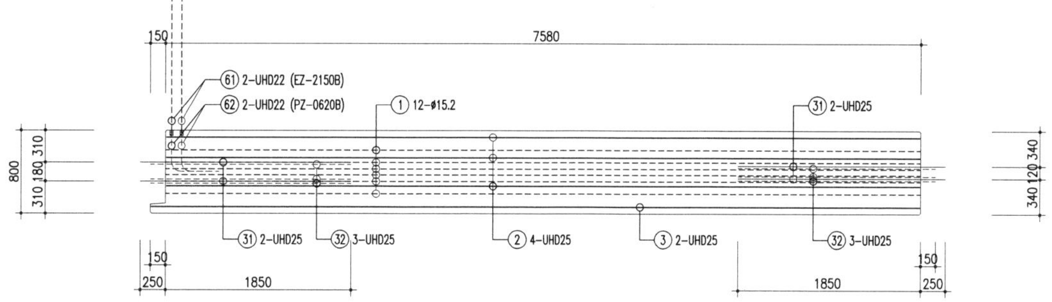

하부 배근도

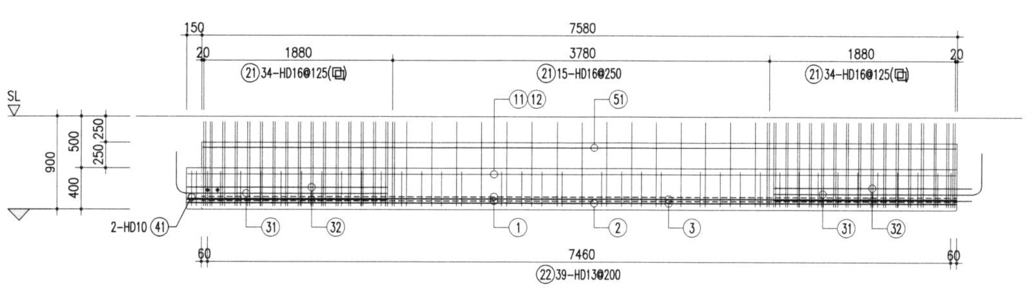

단면 배근도

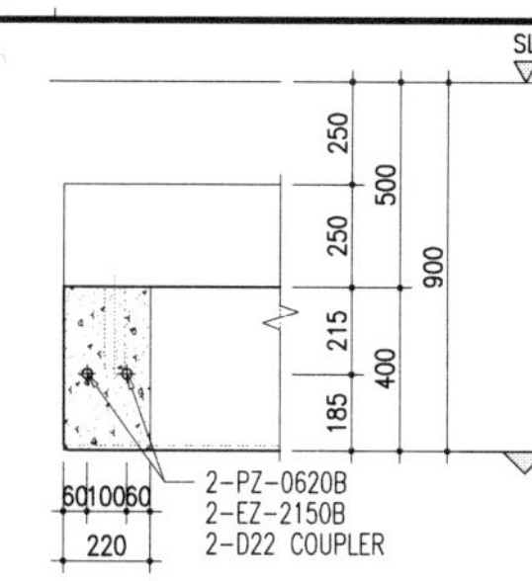

"가" 상세도

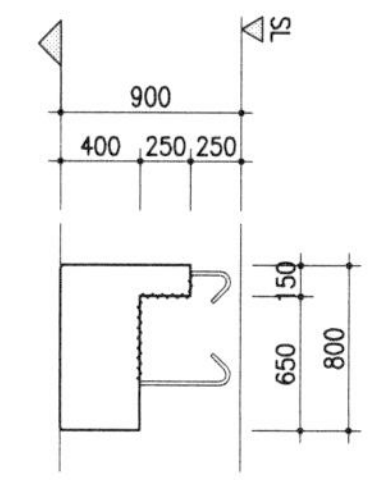

GIRDER 부호			PSG1								(800X400)
이형철근		UNITS LENGTH (mm)	SUB TOTAL LENGTH (m)								SHAPE (mm)
NO	수량		HD10	HD13	HD16	UHD16	UHD19	UHD22	UHD25	ø15.2	
1	12	7580								90.960	㉑HD16(L=2410) 820 550 / ㉒HD13(L=2310) 350 740
2	4	7560							30.240		㉛UHD25(L=2440) 400 2100 / 62 UHD22(L= 620) 400 280
3	2	7710							15.420		
11	1	7560				7.560					
12	1	7710				7.710					
21	83	2410			200.030						
22	39	2310		90.090							
31	4	2440							9.760		
32	6	2000							12.000		
41	2	340	0.680								
51	1	7560	7.560								
61	2	2150						4.300			
62	2	620						1.240			
전체길이(m)			8.240	90.090	200.030	15.270		5.540	67.420	90.960	
단위중량(kg/m)			0.560	0.995	1.560	1.560	2.250	3.040	3.980	1.101	
총중량(kg)			4.614	89.640	312.047	23.821		16.842	268.332	100.147	

P-PART				
P-PART	HEAD 5X210	4 EA	PZ-0620B	2 EA
	D22 COUPLER	2 EA	EZ-2150B	2 EA
		EA		EA
		EA		EA

NOTE

1. 재료강도
   1) 콘크리트강도
   - -COLUMN : fck=35MPa (PC)
   - -GIRDER : fck=40MPa (PC)
   - -SLAB : fck=40MPa (PC)
   - -RC (현장타설) : fck=24MPa

   2) 철근강도
   - -SLAB (PC)
   - D13이하철근 : fy=400MPa (HD)
   - D16이상철근 : fy=600MPa (UHD)
   - -COLUMN, GIRDER(PC)
   - D13이하철근 : fy=400MPa (HD)
   - D16이상철근 : fy=550MPa (UHD)
   - -PC보에 사용된 D16 스트럽 : fy=400MPa (HD)

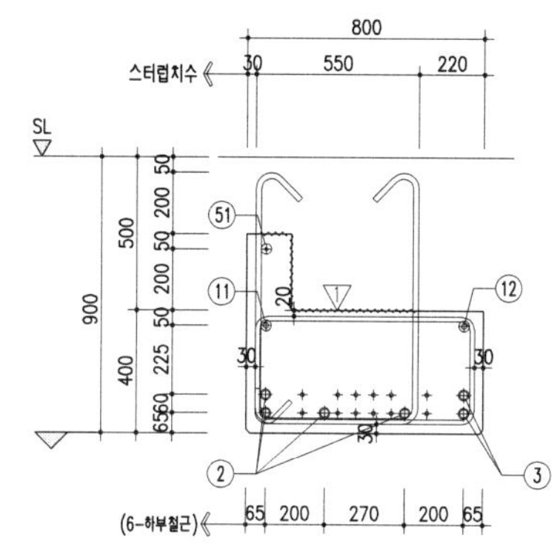

"A" 단면도

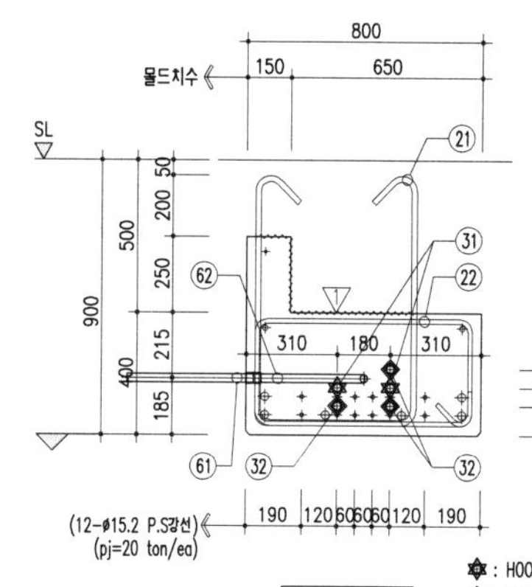

"B" 단면도

✡ : HOOK 정착철근
◆ : 정착철근

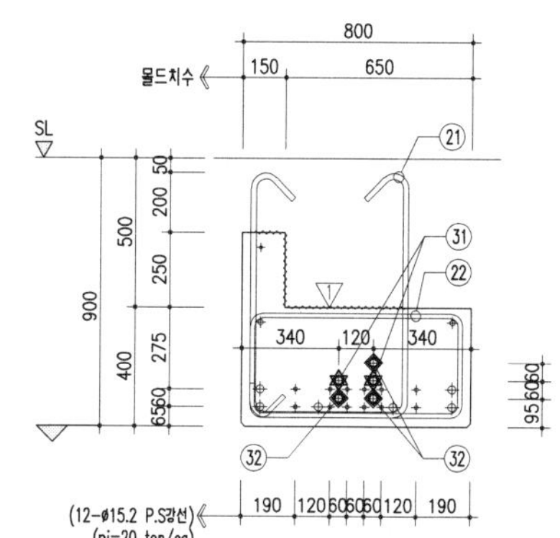

"C" 단면도

✡ : HOOK 정착철근
◆ : 정착철근

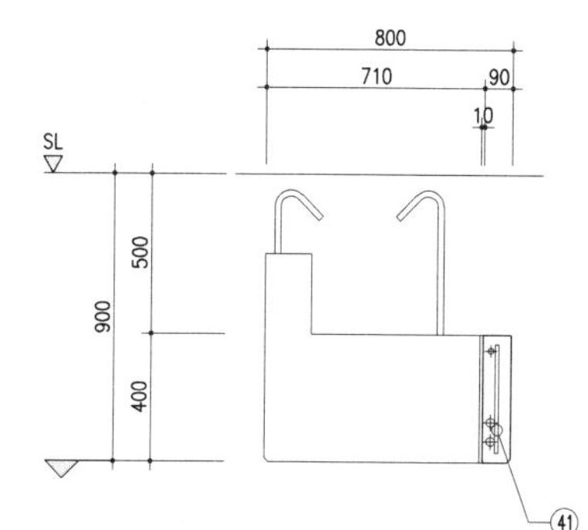

"D" 단면도

REV.	DATE	DESCRIPTION	CHKD.

사업명 PROJECT
충남도청지구 RH10-2BL 공동주택 신축공사

발주처 CLIENT
HDC 현대산업개발

회사명 CORPORATION
hybrix E&C
(주) 하이브릭스 이엔씨
서울특별시 영등포구 당산동 121-150, 대한을택협회 5층
OFFICE : 02.6272.7500 FAX : 02.6272.7600
E-MAIL : hybrix@naver.com

설 계 DESIGNED BY: 김 유 진
검 토 CHECKED BY: 김 건 중
승 인 APPROVED BY: 김 건 영
일 자 DATE: 2020.09
축 척 SCALE: A1 : 1/30, A3 : 1/60
도면명 TITLE: 12-100-8300
도면번호 DRAWING NO.: P -
일련번호 SHEET NO.: of 000 000

저자 소개

장 광 윤
현대건설
일우구조기술사사무소
한맥중공업
영화키스톤
KD엔지니어링

구조감리 체크리스트 및 해설 정가 30,000원

저　자 : 장광윤

발행인 : 임정대
발행처 : 도서출판 구미서관

발행 : 2025년 2월 5일 초판 1쇄
2025년 5월 14일 초판 2쇄

등록 : 1979년 6월 29일 No.9–6호
주소 : 서울시 마포구 신촌로 2길 5-15 구미빌딩
전화 : 02–333–1101
팩스 : 02–335–2201
http://www.goomibook.com

ISBN 979–11–6257–307–5 (93540)